测试开发实战教程

霍格沃兹测试开发学社◎主编

U0304571

人民邮电出版社

北京

图书在版编目（CIP）数据

测试开发实战教程 / 霍格沃兹测试开发学社主编
. —— 北京：人民邮电出版社，2022.9
ISBN 978-7-115-59412-9

Ⅰ．①测… Ⅱ．①霍… Ⅲ．①软件-测试 Ⅳ．
①TP311.562

中国版本图书馆CIP数据核字(2022)第099683号

内 容 提 要

本书采用理论与实战相结合的方式，不仅对软件测试的理论知识进行了深入的讲解，还配套了与理论相结合的实战练习，能帮助读者更深入地理解每个知识点。本书共 8 章，第 1 章讲解软件测试的入门知识，包括测试流程、测试常见方法、测试用例设计等；第 2～5 章讲解 Web 测试、Web 自动化测试、App 测试、App 自动化测试；第 6 章和第 7 章讲解接口测试，包括接口抓包分析与 Mock 介绍、接口自动化测试；第 8 章讲解持续集成。

本书既适合软件测试工程师阅读，又适合想要深入学习软件测试、自动化测试、测试开发等技术的初学者作参考书，同时还可以作为高等院校相关专业师生的学习用书以及培训学校的教材。

- ◆ 主　　编　霍格沃兹测试开发学社
　　责任编辑　张　涛
　　责任印制　王　郁　焦志炜
- ◆ 人民邮电出版社出版发行　　北京市丰台区成寿寺路 11 号
　　邮编　100164　　电子邮件　315@ptpress.com.cn
　　网址　https://www.ptpress.com.cn
　　北京市艺辉印刷有限公司印刷
- ◆ 开本：800×1000　1/16
　　印张：22　　　　　　　　　　2022 年 9 月第 1 版
　　字数：408 千字　　　　　　　2022 年 9 月北京第 1 次印刷

定价：89.80 元

读者服务热线：**(010)81055410**　印装质量热线：**(010)81055316**
反盗版热线：**(010)81055315**
广告经营许可证：京东市监广登字 20170147 号

本书编委会

主　　　编：霍格沃兹测试开发学社

编委会成员：黄延胜　方圆　胥娟　李旭　黄小忱

张颖　周少玲　张炳　张福勇　孙高飞

李隆　丁超　张琰彬

审稿成员：汤易怀　李晓丹　王森　陈杰　杨晨晖

盖金凤　吴从佛　杨铁桥　马云龙

在此诚挚感谢所有为此书付出努力的作者（排名不分先后）。

前　言

写作背景

　　随着互联网行业的发展，互联网产品已经和人们的日常生活密不可分。不论工作、娱乐、生活都已经离不开各种类型的互联网产品。正是因为互联网产品如此广泛地存在人们的日常生活中，所以互联网产品的质量必然会影响每个人的日常生活。

　　软件测试工程师正是负责把控互联网产品质量的最重要的角色。

　　可如今，互联网软件测试人才的缺口越来越大，可作为这个人才缺口最重要的补充的大学生，在学校里主要学习的是测试的基本理论知识以及部分工具的使用，缺乏系统的项目实战技能，不仅很难把所学知识很好地运用到项目中，而且对整体测试知识学习的课时较短，所学技能不能满足企业所需！本书针对此问题，每一个章节的内容不但包括理论知识，还精心设计了实战案例及相关练习。大学生通过本书既能学习到测试技术，还能具备实战能力。

　　霍格沃兹测试开发学社具备多年的测试开发知识培训经验，可以很好地将测试开发技术、实际项目与测试开发知识相结合，针对大学生和初学者缺少的测试思维、测试技术进行优化与提升，以帮助他们尽快提升实战能力。

本书结构

　　本书共 8 章。

　　第 1 章：测试流程与理论。主要包括测试流程介绍、测试用例设计方法，以及测试流程实战练习。

　　第 2 章：Web 测试方法与技术。主要讲解 Web 测试方法与技术，包括 Web 基础技术、HTML、JavaScript、CSS 等，并将这些常见技术与软件测试结合，让读者理论结合实践，学以致用。

　　第 3 章：Web 自动化测试。主要讲解 Web 自动化测试过程中常用的技术，以及常见问题的解决方法，如 Selenium 的常用 API、经典的 UI 自动化测试模式（PO 设计模式）等。

　　第 4 章：App 测试方法与技术。主要讲解 App 测试中常用的工具与技术，包括模拟器、常用的 adb 命令，并举一反三地介绍这些技术的应用方法。

　　第 5 章：App 自动化测试。主要讲解 App 自动化测试过程中常用的技术以及常见问题的解决方法，如 Appium 的常用 API、多种定位方法。

　　第 6 章：接口协议抓包分析与 Mock。主要介绍接口测试的价值和意义，以及接口测试的常用技术，如用于接口测试的 Mock 和抓包；目前行业内常用的接口测试工具的使用方法，如 Postman、CURL、Charles 等。

　　第 7 章：服务端接口自动化测试。主要介绍如何处理多种类型的接口请求和响应问题，以及接口自动化测试中常见的加密问题和多环境切换的问题，并提供了实战示例与解决方案。

　　第 8 章：持续集成。主要介绍持续集成在测试过程中的使用场景与 Jenkins 常用的操作，并结合 Jenkins 与自动化测试脚本，构建一套完整的持续集成体系。

致谢

　　感谢参与创作本书的作者，本书从内容选取、案例设计到具体内容的写作都凝聚着各位作者的智慧和努力。

　　本书编辑联系邮箱：zhangtao@ptpress.com.cn。

编者

目　录

第1章　测试流程与理论

1.1　软件测试与开发流程介绍

1.1.1　软件测试简介

软件测试是对软件进行检测和评估，以确定其是否满足所需结果的过程和方法。它是在规定的条件下对程序进行操作，发现程序的错误，从而衡量软件质量，并对其是否满足设计要求进行评估的过程。

1.1.2　软件概述

与计算机系统操作有关的计算机程序、文档及数据都可称为软件。

程序就是可以被"操作"的产品，例如，WPS、微信、QQ、网页等，这些都是程序；需求文档、设计文档、用户手册这些都属于文档，页面中展示的或用户输入的内容这些都是数据。

程序、文档、数据这 3 个结合起来，就是完整的软件。

1.1.3　软件开发流程的演变

软件开发流程的演变其实就是软件开发模型的演变过程。

软件开发模型是在软件开发中逐渐被总结的程序员的很多经验或方法，这些经验或方法经过提炼汇总就变成了软件开发模型。例如，最开始普及的是瀑布模型，后来出现了敏捷开发模型，现在很流行的是 DevOps 模型。

下面，分别介绍一下这几种软件开发模型。

1. 瀑布模型

瀑布的意思是从山壁上或河床突然降落的地方流下的水，远看好像挂着的布匹。通俗理解就是水从上向下流形成的一个水流动的形式。软件开发中的瀑布模型也是一样，开发步骤像水流一样从上往下一步一步进行。瀑布模型如图 1-1 所示。

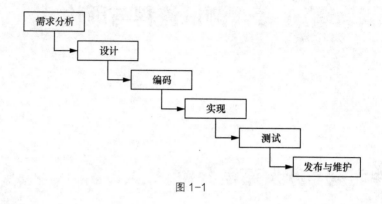

图 1-1

（1）需求分析

在系统开发之前，我们首先要做的就是需求分析。

需求分析中的需求文档的内容是产品人员从用户那里了解到的需要解决的问题。产品人员了解清楚用户想要解决的问题之后，再把了解的内容细化成为一个文档——需求文档。需求文档中清楚地列出了系统大致拥有的大功能模块，大功能模块中又包括哪些小功能模块，并且还列出了系统具有的界面和界面功能。有了这个需求文档，系统的 UI 界面、功能就都确定下来了。

（2）设计

完成需求分析之后就开始做系统设计。设计包括两个方面。

1）界面设计：UI 设计师根据需求文档设计出前端界面的一个设计稿。

2）程序设计：程序开发人员设计系统的基本处理流程、模块的划分、接口的规范等。

（3）编码

在软件编码阶段，程序开发人员会根据设计好的方案，通过代码实现一个系统。

（4）实现

实现就是开发人员用代码实现了需求文档里提出的系统功能。

（5）测试

开发人员把系统实现之后，软件测试人员就可以介入了。这也是瀑布模型的流程：先有系统代码，再做软件测试。

（6）发布与维护

软件测试工作完成之后，发布系统上线运行，并继续对系统进行维护。

（7）瀑布模型的特点

在瀑布模型中，软件开发人员的各项活动严格按照线性方式进行，当前活动接受上一项活动的工作结果，并对当前活动的工作结果进行验证。

瀑布模型的优点很明显，软件开发的各个阶段比较清晰，强调早期计划及需求调查，比较适合需求稳定的产品开发。

但是，因为软件开发人员的活动是线性的，所以依照此模型开发的系统的早期错误可能要等到开发后期的阶段才能被发现，这增加了开发的风险。

为了解决瀑布模型的这个问题，后面又慢慢发展出来了别的开发模型。

2. 敏捷开发模型

敏捷开发模型是一种从 20 世纪 90 年代开始逐渐引起广泛关注的一种新型软件开发方法。这种开发模型更适用于产品需求频繁变化和产品需要快速开发的场景。

常见的敏捷开发模型有 XP 和 Scrum，下面分别介绍这两种开发模型。

（1）XP（Extreme Programming，极限编程）

XP 是一种近似螺旋式的开发方法（模型）。它是把复杂的开发周期分解为一个个相对比较简单的小周期，在每一个小周期里面，项目开发人员和客户都可以非常清楚地了解进度、变化、待解决的问题和潜在的困难等，而且可以根据实际情况及时地调整开发过程，如图 1-2 所示。

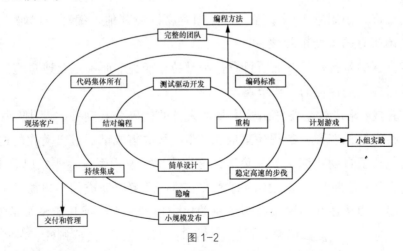

图 1-2

在图 1-2 中可以看出，极限编程是从 3 个维度来组织开发流程的。

1）编程方法

首先是编程方法这个维度。这个维度对开发人员的开发方法做出了规定。

- **简单设计**：XP 要求开发人员用最简单的办法实现每个小需求。一些设计只要能满足客户在当下的需求就可以了，不需做更高深的设计，这些设计都可在后续的开发过程中不断地调整和优化。
- **结对编程**：指代码由两个开发人员一起完成。一个人主要考虑编码细节，另外一个人主要关注整体结构，不断地对第一个人开发的代码进行评审。
- **测试驱动开发**：测试驱动开发的基本思想就是在开发功能代码之前，先编写测试代码。测试代码编写好之后，再去编写可以通过测试代码验证的功能代码。这样就可以让测试来驱动整个开发过程。这样做，有助于开发人员编写简洁、可用和高质量的代码，代码会具有很高的灵活性和健壮性。
- **重构**：XP 强调简单的设计，但简单的设计既不是没有任何结构的流水，也不是缺乏重用性的程序设计。XP 提倡重构代码，主要是努力减少程序和设计中重复出现的部分，增强程序和设计的可重用性。

2）小组实践

小组实践是从团队合作的维度来规定开发人员的工作方法。

- **代码集体所有**：代码集体所有意味着每个人都对系统所有的代码负责。反过来又意味着每个人都可以更改代码的任意部分。
- **编码标准**：既然大家都可修改代码，那开发小组中的所有人都需要遵循一个统一的编程标准，这样所有的代码看起来好像是一个人编写的。因为有了统一的编程标准，小组中的每个程序员更加容易读懂其他人编写的代码，这是实现代码集体所有的重要前提之一。
- **稳定高速的步伐**：可以把项目看作是马拉松长跑，而不是全速短跑。这需要团队成员保持长期稳定的工作节奏。
- **持续集成**：集成就是要把团队中开发人员的代码合并到一起。团队中的开发人员需要经常把他们开发的程序集成在一起，每次集成都通过自动化的构建方式（其中还包括了自动化测试）来验证，这样能尽快发现系统代码集成后出现的错误。
- **隐喻**：为了帮助开发团队中的每个人清楚地理解要完成的客户需求、要开发的系统功能，团队往往需要用很多形象的比喻来描述系统或功能模块是怎样工作的。例如，对于一个搜索引擎，它的系统隐喻可能是：一大群蜘蛛，在网上四处寻找要捕捉的东西，然后把东西带回家。

3）交付和发布

交付是把产品交到客户手中；发布是把产品上线运行，让用户可以使用系统。总体来说，交付和发布都是把产品交给用户，并可以上线使用。整个交付的过程会涉及 4 个方面。

- **小规模发布**：规模有多小呢？就是系统每个迭代用时 1～3 周。在每个迭代结束的时候，团队交付可运行的、经过测试的功能，这些功能可以立即被使用。
- **计划游戏**：预测在交付日期前可以完成多少工作，确定现在和下一步该做些什么工作。不断地回答这两个问题，就是直接服务于系统开发的实施及调整。
- **完整的团队**：每一个项目中的贡献者都是"团队"完整的一部分。这个队伍是围绕着一个需要每天和队伍共同工作的商业代表——"客户"，建立起来的。
- **现场客户**：在 XP 中，"客户"并不是为系统付账的人，而是真正使用该系统的人。XP 认为客户应该时刻在开发现场并提出问题。

从 XP 开发模型可以看出，开发人员和客户在系统开发中占据主导地位。测试人员的工作基本都是通过自动化测试的方式进行的。例如，编码过程中的测试驱动开发这个环节和持续集成中都包含了自动化测试。总体而言，这个开发模型对开发人员和测试人员的要求都是非常高的，团队里的人必须都具有非常高的技术水平，这样才能使这个模型运转成功。

（2）Scrum

在 Scrum 模型里面，最基本的概念是 Sprint。Sprint 其实就是一个冲刺，通俗一点来说就是一个迭代周期，如图 1-3 所示。

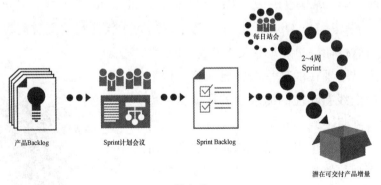

每日站会

2～4周
Sprint

产品Backlog　　　Sprint计划会议　　　Sprint Backlog　　　潜在可交付产品增量

图 1-3

整个项目开始之前，会先有一个产品 Backlog（清单）。使用产品 Backlog 来管理产品的需求，它是整个项目的概要文档。Backlog 是一个按照商业价值排序的产品需求列表（清单），列表条目的体现形式通常为用户故事，即描述用户渴望得到系统的功能。

使用 Scrum 模型的团队从产品 Backlog 中挑选最高优先级的需求进行开发，挑选的需求在 Sprint 计划会议上讨论。

在 Sprint 计划会议上经过讨论、分析和估算得到相应的任务列表，这个任务列表被称为 Sprint Backlog。

Scrum 中，整个开发过程由若干个短的迭代周期组成，一个短的迭代周期称为一个 Sprint，每个 Sprint 的建议时间长度是 2～4 周。

在每个迭代周期中，使用 Scrum 模型的团队会举行每日站会。在每日站会上团队检验 Sprint 目标的进展，做出调整，从而优化次日的工作。

每个迭代周期结束时，使用 Scrum 模型的团队将递交潜在可交付的产品增量。

在每个迭代周期最后，团队需要召开一次 Sprint 评审会议，会上团队的人员向产品负责人和利益相关方展示已完成的功能。

Sprint 评审会议结束之后，下一个 Sprint 计划会议之前，需要召开 Sprint 回顾会议。回顾会议的目的是：在 Sprint 过程中，回顾一下哪些地方执行得很好，哪些地方执行得不好，团队可以做哪些改进。

整个 Scrum 模型的工作流程中，每一个 Sprint 也是一个迭代周期，其实也是一个小的瀑布。每个迭代周期都会完成一个需求分析—设计—编码—测试—上线这样的流程。

3. DevOps 开发模型

DevOps（Dev 和 Ops 的组合词）涉及软件整个开发生命周期中的各个阶段。

DevOps 是一个非常关注开发（Dev）人员、运维（Ops）人员，以及测试人员之间沟通合作的开发模型。DevOps 是通过自动化方式完成软件测试交付流程的，以便让构建、测试、发布软件能够更加地快捷、频繁和可靠地进行。

它的出现满足了现在的项目需要更加快速地上线并且每天都能上线新功能的需求。若在项目中用敏捷开发模型，项目上线新功能最快也需要一周的时间，满足不了每天都可以上线新功能的需求。所以，为了能够更加快捷地上线新功能，开发、测试和运维工作必须紧密合作。DevOps 更适合用在项目中需求频繁变化，开发、测试、运维都需要敏捷的场景，如图 1-4 所示。

DevOps 是有生命周期的，下面介绍一下 DevOps 生命周期中包含了哪些阶段。

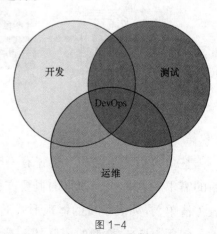

图 1-4

（1）持续开发

这是 DevOps 生命周期中软件不断被开发的阶段。与瀑布模型不同的是，软件可交付成果被分配在多个任务节点，目的是在较短的时间内开发并交付系统功能。

DevOps 生命周期中软件不断被开发的阶段包括计划阶段、编码阶段和构建阶段。

1）计划阶段：可以使用一些项目管理工具，如 JIRA 来管理整个项目。

2）编码阶段：可以使用 Git 或者 SVN 来维护不同版本的代码。

3）构建阶段：使用打包工具，如 Maven，把代码打包到可执行文件中。

（2）持续测试

在这个阶段，程序员开发出来的软件会被持续地测试。

对于持续测试，可以使用一些自动化测试工具实施，如 Selenium、Appium。Selenium 是做 Web 自动化测试的工具，Appium 是做 App 自动化测试的工具。自动化测试的工具还需要配合测试框架一起使用，如 Java 中的 TestNG、JUnit，Python 中的 unittest、pytest。有了这些自动化测试的工具，就可以持续地对开发出来的软件进行测试了。

（3）持续集成（CI）

一旦新提交的代码测试通过，这些代码就会不断地与已有代码进行集成，这就是持续集成。

这个时候可以使用 Jenkins，它是现在流行的持续集成工具。使用 Jenkins，可以从 Git 库中提取最新的代码，并生成一个构建任务，最终可以把程序代码部署到测试环境或生产服务器中。

还可以把 Jenkins 设置成：发现 Git 库里有新提交的代码，就自动触发新构建任务；我们也可以单击 Jenkins 的"构建"按钮手动触发一个新的构建任务。有了 Jenkins 这款利器，开发人员就可以非常方便地完成代码的持续集成工作。

（4）持续部署

持续集成完成之后，就可以直接把代码部署到实际环境中。在这个阶段，需要保证只有通过了持续测试的正确代码才能被部署到服务器上。

因为，如果系统上线了新功能，就会有更多用户使用新功能。这样的话，为了不让系统宕机，运维人员可能还需要扩展服务器来容纳更多用户。持续部署是通过配置管理工具快速、频繁地执行部署任务实现的。这让产品的新功能可以更快地和用户见面，打通了开发、测试到上线的一个快速通道。

在这个阶段，容器化工具 Docker 也发挥着重要作用。它可以帮助保持各种运行环境是一致的，如测试环境、生产环境等，因为运行环境的不同也可能会导致一些系统 Bug

的出现。

（5）持续监控

系统上线之后，就到了持续监控的阶段。这是 DevOps 生命周期中非常关键的阶段。通过线上的监控可以帮助我们提高软件的质量，监控软件的性能。

这里也需要运营团队的参与，他们也会监控用户在使用产品过程中出现的一些"错误行为"，用以系统的进一步优化。

在这个阶段，可以使用 ELK Stack，这是一个收集线上数据，并分析、展示数据的平台，通过这个工具可以自动地收集用户使用系统的动作和产品的一些线上的 badcase（坏案例）数据，通过分析这些数据，可以为产品将来的发展方向做出指导。

1.2 被测系统架构与数据流分析

1. 理解被测系统架构与数据流的益处

深入了解被测系统的架构与数据流，有助于理解业务逻辑、梳理业务用例，以及促进部门间协同。

更深入地理解业务逻辑是指：要分析公司是做什么的？公司重要的商务决策是什么？公司内部数据流是怎么运行的？有哪些常见的业务场景。

更好地梳理业务用例的本质是：在测试过程中，测试人员可以更全面地测试公司的业务。例如，复杂的电商系统或者保险行业的管理系统，内部涉及的业务流以及包括的用户种类都很复杂、多样，测试人员不理解其中的业务逻辑和数据，就很难编写出一个覆盖完整系统功能的业务测试用例。

更好地与研发、运维进行跨部门间协同是指：当产品出现问题时，研发和运维部门都会排查。作为测试部门，更要了解出现的问题并帮助研发、运维部门解决问题，这样可以加快部门间协同解决问题的速度。

2. 开源项目 litemall 系统架构

下面以开源项目 litemall 为例，分析一下这个项目的系统架构。

litemall 是一款小的网上商城应用，系统以 Spring Boot 作为后端，Vue 结合微信小程序作为前端，同时 Vue 也作为移动端。

（1）系统架构

litemall 系统架构如图 1-5 所示。

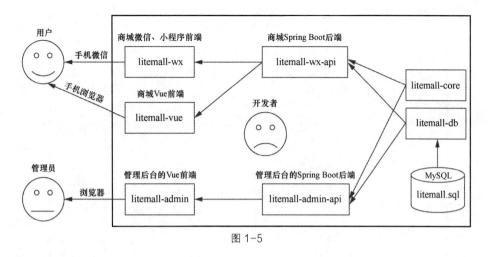

图 1-5

（2）技术架构

litemall 的技术架构如图 1-6 所示。

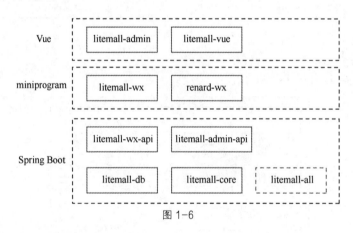

图 1-6

3. 开源项目 Mall 系统架构

Mall 项目是一套电商系统，包括前台商城系统及后台管理系统，基于 Spring Boot + MyBatis 实现，采用 Docker 容器化部署。前台商城系统包含首页、商品推荐、商品搜索、商品展示、购物车、订单流程、会员中心、客户服务、帮助中心等模块。后台管理系统包含商品管理、订单管理、会员管理、促销管理、运营管理、内容管理、统计报表、财务管理、权限管理、设置等模块。

（1）系统架构

Mall 系统架构如图 1-7 所示。

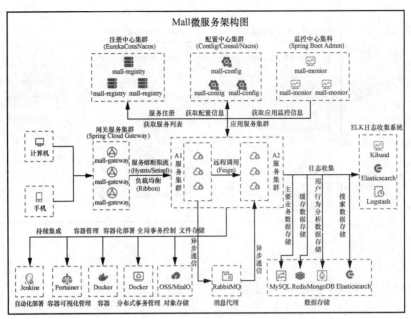

图 1-7

（2）业务架构

Mall 的业务架构如图 1-8 所示。

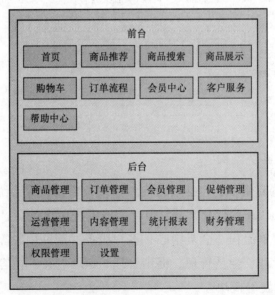

图 1-8

4. 公司架构组成分析

通过 litemall 和 Mall 两个开源项目可以看出，这两项目的公司架构一般分为业务架构和系统架构。

（1）业务架构

1）商业模式：也是大家最关心的问题，公司使收益最大化的运作模式，例如，抖音的运作模式以及其裂变系统是怎样进行的。

2）业务数据：公司系统中包括的角色、资源和数据，例如，公司系统的账户管理中的角色有管理员、用户等，而这些角色又可以分为输出内容的人和消费内容的人。除了角色，公司系统上还有核心资源的种类及数据信息。

3）业务流程：业务数据中的角色的行为以及数据之间的集成关系。

（2）系统架构

系统架构就是要把业务架构进行落地实施，实现其中的商业模式与业务流程。

- **架构角色与技术栈**：架构中的角色基本不会变，而技术栈会随着技术的发展而不断变化。其中的技术栈有：网关（Apache/Nginx/F5）、应用开发（Spring Boot/Spring Cloud）、通信协议（Dubbo/HTTP/PB）、数据处理（Hadoop/Spark/Flink）、数据存储（Redis/MySQL/Oracle/ES）、文档存储（MongoDB/HBase/Neo4j）。
- **部署架构**：架构角色的集成关系。

5. 建模语言 UML

为快速了解公司的系统架构，可以使用统一建模语言（UML）来分析公司的系统架构。常用的编译工具有：

plantuml（推荐）、yed、draw.io、processon、visio。

下面以 plantuml 工具为例，设计图模型，用以分析公司系统架构。

（1）用例图：用来描述商业模式、业务角色。

（2）时序图：用来描述业务流程、调用关系。

（3）部署图：用来描述系统架构与集成关系。

（4）活动图：用来分析业务逻辑。

下面对上述设计图模型进行简单说明。

（1）用例图

使用用例图梳理商业模式、业务角色，如图 1-9 所示。

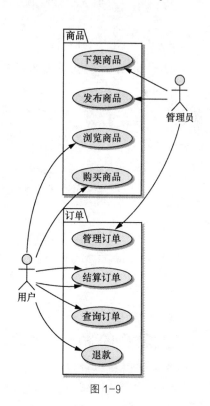

图 1-9

（2）部署图

使用部署图分析系统架构与集成关系，如图 1-10 所示。

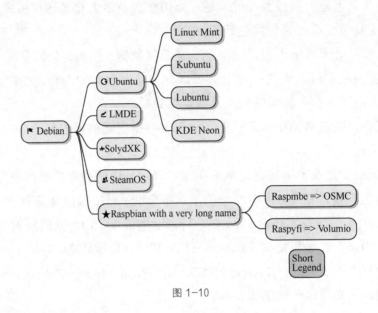

图 1-10

（3）时序图

使用时序图分析业务流程和调用关系，如图 1-11 所示。

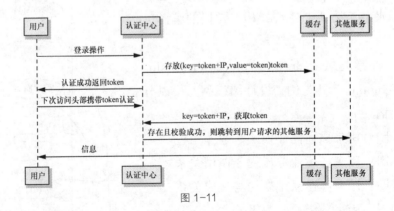

图 1-11

（4）活动图

使用活动图分析业务逻辑，如图 1-12 所示。

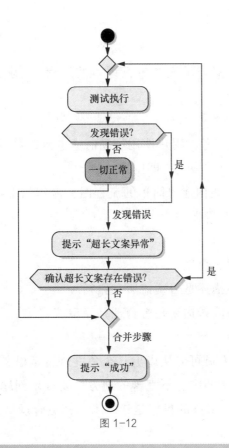

图 1-12

被测系统的需求理解

1. 需求理解简介

需求分析是开始测试工作的第一步。产品设计人员会根据客户要求先汇总一个需求文档，然后给开发人员和测试人员进行需求宣讲。在需求宣讲中，大家一起分析需求文档中是否存在需要完善的内容。宣讲结束后，测试人员通过需求文档分析测试点并且预估测试工作的排期。

2. 需求文档

产品设计人员在做完用户需求调查之后，会根据用户需求汇总一份需求文档，需求文档中会详细描述用户所需的系统功能和功能实现的效果。

3.　需求评审

需求宣讲的过程也是对需求文档进行评审的过程。需求文档评审可以从以下角度进行。

（1）业务场景角度

1）站在使用者的角度，考虑用户使用产品时会遇到的各种情况，反观各种情况在需求文档中是否都能找到对应的描述，即用户故事。

2）根据用户故事应该能构建出简单的流程图，流程图中各种路径之间的约束关系、执行条件要有明确、合理的定义。

（2）功能点角度

1）数据约束是否全面、合理。

2）存在分支的逻辑、描述是否覆盖所有路径。

3）多状态流程、状态流转描述是否合理且完整。

4）权限描述是否明确。

在评审的时候，参与人员可以从以上几个角度进行考虑，检查产品设计人员写的需求文档是否完善。若需求文档中有不完善的地方，要提出问题并和产品设计人员、开发人员和测试人员一起讨论。最终的目标是让需求文档更合理且完整。

4.　需求分析

产品设计人员把需求文档最终完善好之后，参与人员就可以详细地去分析需求文档了。需求分析就是把不直观的需求文档简化为直观的需求。

需求分析步骤：

1）明确测试范围：把测试活动的边界确定好，系统中很多模块都是有关联的，在分析需求文档的时候，需要看新加的功能和已有的功能耦合度，考虑是否需要对关联的功能模块也进行测试。

2）明确功能点：把需求文档中的功能点列出来。

3）明确业务流程：根据业务流程图梳理。

4）明确输出结果：方便验证。

5）分析异常流程：提高系统的容错性。

6）预估测试需要的时间和资源：为测试计划的编写做好准备。

综上，为了提高需求分析能力，就需要深入地理解需求文档。

5. 如何提高需求理解能力

（1）熟悉业务，了解系统。任何系统都有大的业务应用背景，只有在熟悉业务的基础上才能更有效地使用系统。任何人使用系统都有一个熟悉的过程，对系统熟悉度越高，越容易发现系统问题。

（2）用客观的思考方式，站在用户的角度分析。在满足客户要求的基础上，测试人员站在业务或者系统现有实现的角度上，给产品设计人员和开发人员一些好的建议。

（3）善于总结，乐于分享。把常见的测试用例设计的误区、一些好的需求分析实例，以及需求分析习惯分享给团队其他人，这样可以集众人之所长，不断提升大家需求分析的能力。

1.4　项目管理与跨部门沟通协作

1. 项目管理简介

项目管理有其特定的对象、范围和活动，着重关注成本、进度、风险和质量。项目管理参与人员还需要协调开发团队和客户的关系，协调内部各个团队之间的关系，监控项目进展情况，随时报告发现的问题并督促问题的解决。

软件项目管理是为了使软件项目能够按照预定的成本、进度、质量顺利完成，而对人员（People）、产品（Product）、过程（Process）和项目（Project）进行分析和管理的活动。

随着信息技术的飞速发展，软件产品的规模也越来越庞大，个人单打独斗的"作坊式"开发方式逐渐不适应企业的需要。各软件企业都在积极将软件项目管理引入开发活动中，对开发的项目实行有效的管理。

同时，随着软件开发规模及开发队伍的逐渐增大，迫切需要一种开发规范来约束每个开发人员、测试人员与支持人员的工作，用以保证项目组每个成员按约定的规则准时完成自己的工作。

2. 管理流程

软件管理的流程大致可以分为 6 个阶段，如图 1-13 所示。

图 1-13

（1）需求阶段

1）项目经理：负责建立项目目录，分析项目所需资源，评估项目风险，预估项目的完成周期等工作，并输出一个包含大致时间规划的项目计划表。

2）产品经理：需要完成收集与整理需求、环境分析等工作，并输出一个需求文档。

3）研发人员：要参与到需求分析和环境分析工作中。

4）测试人员：要参与到需求分析和环境分析工作中。

（2）设计阶段

1）项目经理：负责监控项目进度，组织安排每阶段的评审，分解任务到人，细化项目计划等工作，并输出一个涉及各功能模块的项目计划表。

2）产品经理：需要完成系统功能设计，输出系统说明书。

3）研发人员：需要完成系统功能技术设计和数据库设计，输出概要设计文档和详细设计文档。

4）测试人员：需要组织测试计划评审，输出一份测试计划表。

（3）开发/单元测试阶段

1）项目经理：负责监控项目进度，调整人员安排，跟踪、解决技术难点等工作，并输出更新进度后的项目计划表和项目进度报告。

2）产品经理：参与项目需求细节完善的沟通。

3）研发人员：需要完成项目具体功能开发，组织代码审查和单元测试等工作，工作完成后输出功能代码和单元测试代码。

4）测试人员：需要完成测试用例编写和组织测试用例评审等工作，工作完成后输出测试用例。

（4）集成测试阶段

1）项目经理：负责监控项目进度，跟踪、解决技术难点等工作，并输出项目进度报告。

2）产品经理：参与项目需求细节完善的沟通和 Bug 修改方案的制定。

3）研发人员：需要完成集成测试、Bug 修改等工作，工作完成后输出集成测试报告、部署测试环境。

4）测试人员：支持研发人员进行集成测试，准备测试数据。

（5）系统测试阶段

1）项目经理：负责分配 Bug 修改与跟踪、解决技术难点等工作，并输出项目进度报告。

2）产品经理：参与项目需求细节完善的沟通和 Bug 修改方案的制定。

3）研发人员：支持测试活动，修改 Bug。

4）测试人员：需要完成测试环境搭建、补充测试数据、功能测试、自动化测试等工作，工作完成后输出系统测试报告和缺陷报告。

3. 软件项目管理的方法

软件项目管理的方法如图 1-14 所示。

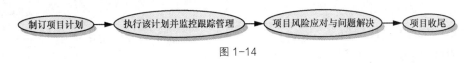

图 1-14

（1）制订项目计划

对于大项目，一般在项目启动或者立项时参与人员会制订一份完善的项目总体计划。对于小项目或者项目版本更新，因为开发完成周期比较短，一般一个月即可完工，所以直接制订简单的日程计划进行跟踪即可。

（2）执行该计划并监控跟踪管理

项目计划制订并得到项目组评审确认后，项目组要按照计划中安排的任务、时间和人员去执行。项目管理人员需要对计划执行情况进行监控，例如，每周检查任务完成情况，每个"里程碑"时间点检查这期间内所有任务完成情况。监控的结果会在项目日程计划中体现新任务的完成进度，以便在非"里程碑"任务时间点时可以查看项目进度。必要时每周要召开项目例会并形成项目周报。每个"里程碑"任务结束时，要召开"里程碑"任务总结会议。

（3）项目风险应对与问题解决

项目经理通过对项目的周跟踪、"里程碑"跟踪活动，会发现项目进展中出现的问题及潜在问题，以及已经影响或将要影响项目的问题。项目组需要跟踪和分析项目数据，对这些问题和风险进行识别、分析并给出相应的应对措施。

对问题解决或风险缓解措施的执行，项目经理须进行监督和控制，持续跟踪问题和风险状态变化，确保措施有效执行，直至问题解决、风险解除。对问题与风险的识别、解决和跟踪等信息，项目经理应记录在项目周报和"里程碑"总结报告的问题跟踪表或者风险跟踪表中。

（4）项目收尾

项目收尾是项目最后一个重要的工作环节，包括保存项目资产，移交工作责任、进行项目总结与评价，并最终释放项目资源等工作。

4. 跨部门沟通协作

（1）与产品经理沟通

由于产品经理的岗位职责就是设计产品功能、输出产品需求文档，所以，测试人员和产品经理沟通的阶段有以下 4 个：

- 需求评审会；
- 分析需求阶段；
- 测试用例编写阶段；
- 测试过程中。

总之，只要涉及项目需求方面的问题，测试人员都需要和产品经理进行深入沟通，这样才可以深入完整地理解项目业务的逻辑和项目的需求，最终交出去的测试后的软件才是符合用户需求的。

（2）与研发人员沟通

- 分析需求阶段
- 测试用例编写阶段
- 测试过程中
- 线上监控发现 Bug 时

在需求分析和测试用例编写阶段，测试人员如果遇到项目中一些需求的实现手段和逻辑不是很明确的话，就需要和研发人员进一步沟通。

在测试过程中，测试人员如果发现 Bug 也要和研发人员进行沟通，接下来还要协助研究人员完成复现 Bug，提交日志，验证 Bug 等工作。

（3）项目上下游配合测试

现在公司中的一个项目往往会涉及多个团队来完成，例如服务端团队、客户端团队、数据库端团队等。同样在项目测试的时候，需要多个团队的测试人员合作（联调），这样进行测试会更加容易，并且可以更好地发现项目中存在的问题。

在这种项目上下游配合测试的时候，为了使团队合作更加顺畅，参与人员需要注意以下 3 个方面。

1）测试计划沟通：项目上下游模块参与人员可沟通各自的测试计划安排、测试范围、测试重要场景、跨团队测试数据的构造、配合的方式，把团队间的影响降到最低。

2）环境对接：了解相互之间提供的接口调用问题，各自提供的接口是否清楚，各自提供的接口是否满足需求等，确保联调环境的可用性。

3）熟悉业务：了解对方的业务、权限等，避免影响测试进度。

1.5　流程管理平台

1. 流程管理平台简介

JIRA 是目前比较流行的测试流程管理工具，它的定制性非常强，所以很多大型企业使用。JIRA 可以自定义流程、界面和字段。通过自定义的方式，我们就能让整个工具更贴合公司的业务。并且 JIRA 提供的各种插件也非常丰富，可以满足公司的各种业务需求。

测试中的测试用例和 Bug 都可以用 JIRA 进行跟踪管理。

2. JIRA 中的基本概念

JIRA 中有一些基本的概念需要在使用前了解清楚。

Project（项目），开发一个 App 是一个项目，开发一个微信小程序也是一个项目。项目管理范畴内可以被看作"项目"的都是 JIRA 中的项目。

Issue（问题）是 JIRA 的核心。项目是由多个需要解决的问题组成的。管理不同的问题，可以用不同的问题类型。

JIRA 里有一些预制好的问题类型，如 Task（任务）、Sub-Task（子任务），可以直接选择使用这些问题类型，也可以自己创建新的问题类型。

问题包含属性，如名称、详细描述、提交人、提交时间、优先级、状态等。属性就是 JIRA 中的 Field（字段）。待测的系统本身定义了一些常用的字段，用户也可以创建一些自定义的字段。

Issue 也有不同的状态，如待办、进行中、已完成。Workflow（工作流）就是用来定义 Issue 的状态以及状态间的流转的。

3. JIRA 管理测试用例流程

接下来介绍在 JIRA 中如何管理测试用例。

（1）创建测试用例管理项目

在 JIRA 中创建一个流程管理类型的项目，项目被命名为【测试用例管理项目】。测试用例可以在这个项目中进行管理。流程管理如图 1-15 所示。

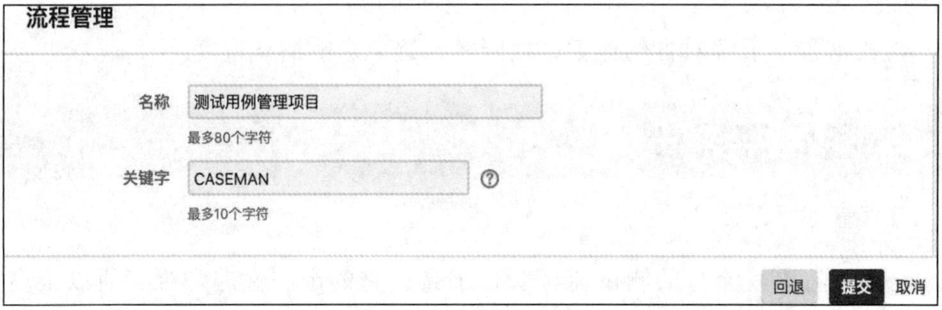

图 1-15

（2）新建测试用例

在【测试用例管理项目】项目中创建一个新的 Issue。在 JIRA 界面上单击【新建】按钮，可以看到新建测试用例的界面（创建问题界面），在界面中可以填写测试用例的内容。

例如填写一条最基本的 UI 验证用例，如图 1-16 所示。

图 1-16

（3）查看并编辑测试用例

在 JIRA 界面上单击【编辑】按钮，进入测试用例编辑页面修改测试用例的内容，如图 1-17 所示。

图 1-17

（4）查看用例状态转换

执行测试用例时，可以单击 JIRA 界面上的"状态转换"按钮，切换测试用例的不同状态。

通过这些状态，我们可以对测试用例进行管理。如果在执行测试用例的时候，执行后得到的实际结果与预期结果不一致，这时就表明发现了系统 Bug，就需要把 Bug 也提到 JIRA 中进行管理。

4. JIRA 管理 Bug 流程

要管理 Bug，同样也需要先创建一个项目。创建好项目之后，Bug 可以被提交到这个项目中进行管理。

我们是通过执行测试用例发现 Bug 的，可以通过测试用例管理的"创建链接问题"

项来管理 Bug，如图 1-18 所示。

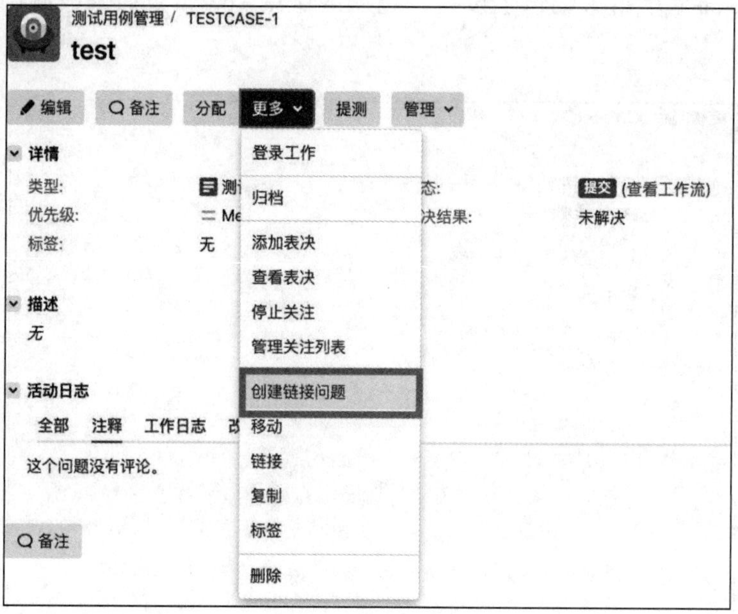

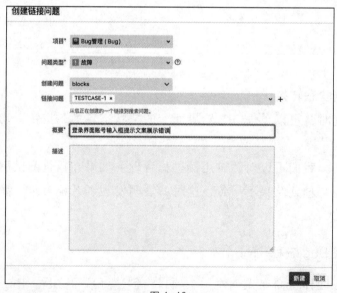

图 1-18

可以通过设置字段类型对 Bug 进行概要性描述，如图 1-19 所示。

图 1-19

Bug 管理项目创建好之后，可以通过编辑问题（Bug Issue）对 Bug 进行详细描述，如图 1-20 所示。

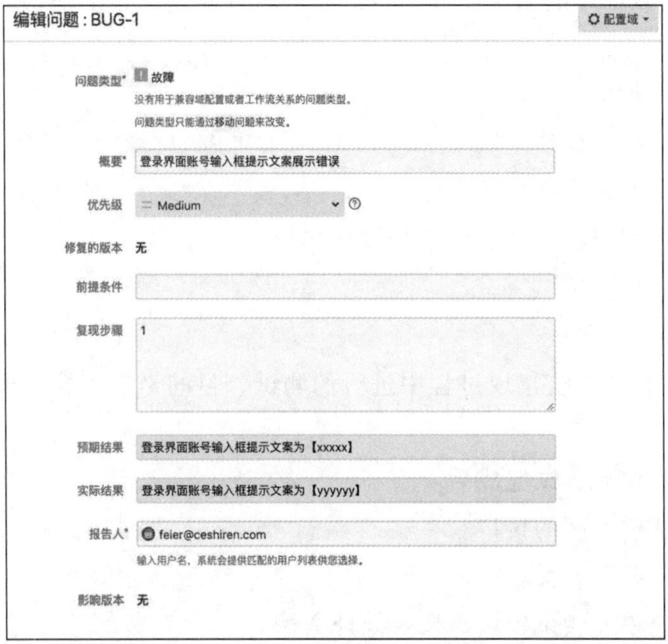

图 1-20

1.6 测试流程体系

1. 软件测试的作用

软件测试是软件质量保证流程中的关键环节。通过软件测试越早发现软件中存在的问题（Bug），修复软件中的问题的成本就越低，软件质量也就越高，软件发布后的维护费用越低。

为了能更好地保障软件质量，在软件测试的实践中，测试人员慢慢形成了一些流程用来达到保障软件质量的目标。下面介绍一下常见的测试流程。

2. 常见的测试流程

常见的测试流程包含了如图 1-21 所示的步骤。

图 1-21

下面分别介绍每一个流程的含义。

（1）单元测试

单元测试是对软件中的基本组成单位进行的软件测试。目的是检验软件基本组成单位的正确性。

1）测试阶段：编码完成后。

2）测试对象：最小模块。

3）测试人员：开发人员。

4）测试依据：代码、注释、详细的设计文档。

5）测试方法：白盒测试。

（2）集成测试

集成测试是在软件系统集成过程中进行的测试，目的是检查软件模块之间的接口是否正确。

1）测试阶段：单元测试完成后。

2）测试对象：模块间的接口。

3）测试人员：开发人员。

4）测试依据：单元测试模块、概要设计文档。

5）测试方法：黑盒与白盒结合。

（3）冒烟测试

冒烟测试是在软件开发过程中针对软件基本功能的一种快速验证，是对软件基本功能进行确认验证的手段。

1）测试阶段：提测后。

2）测试对象：整个系统。

3）测试人员：测试人员。

4）测试依据：冒烟测试用例。

5）测试方法：黑盒测试（手工或自动化测试方式）。

（4）系统测试

系统测试是对已经集成好的软件系统进行彻底的测试，验证软件系统的正确性和性能等是否满足其规约所指定的要求。

1）测试阶段：冒烟测试通过后。

2）测试对象：整个系统。

3）测试人员：测试人员。

4）测试依据：需求文档、测试方案、测试用例。

5）测试方法：黑盒测试。

一般系统的主要测试工作都集中在系统测试阶段。根据不同的系统，所进行的测试种类很多。在系统测试中，又包括如下测试种类。

1）功能测试：功能测试是对系统的各项功能进行验证，以检查这些功能是否满足需求。

2）性能测试：性能测试是通过自动化测试工具模拟多种正常、峰值及异常负载情况对系统的各项性能指标进行的测试。

3）安全测试：安全测试检查系统对非法入侵的防范能力。

4）兼容性测试：兼容性测试主要是测试系统在不同的软硬件环境下是否能够正常地运行。

（5）验收测试

验收测试是部署软件之前的最后一种测试。验收测试的目的是确保软件准备就绪，向软件购买方展示该软件满足其需求。

1）测试阶段：发布前。

2）测试对象：整个系统。

3）测试人员：用户/需求方。

4）测试依据：需求文档、验收标准。

5）测试方法：黑盒测试。

3. 软件测试模型

软件测试模型用于定义软件测试的流程和方法。众所周知，软件开发的质量决定了软件的质量，同样地，测试的质量将直接影响测试结果的准确性和有效性。软件测试和软件开发一样，都遵循软件工程原理，遵循管理学原理。

随着测试管理的发展，软件测试专家通过实践总结出了很多很好的测试模型。这些模型是对测试活动的抽象、概括，并与开发活动有机地结合起来，是测试管理的重要参考依据。下面介绍几种常见的测试模型。

（1）V模型

V模型是开发模型中瀑布模型的一种改进。瀑布模型将软件生命周期划分为计划、分析、设计、编码、测试和维护这6个阶段。由于早期的系统错误可能要等到开发后期的测试阶段才能发现，所以使用瀑布模型进行开发很可能给系统造成严重的后果。

V模型改进了瀑布模型的缺点，在软件开发时期，开发活动和测试活动几乎同时开始，在开发活动进行的时候，测试活动开始进行相应的文档准备工作，从而提高软件开发的效率和效果，如图 1-22 所示。

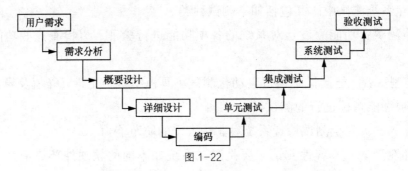

图 1-22

V 模型的优点是明确地标注了测试过程中存在着哪些不同的测试类型，并且可以清楚地表达测试和开发各阶段的对应关系。

但是，它也有一些缺点，例如，容易使人误解，测试只是软件开发完成后的工作。而且由于它的顺序性，当编码完成之后，正式进入测试时，我们发现的一些 Bug 可能不容易找到其产生的根源，而且代码修改起来也很困难。在实际工作中，因为用户对系统的需求变更较快，所以使用 V 模型可能导致要重复变更需求、设计、编码、测试，返工量会比较大。

（2）W 模型

W 模型从 V 模型演化过来，相对于 V 模型，在软件各开发阶段中 W 模型增加了应同步进行的验证和确认环节。

W 模型由两个 V 字型模型组成，分别代表测试与开发过程，图 1-23 中明确表示出了测试与开发的并行关系。测试与开发是同步进行的，有利于尽早、全面地发现系统中的问题。

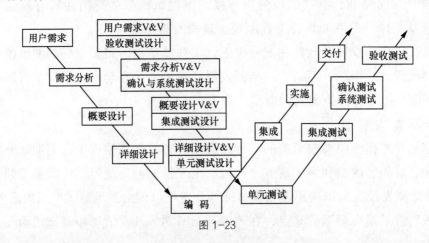

图 1-23

在 W 模型中测试伴随着整个软件开发周期，而且测试的对象不仅是程序，需求、设计等也需要测试。

系统使用 W 模型有利于尽早、全面地发现系统中的问题，例如，需求分析完成后，测试人员就立即参与到对需求的验证和确认工作中，以便尽早地找出需求中的缺陷所在。

对需求的测试也有利于及时了解项目的测试难度和测试风险，尽早制定应对措施，这将显著减少总体测试时间，加快项目进度。

使用 W 模型的优点很明显。首先测试与软件开发同步进行，而且测试的对象不仅仅是程序，还包括需求和设计。这样可以尽早发现软件缺陷，降低软件开发的成本。

但是 W 模型还是有一些缺点，例如，开发和测试依然是线性的关系，项目的需求变更和调整依然不方便。而且如果前期工作流程中没有产生文档，根本无法执行 W 模型。

（3）H 模型

相对于 V 模型和 W 模型，H 模型将测试完全独立出来，形成一个完全独立的工作，将测试准备工作和测试执行工作清晰地体现出来，如图 1-24 所示。

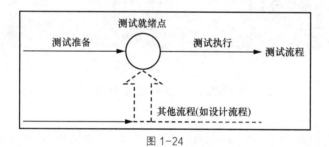

图 1-24

图 1-24 仅仅演示了在软件整个生产周期中某个层次上的一次测试——"微循环"。图 1-24 中标注的其他流程可以是任意的开发流程，例如，设计流程或编码流程。测试流程是灵活的，只要满足测试条件，并且完成测试准备活动，测试就可以进行了。

H 模型中包含了如下概念。

1）测试准备：所有测试活动的准备，判断是否达到测试就绪点。

2）测试就绪点：测试准入准则，开始执行测试的条件。

3）测试执行：具体的执行测试的程序。

4）其他流程：设计流程或编码流程。

H 模型揭示了软件测试中除测试执行外，还有很多其他工作。它让测试活动完全独立贯穿于整个软件生命周期，并与其他流程并发进行。在 H 模型中，软件测试活动可以尽早准备、尽早执行，具有很强的灵活性。而且软件测试可以根据被测对象的不同而分层次、分阶段、分次序执行，同时也是可以被迭代的。

　　但是 H 模型对于项目管理要求很高，需要定义清晰的规则和管理制度，否则测试过程将很难管理和控制。而且对于测试人员的技能要求也很高，因为 H 模型要求测试人员对迭代规模有控制能力，迭代的规模不能太大也不能太小。在 H 模型中，测试就绪点的分析也比较困难，在测试过程中，测试人员并不知道测试准备到什么程度是合适的？就绪点在哪？就绪点标准是什么？这会给后续的测试执行带来很大的困难。

　　（4）3 种测试模型对比

上面介绍的 3 种测试模型使用场景会有一些不同。

- V 模型适用于中小企业。
- W 模型适用于中大型企业。
- H 模型对测试人员的技能要求非常高，使用比较少。

4. 系统测试工作流程

系统测试工作流程如图 1-25 所示。

图 1-25

　　下面分别解释一下图 1-25 所示的每一步的具体含义。

　　（1）项目计划

这是描述软件测试目的、范围、方法和重点等内容的文档。

　　（2）需求分析

测试工程师参与需求分析，可以增加对需求的了解，减少后期与产品和开发人员的沟通成本，节省时间。早期确定测试用例的编写思路可以为测试打好基础。在需求分析的过程中测试人员可以获取一些测试数据，有助于测试用例的设计。而且在需求分析过程中可以发现需求不合理的地方，降低后期的测试成本。

　　（3）测试设计

测试设计是指把概括的测试目标转化为具体的测试用例的一系列活动。测试设计时要结合需求、系统架构、设计和接口说明等文档评审测试依据。通过对测试项、规格说明、测试对象行为和结构的分析，识别测试条件并确定测试优先级；根据分析的内容设计测试用例，同时确定测试条件和测试用例所需的必要的测试数据。

（4）用例评审

测试用例评审一般进行两轮。一轮是组内评审，组内人员会评审测试用例是否完全覆盖了需求，并提出一些修改意见。二轮评审需要和产品经理、研发人员一起进行，产品经理和研发人员会从不同角度对测试用例进行一些补充。测试用例评审并且把评审中的建议补充完毕之后，测试用例才最终被设计完毕，进入等待执行的状态。

（5）测试执行

开发人员完成需求的开发之后会提测，也就是把可以测试的产品交付给测试人员进行测试。提测后需要先执行冒烟测试，冒烟测试通过之后正式进入测试执行阶段。

开始执行测试之前要确认已经正确搭建了测试环境。测试环境没有问题后，就根据计划执行，如通过手工或使用测试工具来执行测试用例。执行测试过程中需要记录测试执行的结果，以及被测软件、测试工具的标识和版本，将测试得到的实际结果和预期结果进行比较，得出实际结果和预期结果之间的差异，作为 Bug 上报，并对 Bug 进行分析以确定引起差异的原因。Bug 修正后，重新对系统进行测试。

（6）Bug 管理

软件缺陷（Bug）是一种泛称，它可以指功能的错误，也可以指性能低下、易用性差等。

（7）发布维护

监控上线后的产品，若发现产品有问题应及时修复。

5. Bug 管理流程

Bug 的管理也需要遵循一定的流程，基本流程如图 1-26 所示。

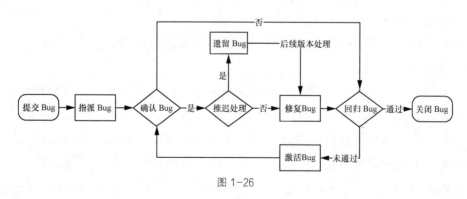

图 1-26

（1）提交 Bug

在提交一个 Bug 的时候，测试人员先尽量描述这个 Bug 的属性：重现环境、类型、等级、优先级，以及详细的重现步骤、结果与期望等。在提交一个问题（Bug）之前首先应该保证，这个 Bug 是没有被提交过的，以免造成重复提交 Bug。

（2）指派 Bug

有些公司的测试部门与开发部门相互独立，那么测试人员就不好确定自己测试的系统模块是由哪位开发人员负责的，在这种情况下，测试人员统一把测出的问题指派给项目组长或经理，由项目组长（或经理）对问题进行确认后再次分配给相应的开发人员去解决。有些测试人员是和研发团队在一起工作的，这时，测试人员会对某开发人员负责的模块非常清楚，就可以将测出的问题直接指派给相应的开发人员。

（3）确认 Bug

开发人员接到测试人员提交的一个 Bug，首先对其进行分析与重现，如果对其进行分析后发现不是 Bug（可能由于测试人员不了解需求）或无法对此 Bug 进行重现，那么就需要将此问题返回给测试人员再次进行回归测试，并注明返回 Bug 的原因；如果确认为是 Bug，则需要对其进行处理。

（4）判断是否推迟处理

在处理问题（Bug）之后，开发人员还需要对 Bug 进行一次判断，决定是否需要推迟处理此 Bug。有些 Bug 已经被确认了是需要解决的问题，由于其可能在极端情况下才会出现，或处理此 Bug 需要对系统架构进行改动，或其优先级非常低，所以暂时不需要对此 Bug 进行处理或到下个系统版本再修复此 Bug。

（5）遗留 Bug

对于推迟处理的 Bug 可以暂时进行遗留。一般遗留的 Bug 需要经过项目经理与测试经理协商后才可以决定接下来要做的工作。

（6）处理 Bug

开发人员在确认完一个 Bug 需要处理时，就对其进行处理。

（7）回归 Bug

确认不是一个 Bug：对于测试人员提交的一个 Bug，开发人员处理后确认不是 Bug 或无法重现此 Bug，就直接把此 Bug 转交给测试人员回归测试。测试人员再次确认此 Bug，如果真如开发人员所说，则将此 Bug 取消；如果非开发人员所说，是由于对 Bug 描述模糊或其他原因造成未重现 Bug，则再次注明 Bug 出现的原因并转给开发人员。

确认修复 Bug：测试人员对开发人员修复的 Bug 再次进行确认，确认此 Bug 已处理，则取消此 Bug；确认此 Bug 还存在，将 Bug 再次转给开发人员进行处理。

确认遗留 Bug：有计划地对遗留的 Bug 进行确认，有些遗留 Bug 随着时间的推移、版本的更新或已经不存在了，对这类 Bug 应该及时取消。有些遗留 Bug 被取消后依然存在且需要紧急处理，对于这类 Bug 应该及时交给开发人员处理。

（8）关闭 Bug

对于已经修复的 Bug 进行关闭，这也是一个 Bug 的最后一个状态。

6. 测试左移和测试右移

传统的测试流程就是测试人员接到项目后参与需求评审，然后根据需求文档写测试用例和准备测试脚本，等开发人员提测之后正式开始测试、提交 Bug、回归测试，测试通过后项目开发工作就结束了，运维人员把项目上线运行。

这样的流程看似没什么问题，但缺点是测试过程是在一定时间间隔内发生的，测试人员必须等待产品完全构建后才能开始找错误和软件故障。"等待代码"成为测试人员加快测试进度的瓶颈。

而测试左移以及测试右移能够让测试人员拥有更多的主动权，有更充足的时间进行测试，同时不会像之前因为测试质量差使系统延期上线，并且系统质量也得到保证。

不管是测试左移还是测试右移都是为保证产品质量服务的。不要把提测认为是测试活动的开始，上线是测试活动的结束，更不要认为质量只是测试人员需要关注的。

（1）测试左移

测试左移是系统测试工作向测试之前的开发阶段移动。

测试左移的原则是支持测试团队在软件开发周期早期和所有干系人合作。这样是为了使测试人员在清晰地理解需求后，高效地设计出测试用例，用这些测试用例让软件"快速失败"，进一步促使开发团队更早地修改系统中所有的 Bug。

测试左移聚焦于使测试人员在项目的全部或最重要的实施阶段参与进来，让测试人员把工作焦点从发现 Bug 转移到预防 Bug 上。

测试左移为测试人员提供了早于开发人员设计测试用例的机会，也促使开发人员根据这些测试用例去开发软件，以充分保证系统功能满足用户需求。

（2）测试右移

测试右移是系统测试工作向产品发布之后的阶段移动。是产品上线之后进行的一些测试活动。测试右移是测试人员在生产环境中做测试监控，监控线上产品的性能和可用率，一旦线上产品发生任何问题，测试人员可尽快反映问题，提前解决问题，保证产品给用户良好的体验。

1.7　软件测试体系

1. 软件测试简介

软件测试是软件开发的一个重要组成部分，贯穿于整个软件开发的生命周期，是对软件产品（包括阶段性产品）进行验证和确认的活动。其目的是尽快、尽早地发现软件产品中所存在的各种问题，以及产品与用户需求、预先定义的不一致性地方。检查软件产品中可能存在的 Bug，并编写缺陷报告，交给开发人员修改。软件测试人员的基本目标是发现软件中的错误。

软件测试技术相当于是软件测试人员的武器。作为软件测试人员，必须要清楚了解可以通过哪些手段去保障产品的质量，只有知道了这些，才能更好地完成软件测试工作。

2. 软件测试分类

软件测试的分类一般按照下面的这些维度去划分。

（1）按开发阶段分类

- 单元测试
- 集成测试
- 冒烟测试
- 系统测试
- 验收测试

（2）按软件测试实施组织分类

1）α测试：非正式验收测试。

2）β测试：内测后的公测。

（3）按软件测试执行方式分类

1）静态测试：不启动被测对象的软件测试，例如，代码走读、代码评审、文档评审、需求评审等。

2）动态测试：启动被测试对象的软件测试，例如，白盒测试、黑盒测试等。

（4）按是否查看代码分类

1）黑盒测试：指的是把被测的软件当作黑盒子，不关心盒子里面的结构是怎样的，只关心软件的输入数据和输出结果。

2）白盒测试：指的是把盒子盖子打开，去研究里面的源代码和程序运行逻辑。

（5）按是否手工执行分类

1）手工测试：手工一个一个地执行测试用例，通过键盘/鼠标等设备输入一些参数，查看程序返回结果是否符合预期结果，通常用于黑盒测试或系统测试阶段。

2）自动化测试：把以手工为驱动的测试行为转化为机器执行测试的一种自动化执行活动。

（6）按测试对象分类

1）性能测试：检查系统是否满足需求规格说明书中规定的性能。

2）安全测试：用于对各种攻击手段的测试，例如，SQL 注入、XSS 等。

3）兼容性测试：验证软件和硬件之间是否能够配合且发挥很好的工作效率，软件和硬件之间是否会有影响从而导致系统的崩溃。

4）文档测试：测试软件产品中的各类文档。

5）易用性测试：用户体验测试。

6）业务测试：测试人员将系统的各个模块串接起来运行、模拟真实用户实际的工作流程，验证按需求定义的功能是否满足用户要求所进行的软件测试。

7）界面测试：也称为 UI 测试，测试用户界面的功能模块的布局是否合理，整体风格是否一致，各个控件的放置位置是否符合客户的使用习惯，还要测试操作界面的操作便捷性、页面元素的可用性、界面的文字是否正确、元素命名是否统一、页面是否美观、文字和图片组合是否完美。

8）安装测试：测试程序的安装、卸载。

（7）其他分类

1）回归测试：修改了旧代码后，重新对修改后的程序执行测试以确认修改后的程序没有引入新的错误或导致其他代码产生错误。

2）随机测试：指软件测试中的所有输入数据都是随机生成的，其目的是模拟用户的真实操作，并发现一些边缘性的错误。

3）探索性测试："试"是一种测试思维，探索性测试没有很多实际的测试方法、技术和工具，但却是所有测试人员都应该掌握的一种测试思维，探索性测试强调测试人员的主观能动性，抛弃繁杂的测试计划和测试用例设计过程，强调在碰到问题时及时改变测试策略。

3. 黑盒测试

黑盒测试又称功能测试、数据驱动测试或基于需求规格说明书的功能测试。该类测试注重于软件的功能。

采用这种软件测试方法，测试工程师把测试对象看作一个黑盒子，完全不考虑程序内部的逻辑结构和内部特性，只依据程序的需求文档，检查程序的功能是否符合用户需求。测试工程师无需了解程序代码的内部构造，完全模拟软件产品的最终用户去使用该软件，检查软件产品是否达到了用户的要求。

黑盒测试方法能够更好、更真实地从用户角度考察被测系统功能的实现情况。在软件测试的各个阶段，如单元测试、集成测试、系统测试及验收测试等阶段中，黑盒测试都发挥着重要作用，尤其在系统测试和确认测试中，其作用是其他软件测试方法无法取代的。

4. 白盒测试

白盒测试又称结构测试、透明盒测试、逻辑驱动测试或基于代码的测试。测试人员用白盒测试可以全面了解程序内部逻辑结构、对所有逻辑路径进行测试。

白盒测试常用的方法有代码检查法、静态结构分析法、静态质量度量法、逻辑覆盖法和基本路径测试法。

5. 分层测试体系

分层测试体系如图 1-27 所示。

其中 Unit 代表单元测试，API 代表接口测试，UI 代表页面级的系统测试。分层的自动化测试倡导在产品的不同层次都需要自动化测试，这个金字塔也表示了越靠下越容易执行自动化测试，越靠下成本越低，越靠下效率越高。

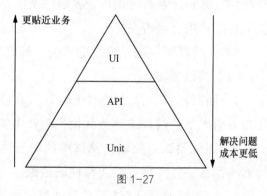

图 1-27

分层测试顾名思义就是分多个层次的软件测试，例如先测完软件的中间接口层，再测软件的最上层的界面。不过也可以同时测试二者。

分层测试的测试方法对测试人员的代码编写能力还有自动化测试水平有较高要求，同时要求测试人员和开发团队真正地理解敏捷开发和敏捷测试，甚至要求开发团队具备开发即测试、测试即开发的能力。

（1）单元测试

对软件中最小的单元进行检查和验证，即开发者编写的一小段代码，用于检验被测的一个很小的功能是否正确实现。一个单元测试通常用于判断某个特定条件（或者场景）下某个特定函数的行为。

（2）接口测试

接口测试是测试系统组件间接口的一种测试，主要用于检测外部系统与本系统之间，以及内部各个子系统之间的交互点。

测试的重点是检查接口参数传递的正确性，接口功能实现的正确性，输出结果的正确性，以及对各种异常情况的容错处理的完整性和合理性。

接口测试可以使测试人员更早介入，介入越早越能更早地发现系统中的问题，还可以缩短项目测试周期，能够发现更底层的 Bug，减少开发成本。

考虑到公司中不同部门（前端、后端）的工作进度不一样，所以，测试人员可针对最先完成的接口，以及需要调用第三方系统的（银行、支付宝、微信、QQ 等）一些接口进行接口测试及验证。

（3）UI 测试

UI 测试的是应用中的用户界面是否如预期设计，例如，用户在界面上输入数据需要触发正确的事件，输出的数据能正确地展示给用户，UI 的状态能随着程序的运行发生正确的变化等。

UI 测试可以采用静态测试方法或动态测试方法。

对用户界面的布局、风格、字体、图片等与显示相关的部分 UI 测试应该采用静态测试方法，例如，点检表测试，即将测试必须通过的项用点检表一条一条列举出，然后观察每项是否通过。

对用户界面中各个类别的控件应该采用动态测试方法，即编写测试用例，对每个按钮的响应情况进行测试，判断这些按钮是否符合概要设计所规定的标准，还可以对用户界面在不同软/硬件环境下的显示情况进行测试。

UI 测试需要关注的内容有以下几个方面。

首先，要通过浏览器去操作测试对象，关注测试对象是否可以正确反映业务需求的功能。

其次，还要关注测试对象是否支持各种访问方法，如按 Tab 键、移动鼠标、操作快捷键等。

最后，还需要关注浏览器窗口的对象特征，如浏览器的菜单展示、窗口大小、窗口位置、窗口的状态等，都需要符合标准。

1.8　常用测试管理平台

测试管理平台是贯穿软件测试整个生命周期的工具集合，它主要解决的是测试过程中团队协作的问题。在整个软件测试过程中，需要对测试用例、Bug、代码、持续集成等进行管理。下面分别从 4 个方面介绍现在比较流行的管理平台，如图 1-28 所示。

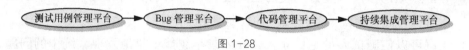

图 1-28

1. 测试用例管理平台

测试用例管理是软件测试管理中非常重要的一项工作，测试用例也是测试人员的重要产出。现在比较常见的测试用例管理平台如下。

（1）JIRA：可定制性很强，大互联网公司使用较多。

（2）Redmine：开源、可定制性很强。

（3）TestLink：流行的测试用例管理平台，使用体验不太好。

（4）其他：TAPD、云效、禅道、GitLab、在线协作文档。

（5）无协作模式：Excel、思维导图。

2. Bug 管理平台

Bug 管理平台通常与测试用例管理平台一致。JIRA 是现在大型企业中比较常用的平台。在 JIRA 中，测试用例、Bug 都可以使用 Issue（问题）管理。

3. 代码管理平台

代码管理也叫版本控制，用以记录系统中若干文件内容的变化，方便程序员查阅系统中特定版本的修订情况。

（1）Git：分布式管理，它的每个客户端都是独立的版本管理中心，团队开发的代码可以存放在本机上，也可以上传到服务端以便汇总所有的更新代码。

（2）GitLab：可本地部署的 Git 代码管理平台。

（3）GitHub：在线的基于 Git 的代码管理平台，开源项目常用。

（4）Subversion：SVN 代码管理平台，客户端需要把新代码上传到服务端。

（5）Bitbucket：与 JIRA 同属一家公司开发的代码管理平台。

4. 持续集成管理平台

持续集成是敏捷开发工作中的组成部分。团队在不断推进项目开发的同时持续上线新增加的各类小规模功能。当开发人员专注于添加功能时，代码错误也会随之而来，并导致软件无法正常使用。为了阻止错误被集成到系统软件中，持续集成管理平台需要先对代码质量进行把关，即使有问题的代码已经被集成进系统中，持续集成管理平台仍然能够快速发现是哪个程序出了问题。

实践中常用的持续集成管理平台如下。

（1）Jenkins：持续集成与持续交付的主流管理平台。

（2）GitLab Runner：GitLab 的持续交付管理平台。

（3）GitHub Action：GitHub 的开源管理平台。

（4）自建 DevOps 平台：企业定制平台，如 TAPD、云效等。

1.9 测试用例简介

测试用例（TestCase）是为特定的测试目的而设计的一组测试输入、执行条件和预期结果的文档。它的作用是为了测试系统功能是否满足用户某个特定需求。测试用例是指导测试人员工作的依据。

1. 测试用例的组成

标准的测试用例通常由以下几个模块组成。

- 测试用例编号：测试用例的唯一标识。
- 模块：标明被测需求具体属于系统中哪个模块，这是为了更好地识别及维护测试用例。
- 测试用例标题：又称为测试点，就是用一句话描述测试用例的关注点，每一条测试用例对应一个测试目的。
- 优先级：根据需求的优先级别来定义，高优先级的测试用例要覆盖核心业务、重要特性，以及使用频率比较高的系统功能部分。
- 前提条件：测试用例在执行之前需要满足的一些条件，否则测试用例无法执行，例如，一些测试环境或者需要提前执行的操作。

- 测试数据：在执行测试用例时，需要输入一些外部数据来完成测试，这些数据根据测试用例的统计情况来确定，有参数、文件或者数据库记录等数据。
- 测试步骤：测试用例执行的步骤描述，测试用例的使用人员可以根据测试步骤完成测试的执行。
- 期望结果：是测试用例中最重要的部分，主要用来判断被测对象是否运行正常。
- 实际结果：结果一般有通过、失败和未执行。

2. 测试用例优先级

在实际工作中，测试人员根据系统需求会把测试用例划分成不同的等级。

- P0：核心功能测试用例（冒烟测试），确定此系统版本是否可测的测试用例，此部分测试用例的结果如果是 FAIL（失败），其他测试用例就可以不用执行了，需要把程序退回去给开发人员修改，然后再重新提测。
- P1：高优先级测试用例，最常执行的测试用例，测试系统功能是否稳定，它包含基本功能测试和重要的错误、边界测试。
- P2：中优先级测试用例，用以更全面地验证系统功能的各个方面，包含异常、边界、中断、网络、容错、UI 等的测试用例。
- P3：低优先级测试用例，不常被执行，一般包含性能、压力、兼容性、安全、可用性等的测试用例。不同的公司可能对测试用例的等级划分有所差异，但基本上大同小异。

3. 测试用例的作用

写测试用例能带来哪些好处呢？

首先，测试用例可以帮助测试人员做到心中有数，在测试用例的指导下，测试人员不会在一个测试点上重复测好多次，同时也避免漏掉测试点。而且测试人员在测试用例中可以将测试数据提前准备好，这样就不会漏掉一些重要的数据了。

其次，测试用例的执行结果也是评估测试结果的度量基准。如果设计全面覆盖需求的测试用例都执行通过了，发现的系统问题全部修改了，程序员即可放心地把应用程序交付给客户使用。

再次，测试用例也是分析缺陷的标准。因为测试用例中会详细描述期望结果，这个期望结果其实就是分析系统中是不是有 Bug 的一个标准。测试用例执行后反向的结果和预期结果一致的，就说明系统没有 Bug；反之，和预期结果不一致，就是系统存在 Bug，需要开发人员对 Bug 进行修复。

4. 测试用例设计工具

在写测试用例的时候，测试人员可以使用思维导图把待测的系统模块和测试用例的设计思路理清楚。思维导图完成之后就可以对测试用例进行评审，评审完毕后，测试用例有需要修改的地方可以在思维导图上直接修改。

如果团队要求测试人员用表格的方式去写测试用例，可以再把思维导图中的测试思路转化成为表格形式。测试用例的具体设计方法，请参考后面的章节。

1.10 黑盒测试方法——边界值分析法

边界值分析法是一种很实用的黑盒测试用例方法，它具有很强的"发现"系统故障（Bug）的能力。边界值分析法也是对等价类划分法的补充，测试用例中的边界值是通过等价类划分出来的。

在测试实践中，测试人员用这个方法发现的系统 Bug 往往出现在定义域或值域的边界上，而不是在系统模块的内部。为检测系统边界附近的值而专门设计的测试用例，通常都会取得很好的测试效果。

边界值分析法一般用在输入条件规定了取值范围，以及限定值的个数的场景上。

提示：在分析等价类案例、划分等价类的时候，测试人员发现此时一般都存在比较特殊的点，这种点叫作极点或者上点，例如，[1,100]中的上点就是 1 和 100，这两个数值就被称为边界值，也可以叫作极值。设计测试用例的时候，可以在等价类的基础上，重点验证系统在边界点运行的情况。

1. 边界值举例

例如，需求文档中对某输入值的要求是：输入的参数值必须大于等于 0 同时小于 100 的整数。

正确的代码中可以这样设置判断条件：

```
# 正确条件 1
num > -1 and num < 100
# 正确条件 2
num >= 0 and num < =99
```

但是在实际的代码编写过程中，可能会因为各种原因，导致判断条件设置错误：

```
# 错误条件 1
num >= -1 and num <= 101
# 错误条件 2
um > 0 and num < 101
# 错误条件 3
num > 1 and num < 100
```

因为要求输入的参数是大于等于 0 并且小于 100 的整数。

- 第一种错误是，num >= -1 中多写了 "="，这样就把-1 包含到了有效范围内，这是不符合要求的。而 num <= 101 也是因为多写了 "="，并且条件值选择错误，导致 100 和 101 也被包含到了有效范围内。
- 第二种错误是，有效范围漏掉了 0，并且包含了 100。
- 第三种错误是，有效范围漏掉了 0。

2. 边界值确定

使用边界值分析法设计测试用例需要考虑 3 个点位的选择，如图 1-29 所示。

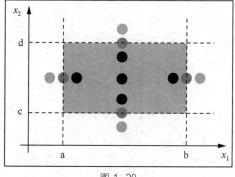

- 上点，边界上的点位。
- 离点，离上点最近的点位。如果输入域是封闭的，则离点在域范围外；如果输入域是开区间，则离点在域的范围内。
- 内点：在输入域内任意一个点位。

一般来说设计测试用例时要把上点、离点

图 1-29

和内点域的数值都取到，所以选取正好等于、刚好大于或刚好小于边界值的数值作为测试数据。

综上，上个题目中通过边界值分析法就可以取到 6 个点。

（1）基于边界值分析方法选择测试用例数据的原则

常用的有以下 3 种原则。

1）如果输入条件规定了值的范围，则应取刚达到这个范围边界的值，以及刚超过这个范围边界的值作为测试输入数据。

2）如果输入条件规定了值的个数，则用最大个数、最小个数、比最小个数少一、比最大个数多一的数作为测试数据。

3）如果规定了输入域或输出域是有序集合，则应选取集合的第一个元素和最后一个元素作为测试的数据。

注：在选择离点时，需要考虑数据的类型和精度。比如上点数据类型是实数，精确度为 0.001，那么离点就是上点减 0.001 或者上点加 0.001。

（2）实例

问题：计算 1～100 的整数之和（包括 1 和 100）。

上面已经用等价类的方法设计出来了一部分测试用例，其余的要使用边界值分析法补充测试用例，如表 1-1 所示。

表 1-1

用例编号	所属等价类	输入框 1	输入框 2	预期结果
1	有效等价类	1	99	100
2	有效等价类	99	1	100
3	有效等价类	100	2	102
4	有效等价类	2	100	102
5	无效等价类	0	40	给出错误提示
6	无效等价类	40	0	给出错误提示
7	无效等价类	101	2	给出错误提示
8	无效等价类	2	101	给出错误提示

首先分析边界值：1 和 100（有效等价类），其次是边界值两边的值：0、2、99、101（0 和 101 是无效等价类，2 和 99 是有效等价类）。

在计算整数求和的例子中，我们需要在输入框中输入两个整数，那么这两个输入框需要取的边界值有 1、2、99、100。无效等价类中也要覆盖到 0 和 101 这两个值，同样的两个输入框输入值都需要覆盖。

3. 边界值总结

用边界值分析法补充测试用例时，要注意确定边界的情况（输入或输出等价类的边界），选取正好等于、刚好大于或刚好小于边界值的数值作为测试数据，同时需要确定各个值的等价类，明确边界值和等价类的区别，即边界值分析不是从某等价类中随便挑一个值作为代表，而是这个等价类的每个边界都要作为测试条件。

1.11　黑盒测试方法——等价类划分法

等价划分法是一种不需要考虑程序的内部结构，只需要考虑程序输入数据的黑盒测试方法，它将不能穷举的测试过程进行合理分类，从而保证设计出来的测试用例具有完整性和代表性。

需要把用户所有可能输入的数据划分成若干份（若干个子集），然后从每一个子集中选取少数并且具有代表性的数据作为测试用例的数据，这种方法被称为等价类划分法。

在有限的测试资源的情况下，用少量且有代表性的数据进行测试会得到比较好的测试效果。

1.　等价类划分

等价类划分的基本思想是首先把可能用到的数据划分为不同的类别，然后再从每一类别里面挑选有代表性的数据用以测试。这样挑选出来的数据就可以代表这一类里面的全部数据。通过这种方式，可以减少测试用例的数量。

2.　等价类分类

根据不同类别划分出来的范围中，又可以分为以下两种情况。

（1）有效等价类：指符合需求文档描述，输入合理的数据集合。

（2）无效等价类：指不符合需求文档描述，输入不合理的数据集合。

所以等价类可以等同于有效等价类和无效等价类的组合，如图 1-30 所示。

图 1-30

用户的软件不仅要能够接收合理的数据输入，对输入不合理的数据也需要做出正确的响应，因此在对系统设计测试用例时，两种等价类都需要考虑，这样的测试才能确保软件具有更高的可靠性。

所有的有效等价类和无效等价类所用的数据合起来，就是整个的测试数据。

3.　等价类划分原则

通常按照以下原则划分等价类。

（1）如果规定输入的取值范围或个数，则划分一个有效等价类和两个无效等价类。例如，注册用户名的长度限制为 6～18 个字符，6～18 个字符是有效等价类，小于 6 个字符和大于 18 个字符则是两个无效等价类。

（2）如果规定了输入的集合或规则必须要遵循的条件，则划分一个有效等价类和一个无效等价类。例如，注册用户名的格式要求必须以字母开头，以字母开头是有效等价类，非字母开头是无效等价类。

（3）如果输入条件是一个布尔值，则划分为一个有效等价类和一个无效等价类。例如，在注册用户时需要遵循协议或条款是否接受时，"接受"是有效等价类，"不接受"则是无效等价类。

（4）如果输入条件是一组数据（枚举值），并且程序对每一个输入的值做不同的处理，则划分若干个有效等价类和一个无效等价类。例如，网游中充值 VIP 等级（3 个等级），对每个 VIP 的等级优惠不同，VIP1、VIP2、VIP3 不同等级是 3 个有效等价类，不是 VIP 用户则是无效等价类。

（5）如果输入条件规定了必须要遵循某些规则，则划分为一个有效等价类和若干个无效等价类（无效等价类需要从不通的角度去违反规则）。例如，密码设置要求首位必须是大写字母的，首字母大写是有效等价类，首位小写字母的、首位为数字的或者首位为特殊字符的则是无效等价类。

（6）不是所有的等价类都有无效等价类。例如，性别的选择只有男或女两种。

4. 等价类设计步骤

（1）先划分等价类：找出所有可能的分类。

（2）确定有效等价类：需求文档中提出的条件。

（3）确定无效等价类：与条件相反的情况，再找到特殊情况（中文、英文、符号、空格、空等）。

（4）从各个分类中挑选测试用例数据。

划分等价类要点：文本框要求输入数据的长度、类型、组成规则、是否为空、是否重复、区分大小写、是否去除空格。

5. 实例

等价类设计步骤的前 3 个步骤，可以通过等价类表这种方法来辅助进行分析。

例：还是以计算器为例，这一次的计算范围是 1～100 中的两个整数之和。

（1）创建等价类表

在确立了等价类之后，可按表 1-2 所示的内容列出所有划分出的等价类。

表 1-2

输入条件	有效等价类	无效等价类
1～100 的整数（包括 1 和 100）	[1,100]整数	<1 整数
		>100 整数
		小数
		字母
		汉字
		特殊字符

等价类表可以帮助分析和划分等价类，这是一个辅助工具，初学者可以借助这种方式快速地编写出测试用例。

设计测试用例的时候需要注意，应该按照以下原则来覆盖不同的等价类。

1）设计新的测试数据，尽可能多覆盖尚未被覆盖的有效等价类，重复这一步骤，直到将所有的有效等价类都覆盖完为止。

2）设计新的测试数据，只覆盖一个无效等价类，重复这一步，直到将所有的无效等价类都覆盖完为止。

（2）设计测试用例

我们先编写一个很简单的测试用例，只包含最关键的一些信息，如测试用例编号、所属的等价类，两个输入框中的测试数据，还有预期结果。

因为在这个加法的例子中，想要得到最终计算结果需要在两个输入框中都输入数据，所以这里已经涉及了多个元素，就需要输入两个值。

在涉及多个元素的情况下，要采用控制变量法，如果要覆盖无效等价类，设计测试用例的时候，当前元素覆盖无效等价类的同时测试用例中涉及的其他元素要保持有效，如表 1-3 所示。

表 1-3

用例编号	所属等价类	输入框 1	输入框 2	预期结果
1	有效等价类	30	60	90
2	无效等价类	−2	40	给出错误提示
3	无效等价类	40	−2	给出错误提示

续表

用例编号	所属等价类	输入框 1	输入框 2	预期结果
4	无效等价类	110	2	给出错误提示
5	无效等价类	2	110	给出错误提示
6	无效等价类	10.5	3	给出错误提示
7	无效等价类	1	10.5	给出错误提示
8	无效等价类	a	5	给出错误提示
9	无效等价类	人	20	给出错误提示
10	无效等价类	20	人	给出错误提示
11	无效等价类	5	a	给出错误提示
12	无效等价类	!	5	给出错误提示
13	无效等价类	5	!	给出错误提示
14	无效等价类	空格	5	给出错误提示
15	无效等价类	5	空格	给出错误提示
16	无效等价类	为空	5	给出错误提示
17	无效等价类	5	为空	给出错误提示

表格中的每一条测试用例都遵循了控制变量法（只验证一个输入框中的无效等价类），这样可以排除更多不确定因素和干扰因素。

（3）等价类总结

等价类划分法非常简单，也很容易理解，是在设计测试用例中使用最广泛的一种方法。

它的优点是考虑了单个输入域、所有可能的取值情况，避免了在设计测试用例时盲目或随机选取输入测试不完整或不稳定的数据。

最大的缺点是产生的测试用例比较多，而且在设计时，可能会产生一些无效的测试用例，也没有对特殊点进行考虑，所以在设计测试用例时需要结合其他的方法进行完善。

1.12　黑盒测试方法——因果图法

因果图法是一种利用图解法分析输入与输出的各种组合情况，从而设计测试用例的方法。

因果图法比较适合输入条件比较多的测试场景，可以测试所有的输入条件的排列组合。因果图的"因"就是输入条件，因果图的"果"就是输出结果。

1．因果图适用场景

等价类划分法和边界值分析法都是着重考虑输入条件，但没有考虑输入条件的组合以及制约关系。如果在测试时必须考虑输入条件的各种组合，那各种组合的数目可能非常多，所以必须考虑采用一种合适的方法对条件组合进行分析、简化。最终目的是用最少的测试用例覆盖最全面的场景。

2．因果图中的基本符号

因果图中的基本符号有 4 种（也表示 4 种基本关系），分别是恒等（—）、或（∨）、与（∧）、非（～）。

（1）恒等原因和结果都只能取 2 个值，1 代表条件成立，0 代表条件不成立。恒等相当于原因成立，则结果出现；若原因不成立，则结果也不出现。恒等关系用"—"来表示。

（2）非原因和结果相反。若原因成立，则结果不出现；若原因不成立，则结果出现。非的关系用"～"表示。

（3）或有多个原因。若几个原因中有一个成立，则结果出现；若几个原因都不成立，则结果不出现。或的关系用"∨"来表示。

（4）与有多个原因。只有几个原因都成立，结果才会出现；若其中一个原因不成立，则结果不出现。与的关系用"∧"来表示。

3．因果图中的约束条件

因果图中除了 4 种基本关系之外还会有一些约束。从原因考虑有 4 种约束：互斥、包含、唯一、要求。从结果考虑有 1 种约束：屏蔽。

（1）互斥（E）：可不选，要选最多选一个。

（2）包含（I）：至少选择一个，可以多选。

（3）唯一（O）：必选，且只能选一个。

（4）要求（R）：一个出现，另一个一定出现；反之，另一个不确定。

（5）屏蔽（M）：a 成立时，b 不成立；a 不成立时，b 不确定。

唯一和互斥的区别是：唯一表示必须选且只能选一个；互斥表示可以不选，如果要选只能选一个。

4. 因果图法基本步骤

（1）找出所有的原因，原因即输入条件或输入条件的等价类。

（2）找出所有的结果，结果即输出条件。

（3）明确所有输入条件之间的制约关系，以及组合关系，判断条件是否可以组合。

（4）明确所有输出条件之间的制约关系，以及组合关系，判断结果是否可以同时输出。

（5）找出不同输入条件组合会产生哪些输出结果。

（6）将因果图转换成判定表。

（7）把判定表或决策表中每一列表示的情况设计成测试用例。

5. 实例

（1）需求解释

交通一卡通自动充值软件系统。系统只接收 50 元或 100 元纸币，一次只能使用一张纸币，一次的充值金额只能为 50 元或 100 元。

明确输入的条件如下。

1）选择投币 50 元。

2）选择投币 100 元。

3）选择充值 50 元。

4）选择充值 100 元。

输出的结果如下：

a. 完成充值、退卡　　b. 提示充值成功　　c. 找零/退钱　　d. 提示错误

（2）分析输入的条件

输入的条件之间的关系如图 1-31 所示。

1）不能组合的条件

- 条件 1 和条件 2 不能同时成立。
- 条件 3 和条件 4 不能同时成立。

2）可以组合的条件

- 条件 1 和条件 3 可以同时成立。
- 条件 1 和条件 4 可以同时成立（注，如果充值失败或充值数额不足，则提示错误，同时退回钱）。
- 条件 2 和条件 3 可以同时成立。
- 条件 2 和条件 4 可以同时成立。

● 条件 1、条件 2、条件 3、条件 4 可以单独出现。

（3）分析输出条件

输出条件之间的关系如图 1-32 所示。

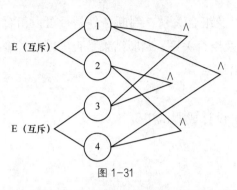

图 1-31

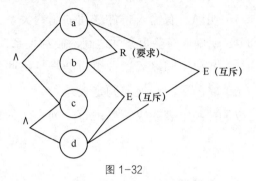

图 1-32

1）不能组合的输出结果（互斥关系）

● 输入 a 和 d 不能同时出现。

● 输出 b 和 d 不能同时出现。

2）可以组合的输出结果（要求）

● 输出 a 和 b 一定会同时出现（要求）。

● 输出 a、b、c 可以同时出现。

● 输出 c、d 可以同时出现（注，如果充值失败或充值数额不足，则提示错误，同时退回零钱）。

● 输出 d 单独存在。

（4）分析输入和输出的对应关系

● 条件 1 和条件 3 组合——输出 a、b 组合（投币 50 元，选择充值 50 元——完成充值、退卡）

● 条件 1 和条件 3 组合的对应关系如图 1-33 所示。

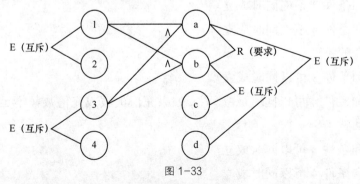

图 1-33

由图 1-33 转化为对应的判定表如表 1-4 所示。

表 1-4

输入	组合 1	组合 2	组合 3	组合 4	组合 5	组合 6	组合 7	组合 8
1. 投币 50 元	1							
2. 投币 100 元								
3. 选择充值 50 元	1							
4. 选择充值 100 元								
输出								
a. 完成充值、退卡	1							
b. 提示充值成功	1							
c. 找零/退钱								
d. 错误提示								

注：单元格中的"1"表示输入的条件或输出的结果，下面不再提示。

- 条件 1 和条件 4 组合——输出 c、d 组合（投币 50 元，选择充值 100 元——退钱、提示错误）
- 条件 1 和条件 4 组合的对应关系如图 1-34 所示。

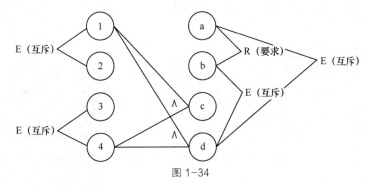

图 1-34

由图 1-34 转化为对应的判定表如表 1-5 所示。

表 1-5

输入	组合 1	组合 2	组合 3	组合 4	组合 5	组合 6	组合 7	组合 8
1. 投币 50 元	1	1						
2. 投币 100 元								
3. 选择充值 50 元	1							
4. 选择充值 100 元		1						

续表

输入	组合 1	组合 2	组合 3	组合 4	组合 5	组合 6	组合 7	组合 8
输出								
a. 完成充值、退卡	1							
b. 提示充值成功	1							
c. 找零/退钱		1						
d. 错误提示		1						

- 条件 2 和条件 3 组合——输出 a、b、c 组合（投币 100 元，选择充值 50 元——充值成功、退卡、找零）

- 条件 2 和条件 3 组合的对应关系如图 1-35 所示。

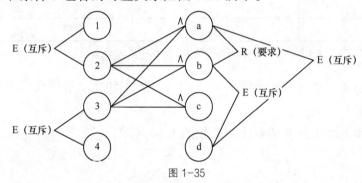

图 1-35

由图 1-35 转化为对立的判定表如表 1-6 所示。

表 1-6

输入	组合 1	组合 2	组合 3	组合 4	组合 5	组合 6	组合 7	组合 8
1. 投币 50 元	1	1						
2. 投币 100 元			1					
3. 选择充值 50 元	1		1					
4. 选择充值 100 元		1						
输出								
a. 完成充值、退卡	1		1					
b. 提示充值成功	1		1					
c. 找零/退钱		1	1					
d. 错误提示		1						

- 条件 2 和条件 4 组合——输出 a、b 组合（投币 100 元，选择充值 100 元——完成充值、退卡）

- 条件 2 和条件 4 组合的对应关系如图 1-36 所示。

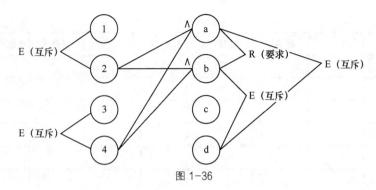

图 1-36

由图 1-36 转化为对应的判定表如表 1-7 所示。

表 1-7

输入	组合 1	组合 2	组合 3	组合 4	组合 5	组合 6	组合 7	组合 8
1. 投币 50 元	1	1						
2. 投币 100 元			1	1				
3. 选择充值 50 元	1		1					
4. 选择充值 100 元		1		1				
输出								
a. 完成充值、退卡	1		1	1				
b. 提示充值成功	1		1	1				
c. 找零/退钱		1	1					
d. 错误提示		1						

- 条件 1 单独出现——输出 c、d 组合（只投币 50 元——充值失败、提示错误、退款）
- 条件 1 单独出现的情况如图 1-37 所示。

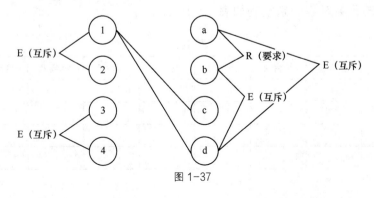

图 1-37

由图 1-37 转化为对应的判定表如表 1-8 所示。

表 1-8

输入	组合 1	组合 2	组合 3	组合 4	组合 5	组合 6	组合 7	组合 8
1. 投币 50 元	1	1			1			
2. 投币 100 元			1	1				
3. 选择充值 50 元	1		1					
4. 选择充值 100 元		1		1				
输出								
a. 完成充值、退卡	1		1	1				
b. 提示充值成功	1		1	1				
c. 找零/退钱		1	1		1			
d. 错误提示		1			1			

- 条件 2 单独出现——输出 c、d 组合（只投币 100 元——充值失败、提示错误、退钱）

- 条件 2 单独出现的情况如图 1-38 所示。

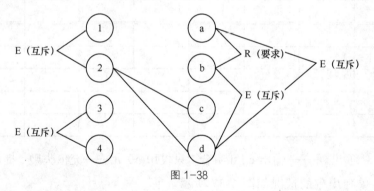

图 1-38

由图 1-38 转化为对应的判定表如表 1-9 所示。

表 1-9

输入	组合 1	组合 2	组合 3	组合 4	组合 5	组合 6	组合 7	组合 8
1. 投币 50 元	1	1			1			
2. 投币 100 元			1	1		1		
3. 选择充值 50 元	1		1					
4. 选择充值 100 元		1		1				

续表

输入	组合 1	组合 2	组合 3	组合 4	组合 5	组合 6	组合 7	组合 8
输出								
a. 完成充值、退卡	1		1	1				
b. 提示充值成功	1		1	1				
c. 找零/退钱		1	1		1	1		
d. 错误提示		1			1	1		

- 条件 3 单独出现——输出 d（只选择充值 50 元——充值失败、提示错误）
- 条件 3 单独出现的情况，如图 1-39 所示。

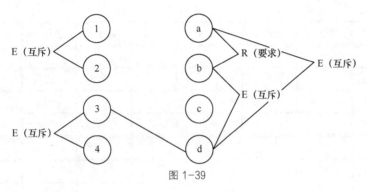

图 1-39

由图 1-39 转化为对应的判定表如表 1-10 所示。

表 1-10

输入	组合 1	组合 2	组合 3	组合 4	组合 5	组合 6	组合 7	组合 8
1. 投币 50 元	1	1			1			
2. 投币 100 元			1	1		1		
3. 选择充值 50 元	1		1				1	
4. 选择充值 100 元		1		1				
输出								
a. 完成充值、退卡	1		1	1				
b. 提示充值成功	1		1	1				
c. 找零/退钱		1			1	1		
d. 错误提示		1			1	1	1	

- 条件 4 单独出现——输出 d（只投币 100 元——充值失败、提示错误）
- 条件 4 单独出现的情况，如图 1-40 所示。

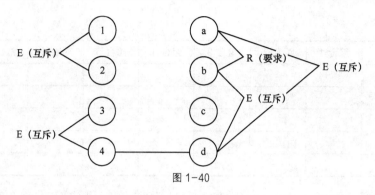

图 1-40

由图 1-40 转化为判定表如表 1-11 所示。

表 1-11

输入	组合 1	组合 2	组合 3	组合 4	组合 5	组合 6	组合 7	组合 8
1. 投币 50 元	1	1			1			
2. 投币 100 元			1	1		1		
3. 选择充值 50 元	1		1				1	
4. 选择充值 100 元		1		1				1
输出								
a. 完成充值、退卡	1		1		1			
b. 提示充值成功	1		1		1			
c. 找零/退钱		1	1		1	1		
d. 错误提示		1		1	1	1	1	1

把所有的条件与输入对应完毕之后，就得到了最终的判定表，如表 1-11 所示。然后要把这个判定表再转为测试用例。

（5）转换为测试用例

判定表最终转化出的测试用例如表 1-12 所示。

表 1-12

用例编号	测试点	测试步骤	预期结果
1	投币 50 元充 50 元	1. 点击投币 50 元按钮 2. 点击充值 50 元按钮	充值成功并退卡，提示充值成功
2	投币 50 元充 100 元	1. 点击投币 50 元按钮 2. 点击充值 100 元按钮	提示输入金额不足，并退回 50 元

续表

用例编号	测试点	测试步骤	预期结果
3	投币 100 元充 50 元	1. 点击投币 100 元按钮 2. 点击充值 50 元按钮	完成充值后退卡，提示充值成功，找零 50 元
4	投币 100 元充 100 元	1. 点击投币 100 元按钮 2. 点击充值 100 元按钮	充值成功并退卡，提示充值成功
5	投币 50 元不充值	1. 点击投币 50 元按钮 2. 不点击充值按钮	提示错误，退回 50 元
6	投币 100 元不充值	1. 点击投币 100 元按钮 2. 不点击充值按钮	提示错误，退回 100 元
7	不投币点击充值 50 元	1. 不点击投币按钮 2. 点击充值 50 元按钮	提示错误
8	不投币点击充值 100 元	1. 不点击投币按钮 2. 点击充值 100 元按钮	提示错误

1.13　黑盒测试方法——场景法

测试人员不能只关注软件中某个控件的边界值、等价类是否满足软件设计要求，也要关注软件的主要功能和业务流程是否正确实现，这时就需要使用场景法来完成验证。

1. 场景法

软件的运行几乎都是用事件触发来控制流程的，事件触发时的情景便形成了场景，而同一事件不同的触发顺序和处理结果就形成事件流。场景法就是通过场景对系统的功能或业务流程进行测试。

场景法一般包含基本流和备选流，从一个流程开始，通过业务流程经过的路径来确定测试的过程，并遍历所有的基本流和备选流来完成系统中的所有场景。

场景法的基本过程如图 1-41 所示。

（1）基本流：按照正确的业务流程来实现的一条操作路径，即模拟用户操作软件的正确的流程。

（2）备选流：导致软件出现错误的操作流程，即模拟用户操作软件的错误的流程。

测试人员在使用场景法设计测试用例时，需要覆盖系统中的主成场景和扩展场景，并且需要适当补充各种

图 1-41

正反面的测试用例，以及考虑出现异常场景的情形。

2. 场景法测试用例设计步骤

设计场景法测试用例，首先需要根据需求文档得出系统功能模块的流程图，描述出系统程序的基本流及备选；其次根据基本流和备选流生成不同的场景，构造场景列表；最后对每一个场景生成相应的测试用例，对所有的测试用例重新复审，去掉多余的测试用例，确定测试用例之后，为每一个测试用例确定测试的数据值，这就完成了场景法测试用例的设计了。

3. 实例

为在淘宝网上通过购物车购物的流程设计测试用例。

（1）画流程图

整个业务通过流程图来表示，如图 1-42 所示。

（2）确定基本流和备选流

1）基本流

① 进入淘宝首页。

② 浏览商品。

③ 进入单品页。

④ 选择商品规格和数量。

⑤ 加入购物车。

⑥ 前往购物车。

⑦ 选择商品。

⑧ 结算，前往确定订单页。

⑨ 提交订单。

⑩ 付款成功。

⑪ 等待收货。

⑫ 确认收货。

2）备选流

① 加入购物车时，不选择商品规格和型号，返回基本流第 4 步。

② 加入购物车时，商品库存不足，返回基本流第 4 步。

③ 加入购物车时，未登录，登录后返回基本流第 3 步。

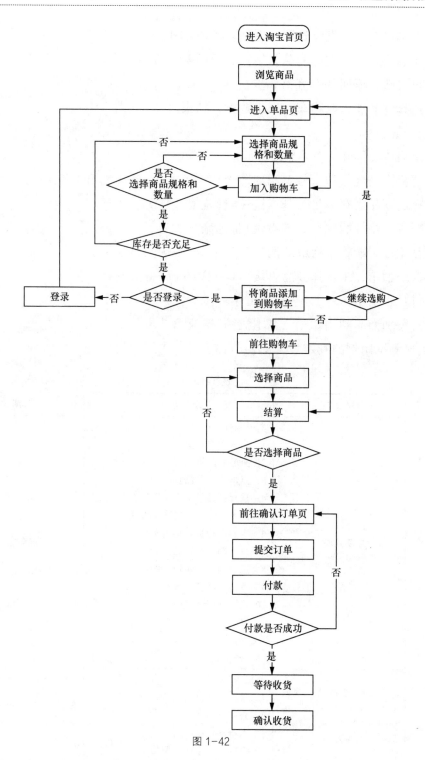

图 1-42

④ 加入购物车后，继续选购，返回基本流第 4 步。

⑤ 加入购物车，未选择商品，结算，返回基本流第 7 步。

⑥ 支付失败，返回基本流第 8 步。

⑦ 未选择商品加入购物车，退出购物，结束。

（3）构造场景

① 登录后成功购物（基本流）

② 未选择商品规格和型号就添加购物车（基本流+备选流第 1 步）

③ 选择的商品库存不足（基本流+备选流第 2 步）

④ 未登录，添加购物车（基本流+备选流第 3 步）

⑤ 商品添加到购物车后继续购物（基本流+备选流第 4 步）

⑥ 进入购物车，未选择商品直接结算（基本流+备选流第 5 步）

⑦ 支付过程出错（基本流+备选流第 6 步）

⑧ 没有添加商品到购物车（基本流+备选流第 7 步）

（4）生成测试用例的判定表（见表 1-13）

表 1-13

测试用例编号	测试点	测试步骤	预期结果
1	登录后成功购物	前提条件：登录 1. 进入淘宝首页 2. 查看商品列表 3. 点击进入单品页 4. 选择商品规格和小于库存的数量 5. 点击【加入购物车】按钮 6. 提示成功加入购物车 7. 进入购物车页面 8. 选择刚加入购物车的商品 9. 点击【结算】按钮 10. 进入确认订单页 11. 提交订单 12. 付款成功 13. 确认收货	确认收货成功，订单完成
2	单品页未选择商品规格和型号，添加购物车，单品页上提示需要选择商品规格与型号	前提条件：登录 1. 进入淘宝首页 2. 查看商品列表 3. 点击进入单品页 4. 直接点击【加入购物车】按钮	单品页上提示需要选择商品规格与型号

续表

测试用例编号	测试点	测试步骤	预期结果
3	选择的商品库存不足,添加商品到购物车,提示库存不足	前提条件:登录 1. 进入淘宝首页 2. 查看商品列表 3. 点击进入单品页 4. 选择商品规格和大于库存的数量	单品页上提示库存不足
4	未登录,添加商品到购物车,进入登录页面	前提条件:未登录 1. 进入淘宝首页 2. 查看商品列表 3. 点击进入单品页 4. 选择商品规格和小于库存的数量 5. 点击【加入购物车】按钮	进入登录页面
5	添加商品到购物车后继续购物,留在单品页	前提条件:登录 1. 进入淘宝首页 2. 查看商品列表 3. 点击进入单品页 4. 选择商品规格和小于库存的数量 5. 点击【加入购物车】按钮 6. 提示成功加入购物车 7. 继续查看商品信息	可以正常查看
6	进入购物车,未选择商品直接结算,提示未选择商品	前提条件:登录 1. 进入淘宝首页 2. 查看商品列表 3. 点击进入单品页 4. 选择商品规格和小于库存的数量 5. 点击【加入购物车】按钮 6. 提示成功加入购物车 7. 进入购物车页面 8. 不选择商品 9. 点击【结算】按钮	页面提示请勾选要结算的商品
7	支付过程出错,提示支付失败,回到确认订单页	前提条件:登录 1. 进入淘宝首页 2. 查看商品列表 3. 点击进入单品页 4. 选择商品规格和小于库存的数量 5. 点击【加入购物车】按钮 6. 提示成功加入购物车	回到确认订单页,提示支付失败

续表

测试用例编号	测试点	测试步骤	预期结果
7	支付过程出错,提示支付失败,回到确认订单页	7.　进入购物车页面 8.　不选择商品 9.　点击【结算】按钮 10.　进入确认订单页 11.　提交订单 12.　支付失败	回到确认订单页,提示支付失败
8	没有添加商品到购物车,结束购物	前提条件:登录 1.　进入淘宝首页 2.　查看商品列表 3.　点击进入单品页 4.　不点击【加入购物车】按钮 5.　关闭页面	购物流程结束

　　最终生成的测试用例的判定表如表 1-13 所示,这种利用场景法设计出来的测试用例一般是对等价类和边界值的补充。

1.14　黑盒测试方法——判定表

　　1.12 节因果图分析法中最后会得出一个判定表(见表 1-11),从讲解中可以得知因果图和判定表是有联系的,它们一般需要结合起来使用。

　　因果图是一种分析工具,通过分析最终得到判定表,再通过判定表编写测试用例。在一些特殊情况下,测试人员也可以直接写出判定表,省略因果图,进而编写测试用例。

1. 判定表的组成

　　判定表是由条件桩、动作桩、条件项和动作项组成的。条件桩表示可能出现这个问题(Bug)的所有条件,动作桩表示这个问题(Bug)的所有输出结果,条件项为条件桩的取值,动作项为条件项的各个取值情况下的输出结果。

2. 判定表设计步骤

　　设计判定表首先需要列出所有的条件桩和动作桩,确定规则数量,规则数由条件桩确定,规则数=条件取值数的条件数次方。

　　依次填入条件项和动作项得到初始判定表。初始判定表会包含冗余的内容,这些内容一般不适合设计测试用例,进一步简化判定表,合并相似的规则得到一个完整并且简洁的判定表，以便最终设计测试用例。

3. 实例

输入 3 个正整数 a、b、c，分别作为三角形的三条边，判断三条边是否能构成三角形，如果能构成三角形，判断三角形的类型。

4. 确定条件桩

C1：a、b、c 构成三角形的条件为 a<b+c、b<a+c、c<a+b。

C2：a = b?

C3：a = c?

C4：b = c?

注：C1 代表条件 1，C2 代表条件 2，C3 代表条件 3，C4 代表条件 4。

5. 确定动作桩

A1：非三角形。

A2：不等边三角形（一般三角形）。

A3：等腰三角形。

A4：等边三角形。

A5：条件组合不可能出现。

6. 填写表格，根据前面分析出来的条件桩和动作桩，分别确定条件项和动作项（见表 1-14 和表 1-15）

表 1-14

条件桩	条件项
C1：abc 构成三角形?	1：满足两边相加大于第三边 0：不满足
C2：a = b?	1：a=b 0：a! =b
C3：a=c?	1：a=c 0：a! =c
C4：b=c?	1：b=c 0：b! =c

表 1-15

动作桩	动作项
A1：非三角形	1：不是三角形
A2：一般三角形	1：是一般三角形
A3：等腰三角形	1：是等腰三角形
A4：等边三角形	1：是等边三角形
A5：条件组合不可能出现	1：不可能出现

7. 确定规则数

共有 4 个条件，每个条件的取值为"是"或"否"，即 2 种可能，因此有 $2^4 = 16$ 条规则。

8. 设计判定表

（1）填写初始判定表。按照对半取值的组合方式，对如下条件进行组合取值。

第一个条件 C1，按照 16 条规则对半取值组合如下。

C1：8 个 0，8 个 1。

第二个条件 C2，对 16 条规则的一半再进行对半取值，组合如下。（后面的条件依次类推。）

C2：4 个 0，4 个 1，4 个 0，4 个 1。

C3：2 个 0，2 个 1，2 个 0，2 个 1，2 个 0，2 个 1，2 个 0，2 个 1。

C4：0，1，0，1，0，1，0，1，0，1……

注：0 代表条件不成立，1 代表条件成立。

把以上分析的各个条件组合的值填写到判定表中即可（见表 1-16 和表 1-17）。

表 1-16

条件桩	组合 1	组合 2	组合 3	组合 4	组合 5	组合 6	组合 7	组合 8	组合 9	组合 10	组合 11	组合 12	组合 13	组合 14	组合 15	组合 16
C1:a b c 构成三角形?	0	0	0	0	0	0	0	0	1	1	1	1	1	1	1	1
C2:a =b?	0	0	0	0	1	1	1	1	0	0	0	0	1	1	1	1
C3:a =c?	0	0	1	1	0	0	1	1	0	0	1	1	0	0	1	1
C4:b =c?	0	1	0	1	0	1	0	1	0	1	0	1	0	1	0	1

表 1-17

动作桩	组合1	组合2	组合3	组合4	组合5	组合6	组合7	组合8	组合9	组合10	组合11	组合12	组合13	组合14	组合15	组合16
A1: 非三角形	1	1	1	1	1	1	1	1								
A2: 普通三角形									1							
A3: 等腰三角形										1	1		1			
A4: 等边三角形																1
A5: 不合逻辑												1		1	1	

（2）简化判定表

上面已经得到了完整的判定表，但是这些条件的组合中一些是冗余的，例如，构成三角形的条件如果不满足的话，结果是非三角形，和其他 3 个条件无关，这种情况下可以对判定表进行简化（见表 1-18 和表 1-19）。

表 1-18

条件桩	组合 1	组合 2	组合 3	组合 4	组合 5	组合 6	组合 7	组合 8	组合 9
C1: a b c 构成三角形?	0	1	1	1	1	1	1	1	1
C2: a = b ?		0	0	0	0	1	1	1	1
C3: a = c ?		0	0	1	1	0	0	1	1
C4: b = c ?		0	1	0	1	0	1	0	1

表 1-19

动作桩	组合1	组合2	组合3	组合4	组合5	组合6	组合7	组合8	组合9	组合10	组合11
A1：非三角形	1										
A2：普通三角形		1									
A3：等腰三角形				1	1						
A4：等边三角形									1		
A5：不合逻辑						1		1			

9. 设计测试用例

设计测试用例时把不可能的情况排除，然后根据条件组合是否成立自行设计测试数据即可。设计完毕后得出最后的测试用例如表 1-20 所示。

表 1-20

编号	a	b	c	预期结果
1	4	1	2	非三角形
2	3	4	5	普通三角形
3	2	2	3	等腰三角形
4	2	3	2	等腰三角形
5	3	2	2	等腰三角形
6	5	5	5	等边三角形

注：表中 a、b、c 的数值是笔者根据条件组合随意设定的。

1.15　白盒测试方法

白盒测试又称为结构测试、透明盒测试、逻辑驱动测试或基于代码的测试。白盒测试是一种测试用例设计方法。盒子指的是被测试的软件，白盒指的是盒子是可视的，即清楚盒子内部的东西以及里面是如何运作的。白盒法在全面了解程序内部逻辑结构的基础上，对所有逻辑路径进行测试。白盒法是穷举路径测试。在使用这一方法时，测试者必须检查程序的内部结构，从检查程序的逻辑结构着手，得出测试数据。

白盒测试是在程序不同地方设立检查点，用来检查程序的状态，以确定实际运行状态与预期状态是否一致。

1.　白盒测试的度量

白盒测试是根据待测产品的内部实现细节来设计测试用例。白盒测试涵盖单元测试、集成测试。一般使用代码覆盖率作为白盒测试的主要度量指标。

2.　代码覆盖率常见概念

（1）语句覆盖：每行代码都要覆盖至少一次（覆盖是测试人员之间常用的交流语言，也即测试到的地方称为覆盖）。

（2）判定覆盖：判定表达式的真假至少覆盖一次。

（3）条件覆盖：使每个判定表达式中的每个条件都取到各种可能的值。

（4）判定/条件覆盖：判定覆盖与条件覆盖都需要覆盖到。

（5）条件组合覆盖：判定表达式中的所有条件组合都需要覆盖。

（6）分支覆盖：控制流中的每条边都要被覆盖一次。

（7）路径覆盖：所有的路径都要尽量覆盖。

（8）指令覆盖：一行代码会被编译为多条指令，尽可能地覆盖所有指令。

（9）方法覆盖：每个方法至少要被覆盖一次。

（10）类覆盖：每个类至少被覆盖一次。

3. 覆盖率统计的工具

（1）EMMA：是一个开源、面向 Java 程序的测试覆盖率收集和报告工具。它通过对编译后的 Java 字节码文件进行插桩，在测试执行过程中收集覆盖率信息，并通过支持多种报表格式对覆盖率结果进行展示。

（2）Cobertura：是一款优秀的开源测试覆盖率统计工具，它与单元测试代码结合，标记并分析在测试包运行时执行了哪些代码和没有执行哪些代码，以及所经过的条件分支，来测量测试覆盖率。除了找出未测试到的代码并发现 Bug 外，Cobertura 还可以通过标记无用的、执行不到的代码来优化代码，最终生成一份美观、详尽的 HTML 覆盖率检测报告。

（3）JaCoCo：是一个开源的覆盖率统计工具，针对 Java 语言，是现在流行的覆盖率统计工具。

4. 流程覆盖

流程覆盖用路径覆盖率表达，是利用代码执行流代表流程。执行时需要对流程进行裁剪获得一个适合业务的小规模的业务子集。

$$流程覆盖率 = 测试经过的路径 / 业务子集路径$$

5. 精准化测试

精准化测试是一套计算机测试辅助分析系统。精准化测试的核心组件包含软件测试示波器、用例和代码的双向追溯、智能回归测试用例选取、覆盖率分析、缺陷定位、测试用例聚类分析、测试用例自动生成系统。这些组件的功能完整地构成了精准化测试技术体系。

精准化测试强调代码调用链与黑盒测试用例之间的关联。可以根据代码变更自动分析影响范围。例如，研发人员修改了 1 行代码，功能用例代码有 1000 行，但实际上很多用例和这 1 行代码是没有关系的，精准化测试可以判断出有哪些测试用例和改动的这 1 行代码有关系。例如 1000 个测试用例当中，只有 20 个和修改的代码有关系。那么测试的范围可以大大缩减，测试效率就会提高。

精准化测试还有一个很有价值的作用，就是在黑盒测试过程中，借助代码流程覆盖率指导测试活动。例如，在黑盒测试结束之后，观察代码的覆盖情况，发现有一些路径没有被覆盖到，这个时候就需要继续补充测试用例，一直到代码可以很全面地被覆盖。这是系统测试与底层白盒测试相结合的一个方法。

精准化测试还可以用线上数据推导有效的测试用例。例如测试一个系统，这个系统有大量历史数据，这时就可以提取其中一段运行时间的数据，使用这些数据继续测试这个系统。测试完成后统计这些测试数据中哪些数据对于测试覆盖率的增加是有帮助的，可以使用大数据的方法，自动提取出对于测试覆盖率有增益效果的数据。这些测试数据实际上属于同一个集合，在这种集合中，只取一部分测试数据就可以。利用线上数据反推有效测试用例也是精准化测试的重要作用。

由于精准化测试需要测试人员对白盒测试相当了解，对测试人员的技能要求比较高，所以实现起来有一定的难度。目前，行业中还没有开源的精准化测试的工具。现阶段只能通过 JaCoCo 工具，自主地去实现精准化测试。

1.16 常用测试策略与测试手段

测试策略是指在特定环境约束下，描述软件开发周期中关于测试原则、方法、方式的纲要，并阐述了它们之间是如何配合的，用以高效地减少缺陷、提升软件质量。

测试策略中需要描述测试类型与测试目标以及测试方法，准入/准出的条件，以及所需要的时间、资源与测试环境等。

测试策略是一种因地制宜的策略模式，不同的公司，不同的团队，不同的项目对应的测试策略内容不同。

1. 测试策略的关注重点

对于测试策略来说，重点关注以下内容：

（1）测试的目标是什么？

（2）测试可能存在的风险是什么？

（3）测试的对象和范围是什么？

（4）如何安排各种测试活动？

（5）如何评价测试的效果？

2. 测试策略主要内容

（1）总体测试策略

明确产品质量目标：需求覆盖度、测试用例执行度、安全性、性能优化、代码规范、

Bug 修复率、产品标准输出文档。

功能分类的测试策略：根据功能类型分配优先级，例如，新功能的开发优先级为高，旧功能修改优先级为中，还有一些不用修改的旧功能优先级为低等。

进行风险分析：提前识别项目中可能存在哪些会阻塞测试的风险，然后基于风险来调整测试策略，增加一些测试活动或者质量保证活动。基于风险来加强和降低测试投入。例如，产品需求文档不清晰、需求文档更新不及时，导致测试设计时遗漏或不准确，以及新版本要修改的功能点修改的范围没有明确的文档记录或者产品设计比较复杂，难以理解等，根据存在的问题划分风险优先级。

总体测试安排：具体时间的分配安排，包括产品的概念阶段、设计阶段、开发阶段、测试阶段、发布阶段。

（2）初级版本测试策略

1）确定测试范围：包括对具体的功能以及功能的概述；对这些功能的使用人群进行详细的说明。

2）明确测试目标：通过对象—测试方法—测试结果这样的方式来描述测试目标，强调对版本的测试要求。

3）重点业务关注：列出重点需要关注的功能，并对重点内容进行详细的说明。

4）分配测试的资源与环境：测试资源分为人力和工具两部分，人力资源主要指参与测试的人员，工具主要是指可能用到的其他软件；测试环境是指系统兼容的环境信息。

5）用例设计选择：管理测试用例的设计，根据测试用例选择策略，并总结测试完成情况。

6）冒烟测试策略：开发人员将版本转给测试人员时，测试人员先对这个版本进行一次测试，确认版本没有阻塞测试的问题，能够按照测试策略完成测试，如果存在影响测试进度的问题，及时找开发人员沟通解决。

7）文档管理：需求说明文档和用户手册，以及部署实施的情况和测试进度的情况。

（3）跟踪测试执行

跟踪测试用例执行情况：包括测试用例的执行数量，测试用例执行未通过数量，测试用例执行通过数量，测试用例执行通过率和测试用例未执行数量以及测试用例未执行原因。

缺陷跟踪：跟踪版本需要解决但还处于待修复状态的 Bug 情况。

（4）版本质量评估

需求和实现的偏差：最终实现的功能与需求文档描述的偏差，需要修复的问题和修复说明。

测试过程评估：测试方法回顾，总结比较有效的测试方式和方法；测试投入回顾，投入资源的汇总；测试用例分析，测评测试用例的覆盖度并总结测试思路。

缺陷分析：在整个测试工作完成之后，总结功能缺陷密度是否在正常范围内。

（5）后续版本测试策略

后面的版本在考虑实际的产品研发情况和测试情况基础上，测试人员对测试策略进行调整，因此，后面版本的测试策略还需要增加回归测试策略和探索式测试策略的内容。

（6）发布质量评估

确认总体测试策略中的质量目标是否完成，分析遗留缺陷，暂挂 Bug 的处理情况。

总结来说，测试策略的主要内容都是围绕着测试关注的重点来展开的。

3．测试手段

不同的测试场景下采用不同的测试手段，根据测试场景选取正确的测试方法。常用的测试方法有黑盒测试、白盒测试、动态测试、静态测试、手工测试、自动化测试，这些测试方法可以在测试策略的指导下根据需要安排到对应的测试环境中。

1.17　软件缺陷简介

软件缺陷常常又被称为 Bug。所谓软件缺陷就是指计算机软件或者程序中存在的某种破坏正常运行能力的问题、错误或者隐藏的功能缺陷。

Bug 的存在会导致软件产品在某种程度上不能满足用户的需要。

（1）从产品内部看，是指软件产品开发或维护过程中存在的错误、毛病等问题。

（2）从产品外部看，是指系统所需要实现的某种功能的失效或违背。

1．缺陷种类

缺陷可以分为不同的种类。

（1）遗漏：指规定或预期的需求未体现在产品中。

（2）错误：指需求是明确的，在实现阶段未将需求的功能正确实现。

（3）冗余：指需求说明文档中未涉及的需求被实现了。

（4）不满意：除了上面 3 种情况外，用户对产品的实现不满意也称为缺陷。

2. 缺陷的等级划分

不同的企业对软件缺陷等级的划分大同小异，大致可分为 5 个等级。

（1）致命：指造成系统或应用程序死机、崩溃、非法退出等问题，会导致用户数据丢失或被破坏，功能设计与需求严重不符。

（2）严重：指功能和特性没有实现，导致模块功能失效或异常退出，还有程序接口错误或者数据流错误等问题。

（3）一般：指主要功能丧失，提示信息不太正确，用户界面设计太差以及删除未提示等问题。

（4）提示：指对功能几乎没有影响，产品及属性仍可使用的问题。

（5）建议：测试人员提出的建议、质疑等问题。

3. 缺陷报告

缺陷报告是测试执行完成后最重要的输出成果之一，一份好的缺陷报告也是提高软件质量的重要保障。

不同的公司因为缺陷管理的流程不一样，可能有不同的缺陷报告模板。但是一个完整的缺陷报告通常应该包含以下内容。

（1）编号：用数字进行唯一标识缺陷，通常是，在缺陷管理工具中新建 Bug 时会自动生成。

（2）状态：通常描述当前缺陷的状态，如修复、延期等。

（3）标题：通常用一句比较简洁的话来概括 Bug，通过描述可以初步推测 Bug 形成的原因，帮助开发人员提高处理 Bug 的效率。

（4）类型：主要为了进一步描述缺陷产生的原因，如功能错误、接口错误、数据库错误等。

（5）所属版本：描述当前 Bug 所在的测试版本，便于后期回归测试时注意测试版本。

（6）所属模块：描述 Bug 所在的业务模块，便于后期统计缺陷的分布情况，利于回归测试的方法及测试策略的改进。

（7）严重级别：指 Bug 的严重程度，通常不同的 Bug 严重程度给软件带来的后果、风险都不一样，开发人员处理的优先级也不同。

（8）处理优先级：开发人员根据 Bug 的严重级别来确定处理的优先级。

（9）发现人：Bug 的提交者。

（10）发现日期：一般在提交 Bug 时，由 Bug 管理工具自动生成，便于后续进行缺陷的跟踪。

（11）复现概率：指 Bug 重现的概率，便于开发人员定位 Bug 并分析。一般包括必现、偶现等。

（12）指定处理人员：根据 Bug 的类型指定处理人，通常指定具体的开发人员，如果是需求错误则需要指定产品经理或需求分析人员，便于后期跟踪 Bug。

（13）详细描述：详细描述缺陷引发的原因以及复现步骤，需要包含测试环境、前提条件、测试数据、复现步骤、预期结果、实际结果等内容。

（14）附件：为了详细描述 Bug，我们可以在描述 Bug 时添加一些附件信息，如截图、录屏、错误的日志信息等。

1.18　Bug 定位方法

通常情况下我们把 Bug 分为 4 个类型，分别是功能、性能、安全和专项质量。功能类型关注于系统业务流程是否正确，性能类型关注于系统业务流程是否顺畅；安全类型判断系统是否存在漏洞，是否符合安全标准与规范；专项质量通常关注于系统的用户体验（UX）、兼容性、稳定性和可靠性。

1. 掌握 Bug 定位的重要性

软件测试人员的首要任务就是发现 Bug，把发现的 Bug 提交给开发人员进行修复。测试人员掌握 Bug 定位可以在提交 Bug 时为开发人员提供更多有用信息，方便开发人员分析 Bug 的形成原因，更有效率地进行溯源并建立 Bug 特征，批量追踪和解决问题。

2. Bug 表现层

（1）条件：测试数据。　（2）过程：测试步骤。　（3）结果：测试结果。

3. 技术架构层次

我们把软件从技术架构层次上分为 3 层，即视图层（View）、控制层（Controller）和模型层（Model）。由于 Web 和 App 在具体的层次上，因此我们关注的技术方向是不同的，具体如下。

- **视图层**（View），网页开发（HTML、CSS 样式等），移动应用 App（Activity 页面、View 组件等）。
- **控制层**（Controller），网页开发的工具（Chrome Devtool），移动应用使用的工具。
- **模型层**（Model），模型的传递方式（HTTP、TCP、RPC 串口），模型的形式（JSON XML binary）。

4. MVC 三层分析法

Bug 的定位往往也会依照软件技术架构层次采用 MVC 三层分析方法，分析 View 层、Controller 层和 Model 层的运行平台、应用调试机制和链路。

5. View 层常用分析方法

View 层常见的问题是用户界面（User Interface，UI）和用户体验（User Experience，UE）。目前，常采用人工测试和自动化测试，通过人工校验为主，自动化校验为辅的方式检验界面交互的准确性以及用户的体验感受。此外利用 UI 的 Diff 对比分析界面变化，定位更深层次的问题。

6. Controller 层常用分析方法

Controller 层通过平台自主提供的日志（log）以及应用程序本身提供的应用调试日志（debug trace hook profile）分析代码层次的逻辑问题。

7. Model 层常用分析方法

Model 层根据运行平台的 log、App 调试机制以及链路来具体分析出现的问题。

8. Web Bug 分析方法

（1）Web UI View 层 Bug 分析方法

界面展示主要依赖于 HTML、CSS、JS（JavaScript），可以使用 Chrome 开发者工具的 elements 和 style 两个板块来分析界面，elements 可以展示具体控件，控件格式通过 style 来确定，由此来判断是否是样式、布局或输出方面的问题。如图 1-43 所示为 style 板块的内容。

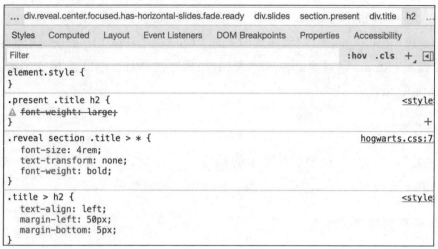

图 1-43

（2）Web Controller 层分析方法

程序员用 JavaScript 根据操作流程对代码进行修改的结果，如图 1-44 所示，底层逻辑的错误在 Console 板块会展示出详细的出错信息。而用 source 模块可以对错误进行定位，并通过 Debug 分析问题存在的上下文，找到代码问题的根源所在。

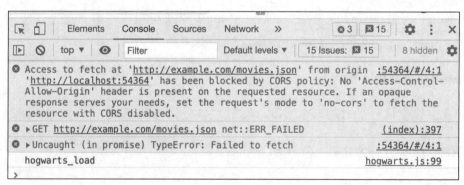

图 1-44

（3）Web Model 层分析方法——分析数据传递方式与结构

Model 层分析方法是基于运行平台的 log，例如 Chrome 的 network 模块分析请求方式和数据的具体情况。链路分析使用代理工具，常用的有 Fiddler、Charles 和 Mitmproxy 以及网络层的嗅探（常用的工具有 Tcpdump 和 Wireshark）。Chrome 的 network 模块如图 1-45 所示。

图 1-45

9. App Bug 分析方法

（1）App View 层 Bug 分析

App 的 UI 界面交互和 UX/UE 用户体验目前常用的是人工校验的方式，以自动化作为辅助手段，用 UI Diff 的方式分析，尝试发现界面中存在的问题，其中人工测试能够发现未知特征的 Bug，自动化测试可以断言常用功能是否正常，通过 UI Diff 可以发现界面结构细节的问题。如图 1-46 和图 1-47 所示是两个存在 Bug 的 App 界面。

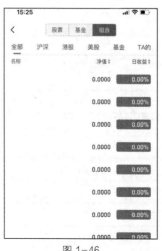

图 1-46

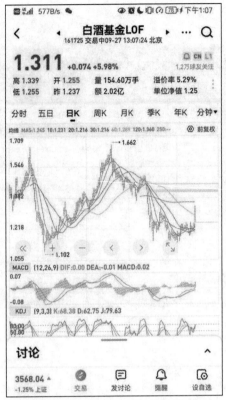

图 1-47

（2）App Controller 层分析

通过 logcat 分析 App runtime 日志。如图 1-48 和图 1-49 所示是两个 logcat 的内容。

```
--------- beginning of crash
AndroidRuntime: FATAL EXCEPTION: main
Process: com.android.developer.crashsample, PID: 3686
java.lang.NullPointerException: crash sample
at com.android.developer.crashsample.MainActivity$1.onClick(MainActivity.java:27)
at android.view.View.performClick(View.java:6134)
at android.view.View$PerformClick.run(View.java:23965)
at android.os.Handler.handleCallback(Handler.java:751)
at android.os.Handler.dispatchMessage(Handler.java:95)
at android.os.Looper.loop(Looper.java:156)
at android.app.ActivityThread.main(ActivityThread.java:6440)
at java.lang.reflect.Method.invoke(Native Method)
at com.android.internal.os.Zygote$MethodAndArgsCaller.run(Zygote.java:240)
at com.android.internal.os.ZygoteInit.main(ZygoteInit.java:746)
--------- beginning of system
```

图 1-48

```
pid: 25326, tid: 25326, name: crasher  >>> crasher <<<
signal 11 (SIGSEGV), code 1 (SEGV_MAPERR), fault addr 0x0
    r0 00000000  r1 00000000  r2 00004c00  r3 00000000
    r4 ab088071  r5 fff92b34  r6 00000002  r7 fff92b40
    r8 00000000  r9 00000000  sl 00000000  fp fff92b2c
    ip ab08cfc4  sp fff92a08  lr ab087a93  pc efb78988  cpsr 600d0030

backtrace:
    #00 pc 00019988  /system/lib/libc.so (strlen+71)
    #01 pc 00001a8f  /system/xbin/crasher (strlen_null+22)
    #02 pc 000017cd  /system/xbin/crasher (do_action+948)
    #03 pc 000020d5  /system/xbin/crasher (main+100)
    #04 pc 000177a1  /system/lib/libc.so (__libc_init+48)
    #05 pc 000010e4  /system/xbin/crasher (_start+96)
```

图 1-49

（3）App Model 层分析方法

根据平台本身提供的 log 或者运行平台的调试工具，利用应用的日志，通过追踪模式分析链路问题。通过追踪模式分析链路问题，可以使用代理工具（如 Charles、Fiddler、Mitmproxy、嗅探）进行抓包分析，也可以使用 Wireshark、Tcpdump 工具分析链路，从而找到 Bug 相应的日志，定位到问题，辅助开发人员尽快解决代码中的问题。

（4）Android Profile 网络分析

Android 提供的工具对 App 交互发生的网络请求进行中间过程的分析。如图 1-50 所示是 Android Profile 的分析内容。

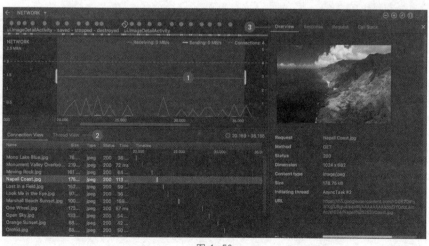

图 1-50

（5）使用代理工具分析

当工具本身不可调试时，可以使用代理工具分析。如图 1-51 所示是 Charles 代理工具。

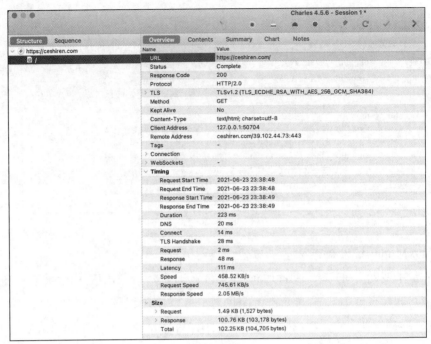

图 1-51

（6）网络层协议分析

通过 Tcpdump 对程序进行抓包，并导入 Wireshark 进行分析。如图 1-52 和图 1-53 所示是 Tcpdump 抓包和 Wireshark 分析的内容。

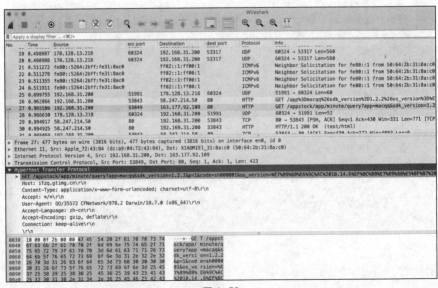

图 1-52

No.	Time	Source	src port	Destination	dest port	Protocol	Info
1	0.000000	192.168.31.200	53836	61.135.169.121	80	TCP	53836 → 80 [SYN] Seq=0 Win=65535 Len=0 MS
2	0.006289	61.135.169.121	80	192.168.31.200	53836	TCP	80 → 53836 [SYN, ACK] Seq=0 Ack=1 Win=819
3	0.006355	192.168.31.200	53836	61.135.169.121	80	TCP	53836 → 80 [ACK] Seq=1 Ack=1 Win=262144 L
4	0.006491	192.168.31.200	53836	61.135.169.121	80	HTTP	GET / HTTP/1.1
5	0.011174	61.135.169.121	80	192.168.31.200	53836	TCP	80 → 53836 [ACK] Seq=1 Ack=78 Win=29312 L
6	0.012756	61.135.169.121	80	192.168.31.200	53836	TCP	80 → 53836 [PSH, ACK] Seq=1 Ack=78 Win=29
7	0.012758	61.135.169.121	80	192.168.31.200	53836	HTTP	HTTP/1.1 200 OK (text/html)
8	0.012791	192.168.31.200	53836	61.135.169.121	80	TCP	53836 → 80 [ACK] Seq=78 Ack=1441 Win=2606
9	0.012805	192.168.31.200	53836	61.135.169.121	80	TCP	53836 → 80 [ACK] Seq=78 Ack=2782 Win=2593
10	0.013277	192.168.31.200	53836	61.135.169.121	80	TCP	53836 → 80 [FIN, ACK] Seq=78 Ack=2782 Win
11	0.017117	61.135.169.121	80	192.168.31.200	53836	TCP	80 → 53836 [ACK] Seq=2782 Ack=79 Win=2931
12	0.017510	61.135.169.121	80	192.168.31.200	53836	TCP	80 → 53836 [FIN, ACK] Seq=2782 Ack=79 Win
13	0.017559	192.168.31.200	53836	61.135.169.121	80	TCP	53836 → 80 [ACK] Seq=79 Ack=2783 Win=2621

图 1-53

10. 性能 Bug 分析方法

（1）H5 性能分析方法

H5 的性能分析方法通常对网页加载的过程进行分析，通过 W3C 定义的 Performance API 对程序每个阶段发生的问题进行统计，需要各个浏览器支持对性能方面的分析。如图 1-54 所示是 performance API 所涉及的阶段。

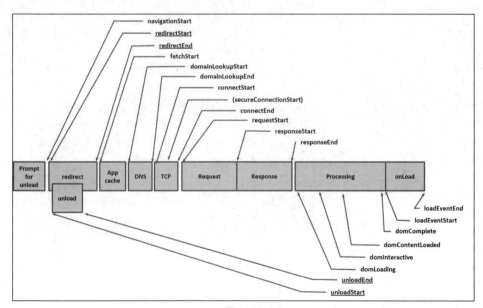

图 1-54

（2）利用 Chrome 分析 Web 性能

图 1-55 所示是使用 Chrome 开发者工具分析出的有关 Web 性能的内容。

图 1-55

（3）分析性能瓶颈，使用 Profile 进行代码剖析

图 1-56 所示是使用 Profile 进行代码分析的结果。

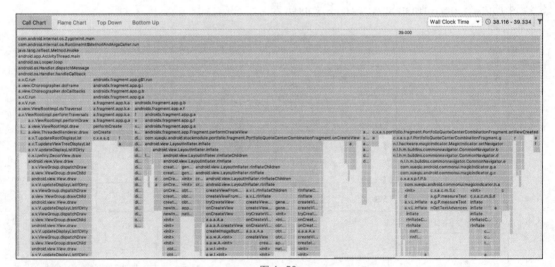

图 1-56

（4）代码覆盖率分析方法

图 1-57 和图 1-58 所示是使用 JaCoCo 得到的代码覆盖率的结果。

11.　总结

定位 Bug 首先要明确 Bug 的特征和复现步骤，通过分层分析关键过程的数据与问题特征，积累识别 Bug 特征与问题根源的经验，提高发现 Bug 的能力。

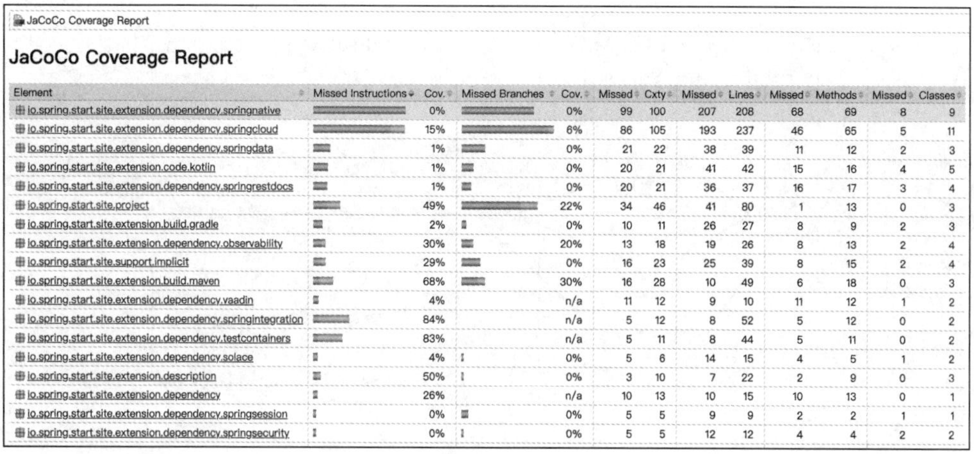

图 1-57

```
59.
60.     private static final VersionRange Spring_NATIVE_011 = VersionParser.DEFAULT.parseRange("2.6.0-M3");
61.
62.     @Override
63.     public void customize(MutableProjectDescription description) {
64.         String javaVersion = description.getLanguage().jvmVersion();
65. ◇     if (UNSUPPORTED_VERSIONS.contains(javaVersion)) {
66.             updateTo(description, "1.8");
67.             return;
68.         }
69.         springNativeHandler().accept(description);
70.         Integer javaGeneration = determineJavaGeneration(javaVersion);
71. ◇     if (javaGeneration == null) {
72.             return;
73.         }
74.         Version platformVersion = description.getPlatformVersion();
75.         // Spring Boot 3 requires Java 17
76. ◇     if (javaGeneration < 17 && SPRING_BOOT_3_0_0_OR_LATER.match(platformVersion)) {
77.             updateTo(description, "17");
78.             return;
79.         }
80.
81.         // 13 support only as of Gradle 6
82. ◇     if (javaGeneration == 13 && description.getBuildSystem() instanceof GradleBuildSystem
83.             && !GRADLE_6.match(platformVersion)) {
84.             updateTo(description, "11");
85.         }
```

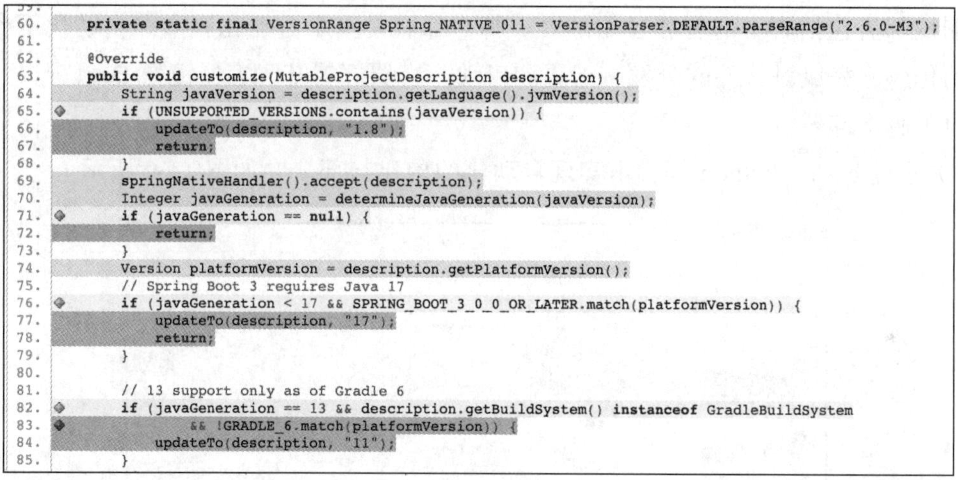

图 1-58

1.19 测试环境搭建

被测系统（Application Under Test，AUT）包括需要被测试的 App、网页和后端服务。
大致分为两个方面——移动端测试和服务端测试，如图 1-59 所示。

1. 常见的被测系统类型

（1）UI：一般有 Web、App 和 IOT 里面的用户界面交互。

（2）Service：对互联网各个端提供的服务，包括 RESTful、WebService 和 RPC。

（3）code：直接以代码形式提供的被测系统，如 SDK 和 lib。

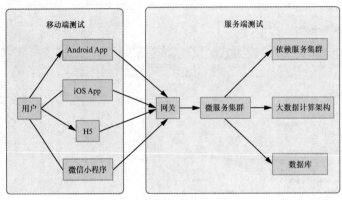

图 1-59

2. 部署方法

测试部署包括脚本部署和容器部署。脚本部署是基于自动化脚本和自动化平台，通过自动化脚本完成对软件的分发、配置和启动。容器部署基于容器镜像 Docker。

（1）脚本部署

1）通过 bash、Python 等脚本实现自动化的构建与部署，如图 1-60 所示。

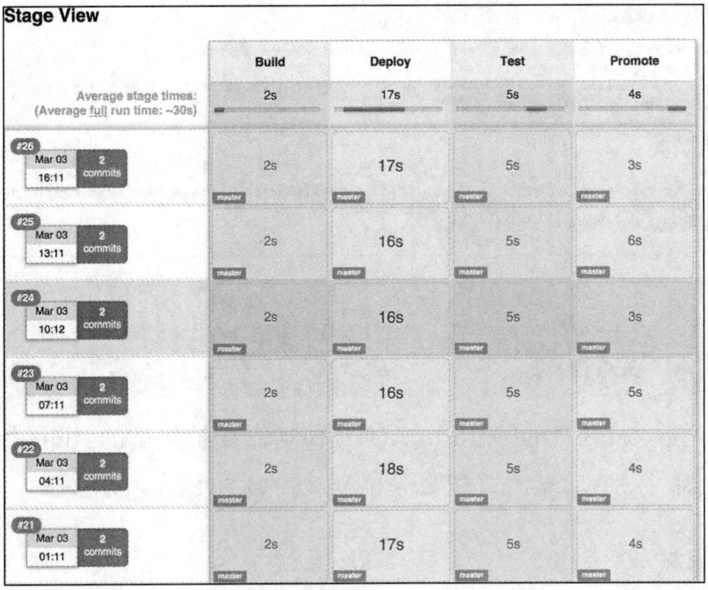

图 1-60

2）通过持续集成平台，如 Jenkins，完成测试流程管理，如图 1-61 所示。

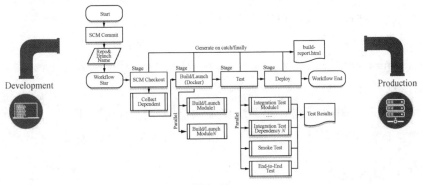

图 1-61

（2）容器部署

- 自动化构建 bash。
- 容器构建 Docker。
- 容器编排 K8S（Kubernetes）。
- 持续集成 Jenkins。

图 1-62 所示是容器部署的流程。

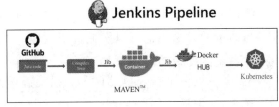

图 1-62

1.20 实战演练

实战演练章节需要结合本章节所学知识点，完成对不同类型产品的测试用例设计练习。

1. 某股票软件

（1）被测产品介绍

某股票软件主要有以下几大板块功能，问答板块、精华板块、交易板块、股票展示板块、首页板块、话题板块。在此股票软件上，用户可以通过切换不同的板块实现不同的操作，除了查看各类型消息之外，也可以参与讨论、发帖等交互。

此系统的登录功能需求为：

- 账号是手机号或者邮箱；
- 手机号仅限为国内常用的号段；
- 密码必须为"数字+英文"的形式，字段长度为 8～12 个字符；
- 点击登录按钮，发起登录请求；
- 请求成功，跳转到首页；

- 点击忘记密码按钮跳转到找回密码页。

（2）被测产品体验地址

https://xueqiu.com/。

（3）测试点考查

- 理解需求后，需要完成对此系统登录功能的测试用例设计。
- 需要考虑测试用例设计全面性（等价类、边界值、判定表）。

2. 测试人论坛搜索

（1）被测产品介绍

测试人论坛技术社区平台，主要为技术人员使用，技术人员作为普通用户可以在社区参与帖子的讨论，也可以发帖提出问题。社区具有分类、搜索、发帖、回帖等功能。

此系统的搜索功能需求如下。

① 入口：点击顶部栏的搜索按钮，展示搜索控件。

② 搜索控件。

- 展示搜索框，搜索框中展示默认文案，可以输入搜索关键词，回车跳转到搜索结果页。
- 点击选项按钮，跳转到搜索结果页。

③ 搜索结果页。

- 页面上部展示 banner，3 张图片轮播。
- banner 下部展示搜索框，搜索框中展示默认文案或者搜索关键词。
- 搜索框后方展示搜索按钮。
- 右侧边栏展示高级搜索。
- 关键词搜索不到结果。
- 关键词为空，点击搜索按钮或者回车，搜索框下方展示提示文案。
- 关键词可以搜索到内容，搜索框下方展示搜索结果。
- 搜索到的结果数展示 1～50 条，超过 50 条结果时展示 "50+"。

（2）被测产品体验地址

https://ceshiren.com

（3）测试点考查

- 理解需求后，需要完成对此系统搜索功能的测试用例设计。
- 需要考虑测试用例设计的全面性（等价类、边界值、判定表）。

第2章 Web 测试方法与技术

2.1 HTML 概述

World Wide Web 被称为全球广域网，俗称 WWW。对于用户来说它其实就是由多个网页组合在一起而形成的一种服务（Web）。

Web 前端负责展示一个网站中网页里的内容。而网页是由前端工程师使用 HTML 等语言编写而成的一种文件，这里面包含文字、图片、超链接、音频、视频等内容。

注：超文本标记语言（Hyper Text Markup Language，HTML）就是用来描述网页内容的一种计算机语言。

1. HTML 发展

互联网最初的时候没有 HTML 语言，只能通过网络传输最简单的文字内容。随着用户的需求越来越多，同时也随着技术的不断发展，就出现了一种可以展示网页内容的语言 HTML1.0。后来又慢慢发展到了现在的 HTML5，也就是现在常说的 H5。

2. HTML 查看工具

在软件测试过程中，测试人员有时候需要通过工具查看网页中对应的 HTML 代码。这里介绍的是用浏览器自带的开发者工具打开 HTML 代码。

开发者工具是一个相当强大的工具，用它可以查看、修改 HTML 代码，可以调试 JS（JavaScript）程序，可以修改 CSS 格式，还可以查看网络数据，并且还能进行性能测试，功能非常全面。对于 Web 测试来说，开发者工具是一个测试人员必须要掌握的工具。

要查看 HTML 源码，我们只需要进入开发者工具的 Elements 界面。在这个界面里，我们可以对 Web 页面上的元素进行定位，并且查看整个 Web 页面的 HTML 源码（见图 2-1）。

图 2-1

3. HTML 基本结构

（1）网页骨架

用 HTML 语言编写的网页中有一些结构是默认且必须存在的，这些结构就叫作网页（HTML）骨架，代码如下。

```
<!DOCTYPE html>
<html lang="en">
<head>
    <meta charset="UTF-8">
    <title>Title</title>
</head>
<body>


</body>
</html>
```

（2）HTML 基本标签

1）标签

标签就是 HTML 语言的发明者人为定义好的一些"单词"，不同的标签代表了不同的功能。标签有两种常见的形式。

① 单标签：<标签名　/>。

② 双标签：<标签名称><!--标签名称-->。

2）常见标签

- `<!DOCTYPE html>`：向浏览器声明当前的文档是 HTML 类型。

- `<html>`与`</html>`之间的文本描述，`<html>`是网页中最大的一个标签，称之为根标签。

- `<head>`与`</head>`描述网页头部，里面的内容是"写给"浏览器看的。

- `<meta charset="UTF-8">`设置当前网页的显示编码。

- `<title>`与`</title>`之间的文本为网页的标题，里面的内容会在浏览器的标签页上显示。

- `<body>`与`</body>`之间的文本是网页主体，里面的内容会显示在浏览器的空白区域内。

- `<div>`与`</div>`之间定义网页中的一个分隔区块或者一个区域部分。

- `<h1>`与`</h1>`之间的文本被显示为网页标题。

- `<p>`与`</p>`之间的文本被显示为段落。

实例代码如下。

```html
<!DOCTYPE html>
<html lang="en">
<head>
    <meta charset="UTF-8">
    <title>网页标题</title>
</head>
<body>
    <div>
        <h1>我的第一个网页</h1>
        <p>网页中的内容</p>
    </div>
</body>
</html>
```

（3）标签的属性

HTML 标签可以拥有属性。属性提供了有关 HTML 元素的更多信息。属性总是以名称/值对的形式出现，如 name="value"。

属性的基本格式为：`<标签名 属性 1="属性值 1" 属性 2="属性值 2"><!--标签名-->`。

每个标签都可以拥有多个属性。属性必须写在开始标签中，位于标签名的后面。属性之间不区分顺序。标签名与属性、属性与属性之间使用空格隔开。任何属性都有默认值，省略该属性表示使用默认值。

HTML 中属性也有很多种，首先有全局属性，全局属性是所有的标签都可以使用的；

然后有事件属性，事件可以理解为不同的操作；在不同的操作中，也有特殊的属性可以定义；最后还有各个标签的一些独有的属性。

常见的全局属性如下。

1）class：规定元素的类名。

2）id：规定元素的唯一 id。

实例代码如下。

```
<!DOCTYPE html>
<html lang="en">
<head>
    <meta charset="UTF-8">
    <title>网页标题</title>
</head>
<body>
    <div id="first" class="content">网页中的内容</div>
</body>
</html>
```

2.2　JavaScript 讲解

JavaScript（简称 JS）是脚本语言，也是一种轻量级的编程语言，可以插入 HTML 页面的编程代码中。插入 HTML 页面中的 JS 代码可被所有的浏览器执行。

通常 JavaScript 脚本是通过嵌入在 HTML 中来实现一些功能的，主要用来向 HTML 页面添加交互行为。JavaScript 可以创建动态的 HTML 内容，也可以对事件做出反应，如用鼠标点击操作之后弹出窗口，或者改变网页显示样式。

1. 位置

JavaScript 脚本在 HTML 文档中必须位于标签<script>与</script>之间。<script>可被放置在 HTML 页面的<body>和<head>部分中。

想要查看页面中的 JavaScript 脚本，需要借助浏览器的开发者工具。按快捷键 F12，进入开发者工具，点击 Elements 面板，然后就可以在 HTML 页面中看到<script>标签所处的位置，如图 2-2 所示。

2. 引用方式

对于 JavaScript 脚本来说，我们可以通过内部、外部两种方式引用它到 HTML 中。

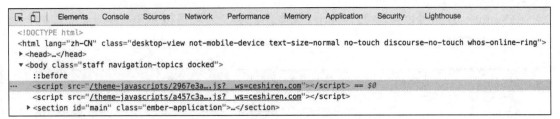

图 2-2

（1）内部引用

在<script>和</script>之间的代码行包含了 JavaScript 脚本代码。浏览器会解释并执行位于<script>和</script>之间的 JavaScript 脚本代码。

（2）外部引用

<script>的 src 属性包含了 JavaScript 外部脚本代码所在的路径。JavaScript 外部脚本代码中不能包含<script>标签。现在网页中大部分都是通过外部引用的方式使用 JavaScript 脚本的。

```
script src="myScript.js"></script>
```

如果想要查看网页中外部引用的 JavaScript 脚本的内容，可以在开发者工具的 Elements 界面找到对应的标签，然后右键单击标签，在弹出的菜单中选择"Reveal in Sources panel"项，如图 2-3 所示，就可以跳转到 Sources 界面。

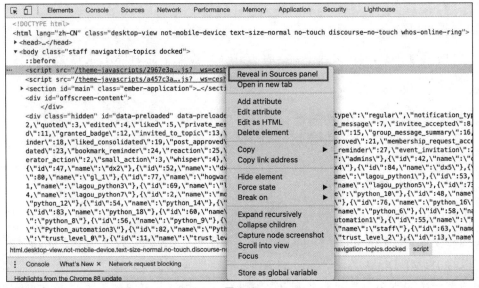

图 2-3

在 Sources 界面可以查看 JavaScript 脚本的内容，并且可以对 JavaScript 脚本进行调试，如图 2-4 所示。

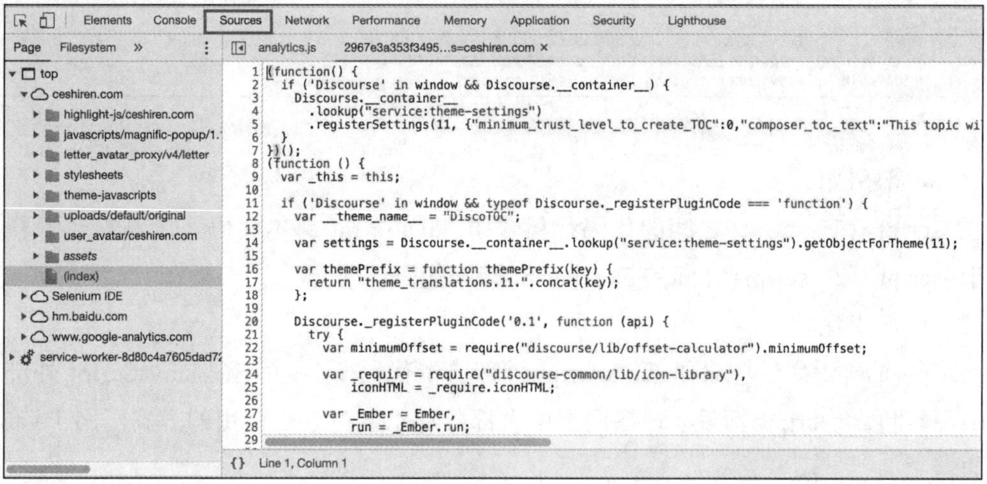

图 2-4

3. 输出

JavaScript 可用不同的方式显示数据，并可在浏览器的开发者工具的 Console 面板中查看输出的内容，具体介绍如下。

- 页面弹出警告框。

```
window.alert("hello world")
```

- 将内容写到 HTML 文档中，这种方式会覆盖原来的 HTML 文件中的内容。

```
document.write("hello world")
```

- 把内容写入浏览器的控制台。

```
console.log("hello world")
```

4. 操作 HTML 中的 DOM

（1）HTML 中的 DOM

文档对象模型（Document Object Model，DOM）是专门适用于 HTML 的文档对象模型。可以将 HTML DOM 类比为网页的 API。它将网页中的各个元素都看作一个个对象，从而使网页中的元素也可以被计算机语言获取。JavaScript 可以利用 HTML DOM 动态地修改网页。HTML DOM 模型被结构化为对象树，对象的 HTML DOM 树如图 2-5 所示。

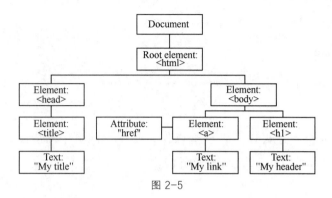

图 2-5

HTML 文档中所有内容都是节点。整个文档是一个文档节点，每个 HTML 元素是元素节点，HTML 元素内的文本是文本节点，每个 HTML 属性是属性节点，注释是注释节点。

JavaScript 通过可编程的对象模型来创建动态的 HTML，通过这种方式，JavaScript 能够改变页面中的所有 HTML 元素、HTML 属性、CSS 样式，并且能对页面中的所有事件做出反应。

（2）查找 HTML 元素

当用 JavaScript 操作 DOM 修改 Web 页面上的元素时，首先需要确定修改的是哪一个元素，这就涉及了元素定位的问题。JavaScript 提供了 3 种定位元素的方式：通过 id 定位出某个元素，用标签名和 class（类名）也可以找到某个元素，并返回元素的列表。所以，如果一个网页元素有 id 的话，推荐使用 id 定位。

- 通过 id 定位。

```
Document.getElementById("su")
```

- 通过标签名定位。

```
Document.getElementsByTagName("span")
```

- 通过类名定位。

```
Document.getElementsByClassName("btn")
```

（3）修改 HTML

- 改变内容。

```
Document.getElementById("su").innerHTML="hogwart"
```

- 改变属性。

```
Document.getElementById("su").value="hogwarts"
```

（4）读取 cookie

```
var x = document.cookie;
```

（5）使用事件

使用 JavaScript 脚本还可以实现一些操作，来展示网页中对应的效果。

当用户点击鼠标时（onclick=JavaScript）。

HTML 中：

```
<element onclick="SomeJavaScriptCode">
```

JavaScript 中：

```
Object.onclick=function(){SomeJavaScriptCode};
```

2.3　CSS 讲解

层叠样式表（Cascading Style Sheets，CSS），用来定义、显示 HTML 元素。HTML 元素的样式通常存储在层叠样式表中。

1.　为什么要使用 CSS

使用 CSS 可以定义 HTML 元素显示的样式，其实是为了解决内容与表现分离的问题。通过 CSS 可以让相同的一个页面在不同的浏览器中呈现相同的样式。

2.　CSS 规则组成

CSS 规则由两个主要的部分构成：选择器和一条或多条声明，如图 2-6 所示。

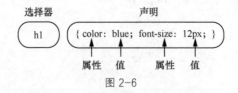

图 2-6

选择器通常是需要改变样式的 HTML 元素。每条声明由一个属性和一个值组成。属性（property）是希望设置的样式属性（style attribute）。每个属性有一个值，属性和值被冒号分开。

要查看页面中的 CSS 需要用到浏览器的开发者工具。打开 Elements 面板，在面板右侧展示的就是 CSS，如图 2-7 所示。

图 2-7

3. CSS 选择器

CSS 需要通过选择器来确定要定义样式的元素。常用的选择器有下面这几种。

（1）通用选择器：*（见表 2-1）。

表 2-1

选择器	示例	示例说明
*	*	选取所有元素

（2）ID 选择器：#ID{}（见表 2-2）。

表 2-2

选择器	示例	示例说明
#id	#firstname	选择 id="firstname"的元素

（3）CLASS 选择器：.CLASSNAME{}（见表 2-3）。

表 2-3

选择器	示例	示例说明
.class	.intro	选择 class="intro"的所有元素
.class1.class2	.name1.name2	选择 class 属性中同时有 name1 和 name2 的所有元素
.class1 .class2	.name1 .name2	选择作为类名 name1 元素后代的所有类名为 name2 的元素

（4）元素选择器：TAG{}（见表 2-4）。

表 2-4

选择器	示例	示例说明
element	p	选择所有 \<p> 元素
element.class	p.intro	选择 class="intro" 的所有 \<p> 元素
element,element	div, p	选择所有 \<div> 元素和所有 \<p> 元素
element element	div p	选择 \<div> 元素内的所有 \<p> 元素
element>element	div > p	选择父元素是 \<div> 的所有 \<p> 元素
element+element	div + p	选择紧跟 \<div> 元素的首个 \<p> 元素
element1~element2	p ~ ul	选择前面有 \<p> 元素的每个 \<ul> 元素

（5）属性选择器：[属性] {}（见表 2-5）。

表 2-5

选择器	示例	示例说明
[attribute]	[target]	选择带有 target 属性的所有元素
[attribute=value]	[target=_blank]	选择带有 target="_blank"属性的所有元素
[attribute~=value]	[title~=flower]	选择 title 属性包含单词"flower"的所有元素
[attribute^=value]	a[href^="https"]	选择其 src 属性值以"https"开头的每个\<a>元素
[attribute$=value]	a[href$=".pdf"]	选择其 src 属性以".pdf"结尾的所有\<a>元素
[attribute*=value]	a[href*="abc"]	选择其 href 属性值中包含"abc"子串的每个\<a>元素

4. CSS 创建

（1）外部样式

```
<link rel="stylesheet" type="text/css" href="mystyle.css">
```

（2）内部样式

```
<style>
hr {color:sienna;}
p {margin-left:20px;}
</style>
```

上面例子中的 hr 和 p 就是用了元素选择器来确定要定义样式的元素。

（3）内联样式

```
<p style="color:sienna;margin-left:20px">这是一个段落。</p>
```

5. 常见 CSS 样式

（1）背景样式

CSS 背景样式设置参数。

1）background：与网页/标签背景相关的属性样式，都可以在这里进行设置，包括背景的颜色、背景的图像、背景的起始位置等，也可以单独对这些属性进行设置。

2）background-color：可以单独设置元素的背景颜色。

3）background-image：可以单独设置网页/标签的背景图像。

4）background-position：可以单独设置网页/标签的背景图像的起始位置。

5）background-repeat：可以单独设置网页/标签的背景图像是否平铺。

实例代码如下。

```
<!DOCTYPE html>
<html lang="en">
<head>
    <meta charset="UTF-8">
    <title>网页标题</title>
    <style>
    p {
        background-color: red;
    }
    body {
        background-image: url("[xx.png](https://ceshiren.com/uploads/default/
optimized/1X/809c63f904a37bc0c6f029bbaf4903c27f03ea8a_2_180x180.png)");
        background-repeat: no-repeat;
        background-position: right top;
    }
    </style>
</head>
<body>
    div id="first" class="content">
        <p>设置了红色背景</p>
    </div>
</body>
</html>
```

程序运行效果如图 2-8 所示。

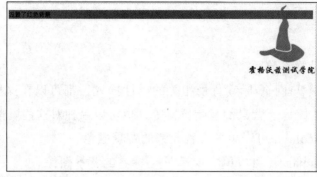

图 2-8

（2）文本

CSS 文本设置参数。

1）color：设置文本颜色。

2）text-align：对齐元素中的文本。

3）text-decoration：向文本中添加修饰。

4）text-indent：缩进元素中文本的首行。

实例的代码如下。

```
<!DOCTYPE html>
<html lang="en"
<head>
    <meta charset="UTF-8">
    <title>网页标题</title>
    <style>
    h1 {
        color: blue;
        text-align: center;
        }
    p {
        color: red;
        text-align: left;
        text-decoration: underline;
        text-indent: 50px;
    }
    </style>
</head>
<body>
    div id="first" class="content">
        <h1>蓝色文字</h1>
```

```
        <p>正文第二行正文第二行正文第二行正文第二行正文第二行正文第二行正文第二行正文第二行
正文第二行正文第二行</p>
    </div>
</body>
</html>
```

程序运行效果如图 2-9 所示。

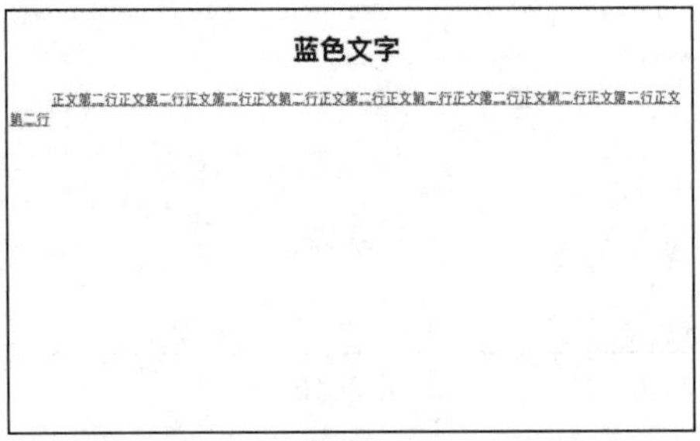

图 2-9

（3）字体

CSS 字体设置参数。

1）font：在一个声明中设置所有的字体属性。

2）font-family：指定文本的字体系列。

3）font-size：指定文本的字体大小。

4）font-style：指定文本的字体样式。

5）font-weight：指定字体的粗细。

实例代码如下。

```
<!DOCTYPE html>
<html lang="en">
<head>
    <meta charset="UTF-8"
    <title>网页标题</title>
    <style>
    p {
        font-family: "Times New Roman";
        font-size: 200%;
        font-style: italic;
        font-weight: bold;
    }
    </style>
</head>
<body>
```

```
        <div id="first" class="content">
            <p>content</p>
        </div>
    </body>
</html>
```

程序运行效果如图 2-10 所示。

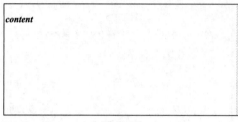

content

图 2-10

（4）列表

CSS 列表设置参数。

1）list-style：把所有用于列表的属性设置在一个声明中。

2）list-style-image：将图像设置为列表项标志。

3）list-style-type：设置列表项标值的类型。

实例代码如下。

```
<!DOCTYPE html>
<html lang="en">
<head>
    <meta charset="UTF-8">
    <title>网页标题</title>
    <style>
    ul {
        list-style-image: url('https://ceshiren.com/uploads/default/optimized/
1X/809c63f904a37bc0c6f029bbaf4903c27f03ea8a_2_32x32.png');
        list-style-type: circle;
    }
    </style>
</head>
<body>
    <div id="first" class="content">
        <ul>
            <li>python</li>
            <li>java</li>
            <li>go</li>
```

```
            </ul>
        </div>
</body>
</html>
```

程序运行效果如图 2-11 所示。

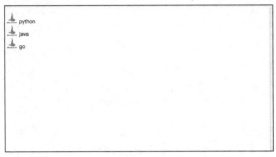

图 2-11

（5）表格

CSS 表格设置参数。

1）border：设置表格边框。

2）border-collapse：设置表格的边框是否被折叠成一个单一的边框。

3）width：定义表格的宽度。

4）text-align：设置表格中的文本对齐方式。

5）padding：设置表格中的填充。

实例代码如下。

```
<!DOCTYPE html>
<html lang="en">
<head>
    <meta charset="UTF-8">
    <title>网页标题</title>
    <style>
    #students {
        border-collapse: collapse;
        width: 100%;
    }
    #students td, #students th {
        border: 1px solid red;
        padding: 8px;
    }
    #customers th {
```

```
            text-align: left;
            color: white;
        }
    </style>
</head>
<body>
    <table id="students">
        <tr>
            <th>Name</th>
            <th>Age</th>
            <th>Sex</th>
        </tr>
        <tr>
            <td>张三</td>
            <td>18</td>
            <td>男</td>
        </tr>
        <tr>
            <td>李四</td>
            <td>19</td>
            <td>男</td>
        </tr>
    </table>
</body>
</html>
```

程序运行效果如图 2-12 所示。

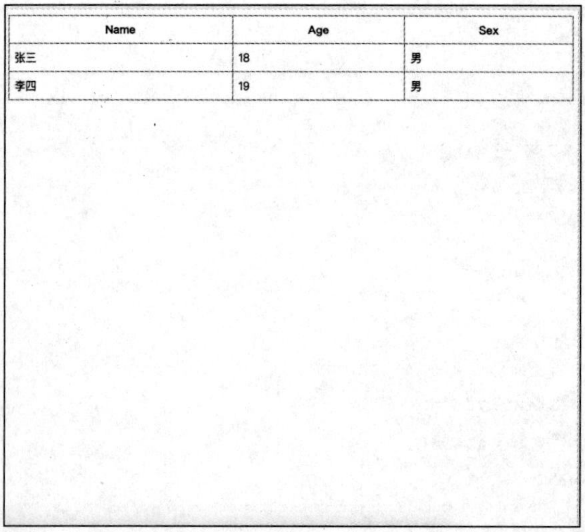

Name	Age	Sex
张三	18	男
李四	19	男

图 2-12

（6）定位

CSS 定位设置参数。

1）static：没有定位。

2）relative：相对定位。

3）fixed：元素的位置相对于浏览器窗口是固定位置。

4）absolute：绝对定位，元素的位置相对于最近的已定位父元素。

5）sticky：黏性定位，基于用户的滚动位置来定位。

实例代码如下。

```
<!DOCTYPE html>
<html lang="en">
<head>
    <meta charset="UTF-8">
    <title>网页标题</title>
    <style>
    div.static {
        position: static;
        border: 3px solid green;
    }
    div.relative {
        position: relative;
        left: 30px;
        border: 3px solid red;
    }
    </style>
</head>
<body>
    <h1>定位</h1>
    <p>设置不同的定位</p>
    <div class="static">
        这个 div 元素被设置为正常文档流定位
    </div>
    <div class="relative">
        这个 div 元素被设置为相对定位
    </div>
</body>
</html>
```

程序运行效果如图 2-13 所示。

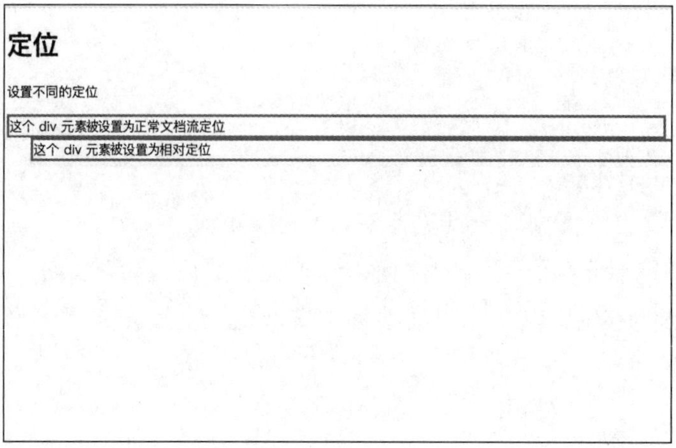

定位
设置不同的定位
这个 div 元素被设置为正常文档流定位
这个 div 元素被设置为相对定位

图 2-13

6. 盒子模型（box model）

所有 HTML 元素可以被看作盒子，在 CSS 中，“box model”这一术语是用来设计和布局网页时使用的。

CSS 盒子模型本质上是一个盒子，用以封装 HTML 元素，它包括内（外）边距、边框和内容，如图 2-14 所示。

Margin（外边距）
Border（边框）
Padding（内边距）
Content（内容）

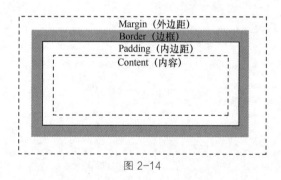

图 2-14

图 2-14 中所示的项介绍如下。

1）Margin（外边距）：边框外的区域，外边距是透明的。

2）Border（边框）：围绕在内边距和内容外的边框。

3）Padding（内边距）：介于内容周围外和边框内边的区域，内边距是透明的。

4）Content（内容）：盒子的内容，显示文本或图像。

也就是说，当要指定元素的宽度和高度属性时，除了设置内容区域的宽度和高度，还可以添加内边距、边框和外边距。

2.4 Web 端常见 Bug 解析

Web 产品中存在一些常见的 Bug，本节挑选一些比较典型的 Bug 进行举例介绍。

1. UI Bug

（1）页面上一行内容超长，展示错乱（见图 2-15）

图 2-15

在测试页面展示的时候，需要根据网页长度的边界值来设计测试用例进行验证。

网页经常会包含一长串的文字或其他字符，测试人员需要对这类超长内容进行验证，验证包含超长内容的页面展示会不会影响用户的阅读体验。

如图 2-15 所示，网页中的超长内容使用了滚动条，但是有一半的内容被遮盖，影响用户阅读。网页中超长的内容可以通过折行展示或者使用"……"表示，这样的解决方案都是可以接受的。

（2）更换设备，布局错乱

Web 可能需要在各种系统或各种设备上运行，如 PC 端、手机端、Windows、Linux、Android、iOS，这些设备或系统上的浏览器的内核和特性会有区别，在不同浏览器上页面的展示可能会有错乱，如图 2-16 显示的问题，页面最右侧的内容没有显示完整。

图 2-16

（3）输入域提示信息不明确

图 2-17 所示的是一个注册的 Web 界面，但是界面中的内容没有明确说明对用户注册密码的要求。

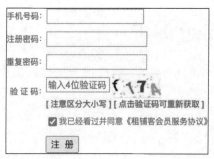

图 2-17

用户在"注册密码"框中输入完成之后，点击"注册"按钮，会看到输入的密码不符合要求的提示，这样的用户体验会很差。

一般来说，要让用户提前知道输入密码的规则。

2. 功能

（1）功能不符合需求

这种 Bug 是测试人员在工作中最常见的。这种 Bug 产生的原因是软件功能不符合需求文档描述的要求。

图 2-18 所示为，在百度首页的输入框输入关键词，查找网上确实存在的内容，但是搜索结果列表中没有展示对应的内容。

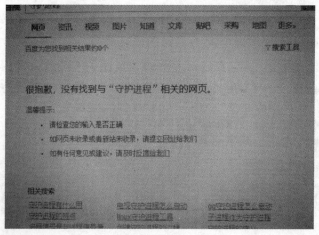

图 2-18

（2）提示信息错误

还有一些比较常见的 Bug 是系统给出的提示信息中带有一些错误码之类的内容，这些内容是不应该暴露给用户的，给用户的应该就是明确的中文提示信息，如图 2-19 所示。

图 2-19

（3）JS 报错

还有一种比较常见的 Bug，就是 JS 脚本运行时会报错，如下所示。

```
⊗ Failed to load resource: the server responded with a status of 502 (Bad Gateway)
[cycle] terminating; zero elements found by selector
>
```

如果遇到这种情况，先区分一下造成这种 Bug 的原因。

1）网速过慢，网页代码没有完全下载就运行了 JS 脚本，导致 JS 脚本报错。

2）网页设计错误，导致部分 JS 脚本不能执行。

3）浏览器不兼容导致部分 JS 脚本不能执行。

4）浏览器缓存出错。

5）网站服务器访问量太大，导致服务器超负载运行，部分 JS 脚本没有完全下载，导致运行 JS 脚本错误。

（4）更改不同步

更改不同步的问题（Bug）是指登录系统后打开多个页面，在其中一个页面中操作修改内容之后，当在另一个页面中查看时，已经修改过的内容在另一个页面上没有体现。

（5）登录状态不同步

登录状态不同步的问题是指用户打开一个系统的多个页面，其中一个页面登录成功，当在另一个页面上刷新时，刷新页面之后没有同步为登录状态。

3. 其他 Bug

（1）页面请求失败

这种情况涉及网络请求，测试人员可以在浏览器提供的开发者工具的 Network 面板中查看网络请求发送的状态，若状态码是 400，就是前端的请求发送出了问题。

（2）加载时间太长

这种情况需要排查是网络的问题还是网页性能的问题。如果是网页性能的问题，就需要对网页进行有针对性的性能优化。

（3）输入框包含 HTML 字符时出现异常

这是测试人员对输入框进行测试的时候，可能会发现的问题。

因为 Web 页面是用 HTML 编写的，所以，在页面输入框中输入 HTML 代码片段时，如果没有对输入框进行输入内容的校验，当我们打开页面时可能会出现报错信息，效果如图 2-20 所示。

图 2-20

所以当对输入框测试时，测试用例应该覆盖输入 HTML 代码的内容。

2.5　实战演练

实战演练的内容需要结合本章所学知识点，完成对 Web 产品的测试用例设计练习。

1.　测试人论坛发帖

（1）被测产品介绍

测试人论坛技术社区平台主要为技术人员使用，技术人员作为普通用户既可以在社区参与话题的讨论，也可以在社区发帖提出问题。社区具有分类、搜索、发帖、回帖等功能。

此 Web 系统的发帖功能需求为：登录。

1）入口：点击导航栏右侧的【+新建话题】按钮，底部弹出创建新话题控件。

2）标题输入框：展示默认文案，既可以点击"标题输入框"并输入标题内容，也可以在输入框中粘贴链接。

3）类别下拉列表：默认展示"类别..."项，点击"类别..."项展示社区节点。需要选择节点之后才能在社区上输入帖子内容。

4）标签下拉列表：默认展示"可选标签"项，点击"可选标签"项展示已创建的标签，支持搜索或新建标签。

5）内容输入框：可以在"内容输入框"中输入帖子内容，支持 MarkDown、BBCode、HTML 等格式的内容，支持在"内容输入框"中拖动或粘贴图片。

6）创建话题按钮：点击"创建"按钮，创建话题到对应的社区节点。

7）取消按钮：点击"取消"按钮，关闭发帖功能。

8）右侧预览界面：在"内容输入框"中输入内容后，预览界面中展示最终的效果（预览）。

（2）被测产品体验地址如下：

https://ceshiren.com。

（3）测试点考查

1）理解测试需求后，需要完成对此系统搜索功能的测试用例设计。

2）需要考虑测试用例设计的全面性（等价类、边界值、场景法）。

2. 后台管理系统

（1）被测产品介绍

某后台管理系统主要的功能有商品管理、订单管理和用户管理。这是商店管理人员使用的系统，管理人员可以通过系统对商品进行添加、修改和删除，帮助用户下单，查看订单，也可以对用户数据进行查看、管理，帮助用户修改个人信息。

现在需要对此系统的下单功能进行测试，下单功能的业务流程如下。

1）进入产品列表页面，选定商品，点击"下单"按钮，如果商品存货充足，则提示下单成功。

2）下单成功后，进入订单记录页面，产生一条订单记录，通过订单记录可以看到详细的订单信息。

3）返回商品列表页面，对应的商品的状态发生变化。

（2）被测产品体验地址如下：

https://management.hogwa***.ceshiren.com。

（3）测试点考查

1）理解需求后，需要完成对此系统的下单功能的测试用例设计。

2）需要考虑测试用例设计的全面性（等价类、边界值、场景法）。

第3章　Web 自动化测试

3.1　Selenium 安装

1. Selenium 简介

Web 应用程序的验收测试常常涉及一些手工任务，例如，打开一个浏览器，并执行一个测试用例中所描述的操作。但是手工执行的测试任务容易出现人为的错误，也比较费时间。因此，将这些测试任务用自动化实现，就可以消除人为产生错误的因素。Selenium 可以帮助我们用自动化的方式完成 Web 应用程序的验收测试。

Selenium 支持对浏览器的自动化测试操作，它提供一套测试函数，用于支持 Web 自动化测试。Selenium 提供的函数非常灵活，能够提供 Web 的界面元素定位、窗口跳转、结果比较等功能。Selenium 支持多种浏览器、多种编程语言（Java、C#、Python、Ruby、PHP 等）、多种操作系统（Windows、Linux、iOS、Android 等），且开源、免费。它主要由 3 个工具组成：WebDriver、IDE、Grid。

2. Selenium 架构（见图 3-1）

在客户端(client)完成 Selenium 脚本编写，将脚本传送给 Selenium 服务器，Selenium 服务器使用浏览器驱动（ driver ）与浏览器（ browser ）进行交互（见图 3-1）。

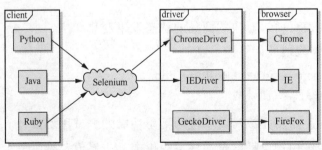

图 3-1

3. Selenium 核心组件（见图 3-2）

（1）WebDriver 使用浏览器提供的 API 来控制浏览器，就像用户在操作浏览器一样，且不具有侵入性。

（2）IDE 是 Chrome 和 Firefox 的扩展插件，可以录制用户在浏览器中的操作。

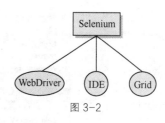

图 3-2

（3）Grid 用于 Selenium 的分布式，用户可以在多个浏览器和操作系统上运行测试用例。

4. Selenium 安装准备

（1）第一种方式

分别介绍 Python 版和 Java 版的 Selenium 安装。

● Python 版本的安装

用 Python 自带的 pip 工具安装 Selenium，安装命令如下。

```
pip install selenium
```

● Java 版本的安装

安装命令如下。

```
<dependency>
    <groupId>org.seleniumhq.selenium</groupId>
        <artifactId>selenium-server</artifactId>
    <version>3.14.0</version>
</dependency>
```

（2）第二种方式

分别介绍 Python 版和 Java 版的 Selenium 安装。

● Python 版本的安装

Selenium 是 Python 的第三方库，用 PyCharm 安装 Selenium 的方式如下。

打开 PyCharm，在 PyCharm 菜单栏上依次选择 File -> Settings 项，进入配置界面（见图 3-3）。

在图 3-3 所示的窗口中搜索 Selenium，选择搜索出来的 Selenium，点击 "Install Package" 按钮即可安装 Selenium（见图 3-4）。

Selenium 支持多种浏览器，但需要下载对应的浏览器版本的驱动，并将下载的浏览器驱动位置设置到环境变量。

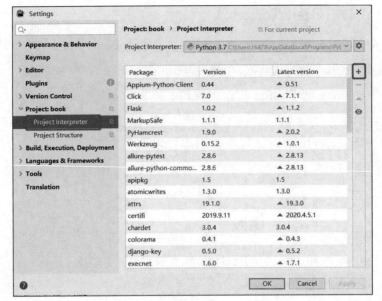

图 3-3

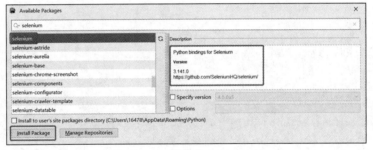

图 3-4

● Java 版本的安装

当使用 Maven、Gradle 等构建工具创建项目时，需要把 Selenium 的依赖添加到 pom.xml 中，这样系统启动时就会自动完成对 Selenium 的依赖加载，具体代码如下：

```
<dependency>
    <groupId>org.seleniumhq.selenium</groupId>
    <artifactId>selenium-java</artifactId>
    <version>4.0.0</version>
</dependency>
<dependency>
    <groupId>org.seleniumhq.selenium</groupId>
    <artifactId>selenium-chrome-driver</artifactId>
    <version>4.0.0</version>
</dependency>
```

5. 实战演示

分别用 Python 和 Java 编程实现自动化地创建一个 Chrome 进程。

- Python 演示代码

```
#导入 Selenium 包
from selenium import WebDriver

#创建一个 ChromDriver 的实例，Chrome()会从环境变量中寻找浏览器驱动
driver = webdriver.Chrome()
# 打开 IE 浏览器
# driver = webdriver.Ie()
# 打开 Firefox 浏览器
# driver = webdriver.Firefox()
```

- Java 演示代码

```
//导入 Selenium 包
import org.openqa.selenium.WebDriver;
import org.openqa.selenium.chrome.ChromeDriver;

public class AiceTest {
    public static void main(String[] args) throws InterruptedException {
        //创建一个 ChromDriver 的实例
        WebDriver driver = new ChromeDriver();
    }
}
```

3.2 Selenium IDE 用例录制

1. Selenium IDE 简介

Selenium IDE 是一个用于 Web 测试的集成开发环境，是 Chrome 和 Firefox 的插件，可以记录和回放与浏览器的交互过程。

虽然 Selenium IDE 可以帮我们实现生成代码、录制回放、元素定位等功能，但是它的缺点也很明显：

（1）录制回放方式的稳定性和可靠性有限；

（2）只支持 Firefox、Chrome 浏览器；

（3）对于复杂的页面逻辑处理能力有限。

2. Selenium IDE 安装准备

（1）Chrome 插件

下载的网址如下：

https://chrome.google.com/webstore/detail/selenium-ide/mooikfkahbdckldjjndioackbalphokd。

（2）Firefox 插件

下载的网址如下：

https://addons.mozilla.org/en-US/firefox/addon/selenium-ide/。

Selenium IDE 安装完成后，通过在浏览器的菜单栏中点击 图标启动 Selenium（见图 3-5）。

图 3-5

3. 实战演示

（1）录制第一个测试用例

1）用 Selenium IDE 创建新项目后，把新项目取名为 hogwarts_demo1。

2）然后需要在"录制 URL"文本框中填写要录制测试脚本的网站 URL，这里填写的 URL 是 https://ceshiren.com/，如图 3-6 所示。

图 3-6

3）完成设置后，将打开一个新的浏览器窗口，加载 URL 并开始录制脚本。我们在页面上的操作都将记录在 IDE 中。操作完成后，切换到 Selenium IDE 窗口，并点击停止录制 ▷ 按钮（见图 3-7）。

图 3-7

4）录制停止后，为刚录制的测试用例取名 ceshiren_demo1。

（2）导出测试用例并分析其结构

利用 Selenium IDE 导出 pytest 格式的测试用例代码，导出测试用例代码如下（Python 版）：

```python
#注释是由 Selenium IDE 生成的
# Generated by Selenium IDE
# 导入可能用到的依赖
from selenium import webdriver
from selenium.webdriver.common.by import By

class TestCeshirendemo1():
  # setup_module()只会在开始测试时运行一次
  def setup_method(self,method):
    # 初始化 webdriver
    self.driver = webdriver.Firefox()
    self.var = {}

# teardown_module()只会在结束测试时运行一次
def teardown_method(self,method):
  # 关闭浏览器并关闭 ChromeDriver 可执行文件
  self.driver.quit()

# 测试方法
def test_ceshirendemo1(self):
  # 访问网址
  self.driver.get("https://ceshiren.com/")
  # 设置窗口大小
  self.driver.set_window_size(1382, 744)
  # 点击操作
  self.driver.find_element(By.LINK_TEXT, "所有分类").click()
```

```
# 设置等待时间为 2 秒
time.sleep(2)
# 关闭当前窗口
self.driver.close()
```

上述这段代码简单地实现了对浏览器操作的自动化。

4. 保存

单击 Selenium IDE 界面右上角的"Save"图标，输入项目的保存名称即可完成保存。

5. 回放

在 Selenium IDE 界面上选择想要回放的测试用例，单击 ▷ 按钮，在 Selenium IDE 中回放测试用例（见图 3-8）。

图 3-8

6. 控件定位

如果想定位 Web 中其他的控件，只需要点击图 3-9 中的箭头 ▧ ，点击后就会跳转到浏览器上，然后点击想要定位的 Web 控件，此时，Target 的值就会变成相应的定位表达式（见图 3-9）。

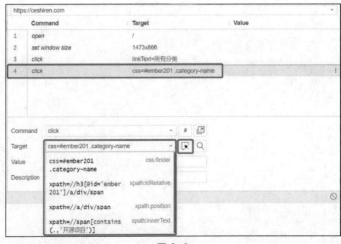

图 3-9

3.3 Selenium 测试用例编写

1. Selenium 测试用例简介

编写 Selenium 测试用例的目的是模拟用户在浏览器上的一系列操作，通过测试脚本来完成对被测对象的自动化测试。编写 Selenium 测试用例的优势如下。

（1）Selenium 是开源和免费的。

（2）Selenium 支持多种浏览器，如 IE、Firefox、Chrome、Safari。

（3）Selenium 支持多种平台，如 Windows、Linux。

（4）Selenium 支持多种语言，如 Python、Java、C#。

（5）Selenium 对 Web 支持良好。

（6）Selenium 使用简单和灵活。

（7）Selenium 支持分布式测试用例执行。

2. 引入依赖

Selenium 引入依赖是为了调用 webdriver 中的方法来与浏览器进行交互，以实现测试操作。

（1）引入依赖的 Python 版本代码如下：

```
from selenium import webdriver
```

（2）引入依赖的 Java 版本代码如下：

```
import org.openqa.selenium.By;
import org.openqa.selenium.chrome.ChromeDriver;
```

3. 测试用例的流程

测试用例是测试人员为了实施测试而向被测试的系统提供的一个特定的"集合"，这个"集合"包含：测试环境、操作步骤、测试数据、预期结果等。

一个测试用例被实施后产生的结果只有一个：成功或者失败。测试用例流程的三大核心要素为：标题、步骤、预期结果。

（1）标题：是对测试用例的描述，标题应该清楚地表达测试用例的内容。

（2）步骤：对测试执行过程进行描述。

（3）预期结果：提供测试执行的预期结果，预期结果一般是根据需求得出，如果实际结果和预期结果一致则测试通过，反之失败。

4. 示例实战演示

测试用例执行的步骤如下。

（1）打开百度页面。

（2）在百度的首页获取"百度一下"文本内容。

（3）将获取到的文本与"百度"进行比较，如果两个值一致，证明测试用例执行成功，反之失败。

下面是实战演示的 Python 代码和 Java 代码。

注：首先需要导入 Selenium 包，其次是定义测试方法名、编写测试步骤及断言。

* Python 演示代码

```python
from selenium import webdriver

# 测试的标题为 test_search
def test_search():
    driver = webdriver.Chrome()
    # 测试的步骤
    driver.get('https://www.baidu.com')
    search = driver.find_element_by_id('su').get_attribute('value')
    # 断言预期结果
    assert search == "百度"
```

* Java 演示代码

```java
import org.junit.jupiter.api.Test;
import org.openqa.selenium.By;
import org.openqa.selenium.chrome.ChromeDriver;
public class webTest {
    private ChromeDriver driver;
    @Test
    void search() throws InterruptedException {
        //实例化 driver
        driver = new ChromeDriver();
        //打开网页
        driver.get("https://www.baidu.com");
        //测试的步骤
        String data = driver.findElement(By.id("su")).getAttribute("value");
        assert data.equals("百度");
    }
}
```

这里要验证百度页面实际展现的内容与所期望的内容是否一致。因为实际获取到的内容应该是"百度一下"而不是"百度",所以断言错误,代码如下。

```
FAILED                              [100%]
test_demo.py:3 (test_search)
百度一下 != 百度

Expected :百度
Actual   :百度一下
<Click to see difference>

def test_search():
        driver = webdriver.Chrome()
        driver.get('https://www.baidu.com')
        search = driver.find_element_by_id('su').get_attribute('value')
>       assert search == "百度"
E       AssertionError: assert '百度一下' == '百度'
test_demo.py:9: AssertionError
```

3.4 隐式等待、显式等待和强制等待

等待机制简介

系统在实际工作中引入等待机制可以保证代码运行的稳定性,保证代码运行不会受网速、计算机性能等条件的约束。

等待就是当系统运行时,如果页面的渲染速度跟不上程序的运行速度,就需要人为地去限制程序执行的速度。

测试人员在做 Web 自动化测试时,一般要等待页面元素加载完成后,才能执行测试操作,否则会报找不到元素等错误,这样就要求在有些测试场景下加上等待机制。

最常见的等待机制有 3 种:隐式等待、显式等待和强制等待,下面介绍这 3 种等待机制。

1. 隐式等待

我们在测试用例中设置一个隐式等待时间,测试用例执行时会按时间轮询查找(默认 0.5 秒)元素是否出现,如果在轮询查找的时间内元素没出现系统就抛出异常。

隐式等待的作用域是全局的,隐式等待可以在 setup 方法中设置,是作用在整个

Session 的生命周期。也就是说只要设置一次隐式等待，后面就不需要再设置。如果再次设置隐式等待，那么后一次的设置会覆盖前一次的设置。

实战演示

当我们在 DOM 结构中查找元素，且元素处于不能立即交互的状态时，将会触发隐式等待。

● Python 版本实现代码

```
self.driver.implicitly_wait(30)
```

● Java 版本实现代码

```
// 隐式等待调用方式,设置等待时间为 30 秒
driver.manage().timeouts().implicitlyWait(30, TimeUnit.SECONDS);
```

2. 显式等待

显式等待是在代码中定义等待条件，触发该条件后再执行后续代码，这是根据判断条件进行等待。通俗地讲就是，程序每隔一段时间进行一次条件判断，如果条件成立，则执行下一步；否则继续等待，直到超过设置的最长时间。核心用法代码如下。

● Python 版本

```
# 导入显式等待
from selenium.webdriver.support.wait import WebDriverWait
from selenium.webdriver.support import expected_conditions
...
# 设置 10 秒的最大等待时间, 等待 (By.TAG_NAME, "title") 这个元素被点击
WebDriverWait(driver, 10).until(
    expected_conditions element_to_be_clickable((By.TAG_NAME, "title"))
)
...
```

这里通过导入 expected_conditions 这个库来满足显式等待所需的使用场景，但是 expected_conditions 库并不能满足所有场景，这个时候就需要定制化开发一个库来满足特定场景，Java 版的实现如下。

● Java 版本

```
import org.openqa.selenium.support.ui.ExpectedConditions;
import org.openqa.selenium.support.ui.WebDriverWait;
```

```
...
// 设置 10 秒的最大等待时间, 等待 (By.tag_Name, "title") 这个元素被点击
WebDriverWait wait = new WebDriverWait(driver,10);
wait.until(ExpectedConditions.elementToBeClickable(By.tagName("title")));
...
```

实战演示

假设：测试 Web 应用中某个元素超过指定的个数，就可以执行某一个操作。

- Python 演示代码

```
def ceshiren():
    # 定义一个方法
    def wait_ele_for(driver):
        # 将找到的元素个数赋值给 eles
        eles = driver.find_elements(By.XPATH, '//*[@id="site-text-logo"]')
        # 返回结果
        return len(eles) > 0
    driver = webdriver.Chrome()
    driver.get('https://ceshiren.com')
    # 等待 10 秒, 直到 wait_ele_for 返回 true
    WebDriverWait(driver, 10).until(wait_ele_for)
```

- Java 演示代码

```
void ceshiren(){
    webDriver = new ChromeDriver();
    webDriver.get("https://ceshiren.com");
    // 等待 10 秒, 直到 wait_ele_for 返回 true
    new WebDriverWait(webDriver,10).until((ExpectedCondition<Boolean>) size ->
waitEleFor());
}
// 定义一个方法
boolean waitEleFor(){
    // 将找到的元素个数赋值给 elements
    List<WebElement> elements = webDriver.findElements(By.xpath("//*[@id='site-
text-logo']"));
    return elements.size() > 0
}
```

3. 强制等待

强制等待是使程序中的线程休眠一定时间。强制等待一般在隐式等待和显式等待都

不起作用时使用。示例代码如下（Python 版和 Java 版）。

- Python 版本

```
# 等待 10 秒
time.sleep(10)
```

- Java 版本

```
// 等待 2000 毫秒，相当于等待 2 秒
Thread.sleep(2000)
```

实战演示

访问测试人社区（https://ceshiren.com），点击"分类"按钮，然后点击"霍格沃兹答疑区"链接（见图 3-10）。

图 3-10

我们进行上述操作时，当点击"分类"按钮后，发现网页中的元素还未加载完成，这时就需要隐式等待。在点击"霍格沃兹答疑区"链接时，网页中的元素已加载完成，但是这个链接还处在不可点击的状态，这时要用到显式等待。下面是实践演示代码（Python 版和 Java 版）。

- Python 演示代码

```
#导入依赖
import time
from selenium import webdriver
from selenium.webdriver.common.by import By
from selenium.webdriver.support import expected_conditions
from selenium.webdriver.support.wait import WebDriverWait

class TestHogwarts():
    def setup(self):
        self.driver = webdriver.Chrome()
        self.driver.get('https://ceshiren.com/')
```

```python
        #加入隐式等待
        self.driver.implicitly_wait(5)

    def teardown(self):
        #加入强制等待
        time.sleep(10)
        self.driver.quit()

    def test_hogwarts(self):
        #元素定位，这里的 category_name 是一个元组
        category_name = (By.LINK_TEXT, "开源项目")
        # 加入显式等待
        WebDriverWait(self.driver, 10).until(
            expected_conditions.element_to_be_clickable(category_name))
        # 点击开源项目
        self.driver.find_element(*category_name).click()
```

● Java 演示代码

```java
import org.junit.jupiter.api.AfterAll;
import org.junit.jupiter.api.BeforeAll;
import org.junit.jupiter.api.Test;
import org.openqa.selenium.By;
import org.openqa.selenium.chrome.ChromeDriver;
import org.openqa.selenium.support.ui.ExpectedConditions;
import org.openqa.selenium.support.ui.WebDriverWait;

import java.util.concurrent.TimeUnit;

public class WebDriverWaitTest {
    private static ChromeDriver driver;
    @BeforeAll
    public static void setUp()  {
        System.setProperty(
                "webdriver.chrome.driver",
                "/driver/chrome95/chromedriver"
        );
        driver = new ChromeDriver();
        driver.manage().timeouts().implicitlyWait(60, TimeUnit.SECONDS);
    }
    @AfterAll
    public static void teardown()  {
        driver.quit();
```

```
    }

    @Test
    public void waitTest(){
        driver.get("https://ceshiren.com/");
        By locator = By.linkText("开源项目");
        // 加入显式等待
        WebDriverWait wait = new WebDriverWait(driver, 10);
        Wait.until(ExpectedConditions.elementToBeClickable(locator));
        // 点击开源项目
        driver.findElement(locator).click();
    }
}
```

3.5　Web 控件定位与常见操作

1. 简介

测试人员做 Web 自动化测试时，最基本的测试工作就是操作网页上的元素。操作步骤是：首先要找到页面上的这些元素，然后操作这些元素。测试人员用的工具或代码无法像测试人员一样能用眼睛分辨出网页上的元素。那么用程序如何定位这些网页元素呢？下面介绍各种定位网页元素的方法。

2. 实战演示

（1）通过 id 定位网页元素

定位 Web 页面中的元素可以通过元素的 id 属性进行定位，代码演示如下（Python 版和 Java 版）。

● Python 版本

```
driver.find_element_by_id('kw')
```

● Java 版本

```
driver.findElement(By.id("kw"));
```

（2）通过 name 定位网页元素

定位 Web 页面中的元素可以通过元素的 name 属性进行定位，代码演示如下（Python 版和 Java 版）。

- Python 版本

```
driver.find_element_by_name('wd')
```

- Java 版本

```
driver.findElement(By.name("wd"));
```

通常来说 name 属性与 id 属性在网页中是唯一的，推荐测试人员使用这两个属性定位网页元素。

（3）通过 XPath 定位网页元素

XPath 是一种定位语言，英文全称为 XML Path Language，用来对 XML 中的元素进行定位，但也适用于 HTML，下面来看一个例子。

要定位的网页元素是百度首页的搜索输入框（见图 3-11）。

图 3-11

我们首先在百度首页中寻找 id 为 form 的 form 元素；然后再寻找它的子元素 span，span 的 class 属性为 bg s_ipt_wr quickdelete-wrap；最后找 span 的子元素 input，代码演示如下（Python 版和 Java 版）。

- Python 版本

```
driver.find_element_by_xpath\
    ("//form[@id='form']/span[@class='bg s_ipt_wr quickdelete-wrap']/input")
```

- Java 版本

```
driver.findElement(By.xpath("//form[@id='form']/span[@class='bg s_ipt_wr
quickdelete-wrap']/input"));
```

下面的定位代码也可以找到 input，请注意，这里代码中使用了双斜杠//，它可以找到子孙节点，而斜杠/只能找到子节点，代码演示如下（Python 版和 Java 版）。

- Python 版本

```
driver.find_element_by_xpath("//form[@id='form']//input[@id='kw']")
```

- Java 版本

```
driver.findElement(By.xpath("//form[@id='form']//input[@id='kw']"));
```

代码中有关 XPath 表达式的更多内容可参考表 3-1。

表 3-1

表达式	描述
nodename	选取此节点的所有子节点
/	从根节点选取
//	从匹配的当前节点选择文档中的节点
.	选取当前节点
..	选取当前节点的父节点
@	选取属性

如何检验 XPath 定位是否正确？先进入 Chrome 页面，在页面上点击鼠标右键，在弹出的菜单中点击"检查"项，再点击"Console"项，在页面中输入$x('XPath 表达式')即可检验定位是否正确，如图 3-12 所示。

图 3-12

（4）通过 css_selector

虽然 XPath 可以定位绝大多数元素，但是 XPath 采用从上到下的遍历模式，遍历速度并不快,而css_selector采用样式定位,速度要优于XPath,而且语法更简洁。下面是Selenium使用 css_selector 的例子。

css_selector 找到 class 属性为 active 的元素, 然后使用 ">" 字符表示找 class 属性为 active 的元素的子节点, 代码演示如下 (Python 版和 Java 版)。

- Python 版本

```
driver.find_element_by_css_selector('.logo-big')
```

- Java 版本

```
driver.findElement(By.cssSelector(".logo-big"));
```

表 3-2 列出了常用的 css_selector 表达式的用法。

表 3-2

表达式	描述
.intro	class="intro"的所有元素
#firstname	id="firstname"的所有元素
a[target=_blank]	具有属性 target="_blank"的所有 a 元素
p:nth-child(2)	父元素的第二个 p 元素

进入 Chrome 页面, 在页面上点击鼠标右键, 在弹出的菜单中点击 "检查" 项, 再点击 "Console" 项, 在页面中输入$('css selector 表达式') 即可完成 CSS 表达式的检测, 如图 3-13 所示。

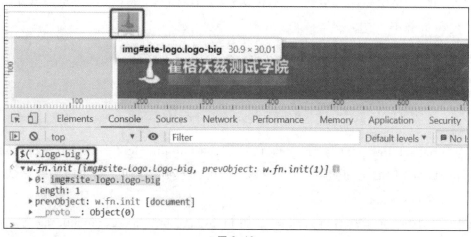

图 3-13

（5）通过 link

页面元素中会出现文字，如图 3-14 中标记出来的文字，可以利用这段文字进行元素定位，演示代码如下（Python 版和 Java 版）。

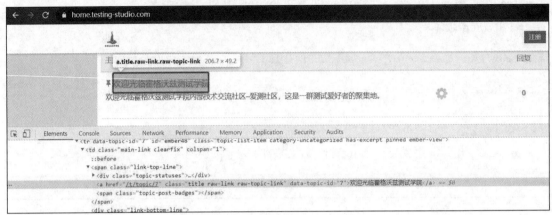

图 3-14

- Python 版本

```
driver.find_element_by_link_text('欢迎光临霍格沃兹测试学院')
```

- Java 版本

```
driver.findElement(By.linkText("欢迎光临霍格沃兹测试学院"));
```

也可以采用部分匹配方式进行元素定位，且匹配的关键词可不必写全，如"欢迎光临""欢迎光临霍格沃兹测试学院""霍格沃兹"，代码演示如下（Python 版和 Java 版）。

- Python 版本

```
driver.find_element_by_partial_link_text('霍格沃兹测试学院')
```

- Java 版本

```
driver.findElement(By.partialLinkText("霍格沃兹测试学院"));
```

要注意 partial_link_text 与 link_text 的区别，partial_link_text 不用写全要匹配的内容，只需写部分即可，比如上面使用"霍格沃兹"即可匹配到"欢迎光临霍格沃兹测试学院"。

（6）通过 tag_name

DOM 结构中，元素都有自己的 tag，如 input tag、button tag、anchor tag 等，每一个 tag 拥有多个属性，如 id、name、value class 等。

下面的代码中高亮部分（灰底）就是 tag。

```
Password
Field:
< input type="password" name="password" placeholder="Password" class="form-control mt-3 form-control-lg" >

Login
Button:
< button type="submit" class="btn btn-primary btn-lg btn-block mt-3">LOGIN< /button >

Forgot Password
Link:
< button type="submit" class="btn btn-primary btn-lg btn-block mt-3">LOGIN< /button >
```

可以使用 tag 定位元素，实际代码如下（Python 版和 Java 版）。

● Python 版本

```
driver.find_element_by_tag_name('input')
```

● Java 版本

```
driver.findElement(By.tagName("input"));
```

注：尽量避免使用 tag_name 定位元素，因为会定位到大量重复的元素！

（7）通过 class_name

可以通过元素的 class 属性值进行定位，如图 3-15 所示。

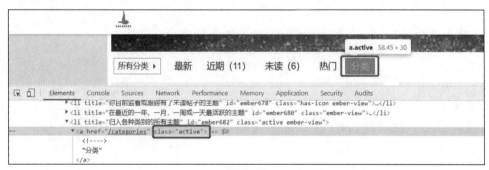

图 3-15

这里的 active 用的就是 class 的值，演示代码如下（Python 版和 Java 版）。

● Python 版本

```
driver.find_element_by_class_name('active')
```

● Java 版本

```
driver.findElement(By.className("active"));
```

（8）推荐使用

在 Web 自动化测试中，定位元素的方法有很多种，常见的定位方式有 id/name、CSS Selector、XPath、link、class_name、tag_name 等，推荐使用的顺序如图 3-16 所示。

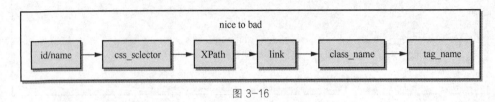

图 3-16

1）id/name 是最安全的定位选项。根据 W3C 标准，它们在页面中是唯一的，id 在树结构中也是唯一的。

2）css_selector 语法简洁，搜索速度快于 XPath。

3）XPath 定位功能强大，采用遍历搜索，速度略慢。

4）link、class_name、tag_name：不推荐使用，无法精准定位元素。

3. 常见操作

Selenium 常见操作如下。

● 输入、点击、清除。

● 关闭窗口和浏览器。

● 获取元素属性。

● 获取网页源代码、刷新页面。

● 设置窗口大小。

（1）输入、点击、清除

输入、点击、清除操作在 Selenium 中对应的方法分别是 send_keys、click、clear，演示代码如下（Python 版和 Java 版）。

● Python 演示代码

```
from selenium import webdriver

driver = webdriver.Chrome()
driver.get('http"//www.baidu.com')
driver.find_element_by_name('wd').send_keys('霍格沃兹测试学院')
driver.find_element_by_id('su').click()
driver.find_element_by_name('wd').clear()
```

- Java 演示代码

```java
import org.openqa.selenium.By;
import org.openqa.selenium.WebDriver;
import org.openqa.selenium.chrome.ChromeDriver;

public class AiceTest {
    public static void main(String[] args) {

        WebDriver driver = new ChromeDriver();
        driver.get("http://www.baidu.com");
        driver.findElement(By.id("kw")).sendKeys("霍格沃兹测试学院");
        driver.findElement(By.id("su")).click();
        driver.findElement(By.name("wd")).clear();
        try {
            Thread.sleep(2000);
        } catch (InterruptedException e) {
            e.printStackTrace();
        }
        String title = driver.getTitle();
        System.out.println(title);
        driver.close();
    }
}
```

（2）关闭窗口和浏览器

关闭当前句柄窗口（不关闭进程）使用的方法为 close()，关闭整个浏览器进程使用的方法为 quit()，演示代码如下（Python 版和 Java 版）。

- Python 演示代码

```python
#导入对应的依赖
from selenium import webdriver
#初始化 webdriver
driver = webdriver.Chrome()
#访问网站
driver.get('http"//www.baidu.com')
#关闭当前窗口
driver.close()
#关闭浏览器
driver.quit()
```

● Java 演示代码

```
//导入对应的依赖
import org.openqa.selenium.webdriver;
//初始化 webdriver
webdriver driver = new ChromeDriver();
//访问网站
driver.get("http://www.baidu.com");
//关闭当前窗口
driver.close();
//关闭浏览器
driver.quit();
```

（3）获取元素的属性

获取元素的属性使用的方式为 get_attribute('value')，元素的属性包括坐标（location）和大小（size），演示代码如下（Python 版和 Java 版）。

● Python 演示代码

```
import logging
from selenium import webdriver

def test_baidu():
    driver = webdriver.Chrome()
    driver.get('https://www.baidu.com')
    search = driver.find_element_by_id('su')
    logging.basicConfig(level=logging.INFO)
    logging.info(search.get_attribute('value'))
    #获取 search 的 value 属性值并打印
    logging.info(search.get_attribute('value'))
    #打印 search 的位置坐标
    logging.info(search.location)
    #打印 search 的元素大小
    logging.info(search.size)
```

输出结果为：

```
INFO:root:百度一下
INFO:root:百度一下
INFO:root:{'x': 844, 'y': 188}
INFO:root:{'height': 44, 'width': 108}
```

- Java 演示代码

```
@Test
    void baiduTest(){
        webdriver = new ChromeDriver();
        webdriver.get("https://www.baidu.com/");
        WebElement search = webdriver.findElement(By.id("su"));
        //获取 search 的 value 属性值并打印
        System.out.println(search.getAttribute("value"));
        //打印 search 的位置坐标
        System.out.println(search.getLocation());
        //打印 search 的元素大小
        System.out.println(search.getSize());
    }
```

输出结果为：

```
百度一下
(902, 188)
(108, 44)
```

（4）获取网页源代码、刷新页面

获取网页源代码使用的方法为 page_source，刷新页面使用的方法为 refresh()。演示代码如下（Python 版和 Java 版）。

- Python 演示代码

```
import logging
from selenium import webdriver

driver = webdriver.Chrome()
driver.get('http"//www.baidu.com')
#刷新页面
driver.refresh()
logging.basicConfig(level=logging.INFO)
#打印当前页面的源代码
logging.info(driver.page_source)
```

- Java 演示代码

```
webdriver webdriver = new ChromeDriver();
webdriver.get("https://www.baidu.com/");
//刷新页面
```

```
webdriver.navigate().refresh();
System.out.println(webdriver.getPageSource());
```

（5）设置窗口大小

设置窗口大小主要包括窗口的最小化、最大化和自定义设置窗口的大小，演示代码如下（Python 版和 Java 版）。

- Python 演示代码

```
from selenium import webdriver

driver = webdriver.Chrome()
driver.get('http"//www.baidu.com')
#最小化窗口
driver.minimize_window()
#最大化窗口
driver.maximize_window()
#将浏览器窗口设置为 1000*1000 的大小
driver.set_window_size(1000, 1000)
```

- Java 演示代码

```
import org.openqa.selenium.Dimension;
import org.openqa.selenium.WebDriver;
import org.openqa.selenium.chrome.ChromeDriver;

import static java.lang.Thread.sleep;

public class AiceTest {
    public static void main(String[] args) throws InterruptedException {
        webdriver driver = new ChromeDriver();
        driver.get("http://www.baidu.com");
        //设置窗口最大化
        driver.manage().window().maximize();
        //设定浏览器的大小
        sleep(2000);
        Dimension dimension = new Dimension(800, 600);
        driver.manage().window().setSize(dimension);
        Sleep(2000);
        //全屏显示浏览器
        driver.manage().window().fullscreen();
        sleep(2000);
```

```
        driver.close();


    }
}
```

Web 控件的交互进阶

测试人员在进行软件测试时，常需要模拟键盘或鼠标的操作，用测试代码实现模拟键盘或鼠标操作时，一般使用 Python 的 ActionChains 和 Java 的 Actions 来处理。

模拟鼠标的操作包括单击、双击、拖动等。测试程序中使用 ActionChains 或者 Actions 方法，实现模拟鼠标的操作。具体应用是，可以先将（单击、双击、拖动等）一系列动作按操作顺序存入队列，此时还没有触发执行上模拟鼠标的操作。程序想要触发执行上模拟鼠标的操作，需要调用 ActionChains 或者 Actions 方法下的 perform() 方法。perform() 方法队列中的事件会依次执行上述操作。

1. 引入依赖

我们使用 ActionChains 或者 Actions 方法时，需要先导入相对应的依赖，如下的 Python 版和 Java 版代码所示。

- Python 版本

```
# 引入依赖
from selenium.webdriver import ActionChains
```

- Java 版本

```
import org.openqa.selenium.interactions.Actions;
```

2. 实战演示

（1）点击操作演示

下面代码中，action 用以模拟键盘或鼠标的实例对象，on_element 用以传递一个元素，默认值为 None。

模拟键盘或者鼠标操作时，如果在 on_element 中指定元素时，模拟操作时会单击指定位置的元素；如果不指定，模拟操作时会单击当前光标的位置。

- Python 版本

```
action.click(on_element=None)
```

- Java 版本

```
Actions action = new Actions(webdriver);
action.click(on_element=None);
```

用鼠标模拟长按某个元素的操作代码如下（Python 版和 Java 版）。

- Python 版本

```
action.click_and_hold(on_element=None)
```

- Java 版本

```
Actions action = new Actions(webdriver);
action.clickAndHold(on_element=None);
```

用鼠标模拟执行右键操作的代码如下（Python 版和 Java 版）。

- Python 版本

```
action.context_click(on_element=None)
```

- Java 版本

```
Actions action = new Actions(webdriver);
action.contextClick(on_element=None);
```

用鼠标模拟执行左键双击的代码如下（Python 版和 Java 版）。

- Python 版本

```
action.double_click(on_element=None)
```

- Java 版本

```
Actions action = new Actions(webdriver);
action.doubleClick(on_element=None);
```

模拟用鼠标拖曳起始的元素到目标元素的操作代码如下（Python 版和 Java 版）。

注：程序中的 source 代表起始元素，target 代表目标元素。

- Python 版本

```
action.drag_and_drop(source, target)
```

- Java 版本

```
Actions action = new Actions(webdriver);
```

```
action.dragAndDrop(WebElement source, WebElement target);
```

模拟用鼠标将目标拖动到指定的位置的操作代码如下（Python 版和 Java 版）。

- Python 版本

```
# xoffset 和 yoffset 是相对于 source 左上角为原点的偏移量
action.drag_and_drop_by_offset(source, xoffset, yoffset)
```

- Java 版本

```
Actions action = new Actions(webdriver);
actions.dragAndDropBy(WebElement source, int xOffset, int yOffset);
```

（2）按键操作的演示

我们编程中使用 key_down()或者 keyDown()方法可以模拟某些组合键事件，如按下 Ctrl+C 组合键，如下是 Python 版和 Java 版演示代码。

- Python 版本

```
action.key_down(value, element=None)
```

- Java 版本

```
Actions action = new Actions(webdriver);
actions.keyDown(element, value);
```

我们编程中使用 key_up()或者 keyUp()方法模拟松开键盘中某个按键，如按下 Ctrl+C 组合键并且释放，如下是 Python 版和 Java 版演示代码。

- Python 版本

```
ActionChains(driver).key_down(Keys.CONTROL \
    .send_keys('c').key_up(Keys.CONTROL).perform()
```

- Java 版本

```
Actions action = new Actions(webdriver);
action.keyDown(Keys.CONTROL).sendKeys("c").keyUp(Keys.CONTROL).perform();
```

（3）移动光标操作的演示

把光标移动到某一个位置，需要用两个坐标表示起始和目标的位置，演示代码如下（Python 版和 Java 版）。

- Python 版本

```
# xoffset 和 yoffset 是相对于网页左上角的偏移量
action.move_by_offset(xoffset, yoffset)
```

- Java 版本

```
Actions action = new Actions(webdriver);
action.moveByOffset(xOffset,yOffset);
```

将鼠标指针移动到指定元素的位置，演示代码如下（Python 版和 Java 版）。

- Python 版本

```
action.move_to_element(to_element)
```

- Java 版本

```
Actions action = new Actions(webdriver);
action.moveToElement(to_element);
```

移动鼠标光标到相对于某个元素的偏移位置，演示代码如下（Python 版和 Java 版）。

- Python 版本

```
# xoffset 和 yoffset 是相对于网页窗口显示区左上角的偏移量
action.move_by_offset (xoffset, yoffset)
```

- Java 版本

```
Actions action = new Actions(webdriver);
action.moveToElement(to_element, xOffset, yOffset);
```

（4）其他的操作

① 执行 ActionChains 中的操作

前面介绍的方法会将所有操作按顺序存入队列，要执行这些操作，需要调用 perform() 方法，演示代码如下（Python 版和 Java 版）。

- Python 版本

```
action.move_to_element_with_offset(to_element, xoffset, yoffset).perform()
```

- Java 版本

```
Actions action = new Actions(webdriver);
Action.moveToElement(to_element, int xOffset, int yOffset).perform();
```

② 释放按下鼠标键的操作，演示代码如下（Python 版和 Java 版）。

- Python 版本

```
action.release(on_element=None)
```

- Java 版本

```
Actions action = new Actions(webdriver);
action.release(on_element=None)
```

③ 向焦点元素位置输入值。

焦点元素就是，我们使用 Tab 键移动光标时，那些被选中的元素。向焦点元素位置输入值的演示代码如下（Python 版和 Java 版）。

- Python 版本

```
action.send_keys(*keys_to_send)
```

- Java 版本

```
Actions action = new Actions(webDriver);
Action.sendKeys(*keys_to_send)
```

④ 向指定的元素输入数据，演示代码如下（Python 版和 Java 版）。

- Python 版本

```
action.send_keys_to_element(element, *keys_to_send)
```

- Java 版本

```
Actions action = new Actions(webDriver);
action.sendKeys(element, keys_to_send);
```

3.7　网页 frame 与多窗口处理

测试人员进行测试时，要定位 Web 内的一个元素时，若定位不到这个元素，测试人员就要考虑是不是浏览器内嵌了一个 frame 窗口，或者要找的元素在新打开的窗口里。为了解决这个问题，测试人员就需要进行 frame 切换或者窗口切换操作。

frame 类似于在原有主 HTML 的基础上又嵌套一个从 HTML，而且嵌套的从 HTML 是独立的，和主 HTML 互不影响。

执行 Web 测试打开一个页面时，光标的定位是在主页面中，如果主页面是由多个

frame 组成的，那么光标无法直接定位到具体的元素，需要切换到自己所需要的 frame 中，才可以获取到想要的元素。

1. iframe 解析（见图 3-17）

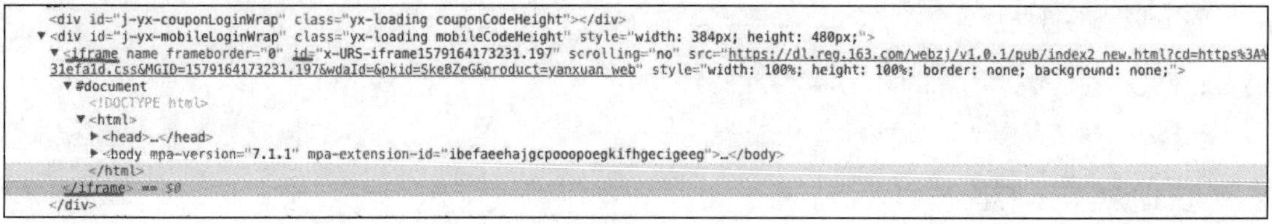

图 3-17

从图 3-17 中可以看到 iframe 的标签。

（1）iframe 的多种切换方式

HTML 代码示例：

```
<iframe src="1.html" id="hogwarts_id" name="hogwarts_name"></iframe>
```

那么通过传入 id、name、index 以及 Selenium 的 WebElement 对象来切换 frame，演示代码如下（Python 版和 Java 版）。

● Python 版本

```
# index:传入整型参数，从 0 开始，这里的 0 就是第一个 frame
driver.switch_to.frame(0)

#id: iframe 的 id
driver.switch_to.frame("hogwarts_id")

#name: iframe 的 name
driver.switch_to.frame("hogwarts_name")

#WebElement: 传入'selenium.webelement'对象
driver.switch_to.frame(driver.find_element_by_tag_name("iframe")
```

● Java 版本

```
// index:传入整型参数，从 0 开始，这里的 0 就是第一个 frame
driver.switchTo().frame(0);

// id: iframe 的 id
driver.switchTo().frame("hogwarts_id");
```

```
// name: iframe 的 name
driver.switchTo().frame("hogwarts_name");

// WebElement: 传入'selenium.webelement'对象
driver.switchTo().frame(driver.findElement(By.tagName("iframe")));
```

（2）iframe 切换回默认页面

在切换页面操作之后，如果还想操作原页面，可以使用如下代码实现（Python 版和 Java 版）。

- Python 版本

```
driver.switch_to.default_content()
```

- Java 版本

```
driver.switchTo().defaultContent();
```

（3）iframe 多层切换

图 3-18 所示为多层嵌套的 iframe。从最外部 iframe 切换到 iframe2 则需要层层切换，实现代码如下（Python 版和 Java 版）。

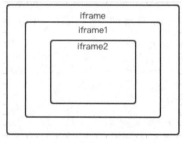

图 3-18

- Python 版本

```
driver.switch_to.frame("iframe1")
driver.switch_to.frame("iframe2")
```

- Java 版本

```
driver.switchTo().frame("iframe1");
driver.switchTo().frame("iframe2");
```

从 iframe2 切换回 iframe1 可以使用父子切换方式，实现代码如下（Python 版和 Java 版）。

- Python 版本

```
# 从 iframe2 切换到上一级 iframe1
driver.switch_to.parent_frame()

# 从 iframe1 切换到上一级 iframe，如果 iframe 已经是最上级，则不再切换
driver.switch_to.parent_frame()
```

- Java 版本

```
// 从 iframe2 切换到上一级 iframe1
driver.switchTo().parentFrame();
// 从 iframe1 切换到上一级 iframe，如果 iframe 已经是最上级，则不再切换
driver.switchTo().parentFrame();
```

parent_frame()或 parentFrame()是 Selenium 提供的用于从子 frame 切换到父 frame 的方法，用于处理嵌套的 frame 框架。

（4）多窗口处理

元素有属性，浏览器的窗口也有属性，浏览器窗口的属性用句柄（handle）来识别。

当用浏览器打开一个窗口时，就需要用句柄来操作这个浏览器打开的窗口。

（5）句柄的获取

当屏幕上有多个浏览器的窗口出现时，可以用 window_handles 打印句柄，实现的代码如下所示（Python 版和 Java 版）。

- Python 版本

```
driver = webdriver.Chrome()
handles = driver.window_handles
print(handles)
```

- Java 版本

```
driver = new ChromeDriver();
Set<String> handles = driver.getWindowHandles();
System.out.println(handles);
```

用 window_handles 打印的句柄如下。

```
['CDwindow-8012E9EF4DC788A58DC1588E7B8A7C44',
'CDwindow-11D52927C71E7C2B9984F2D1E2856049']
```

通过打印的句柄可以看出，它是一个列表。

（6）句柄的切换

实现句柄的切换操作如下。

1）Python 语言通过 switch_to.window()来实现句柄的切换。

2）Java 语言通过 switchTo().window()来实现句柄的切换。

- Python 版本

```
def window(self, window_name):
    """
    Switches focus to the specified window.

    :Args:
     - window_name: The name or window handle of the window to switch to.

    :Usage:
        driver.switch_to.window('main')
    """
```

从上面的源代码中可以看出，switch_to.window()需要一个 window_name 参数，这个 Window_name 参数的内容可以是"名字"也可以是"窗口句柄"。

```
from selenium import webdriver

driver = webdriver Chrome()
handles = driver.window_handles
print(handles)
driver.switch_to.window(handles[-1])
```

这里唯一要注意的是 handles 是一个列表，这里的-1 表示倒数第一个浏览器窗口。

- Java 版本

```
...
Set<String> windowHandles = driver.getWindowHandles();
Iterator<String> it = windowHandles iterator();    //迭代所有的窗口句柄
While(it.hasNext()) {    //用 it.hasNext()判断是否有下一个窗口,如果有就切换到下一个窗口
    driver.switchTo().window(it.next());                //切换到新窗口
}
...
}
```

使用 Java 语言切换句柄需要使用迭代器，如果页面中有一个句柄，则切换到此句柄，否则不切换。上面代码表示切换到最后一个句柄。

2. 实战演示

在百度上搜索"霍格沃兹测试学院",在搜索出的页面中点击"霍格沃兹测试学院_腾讯课堂"链接,在出现的腾讯课堂页面中点击"软件测试/Java 中高级测试开发「名企定向培养」班"链接,如图 3-19 所示。

图 3-19

要实现上述的测试操作,演示代码如下(Python 版和 Java 版)。

● Python 演示代码

```python
from selenium import webdriver

class TestHogwarts:
    def setup_method(self, method):
        self.driver = webdriver.Chrome()
        self.driver.implicitly_wait(3)

    def teardown_method(self, method):
        self.driver.quit()

    def test_hogwarts(self):
        self.driver.get('https://www.baidu.com')
        #在输入框中输入霍格沃兹测试学院
        self.driver.find_element_by_id('kw').send_keys('霍格沃兹测试学院')
        #点击搜索按钮
        self.driver.find_element_by_css_selector('.s_btn').click()
        #使用 link_text 执行点击操作
        self.driver.find_element_by_link_text('关于我们 - 霍格沃兹测试学院').click()
```

```
#将获取到的 window_handles 赋给一个变量 handles
handles = self.driver.window_handles
#切换句柄
self.driver.switch_to.window(handles[1])
assert len(self.driver.find_elements_by_css_selector('.ag-title-main'))
==1
```

- Java 演示代码

```java
import org.junit.jupiter.api.AfterAll;
import org.junit.jupiter.api.BeforeAll;
import org.junit.jupiter.api.Test;
import org.openqa.selenium.By;
import org.openqa.selenium.chrome.ChromeDriver;
import java.util.Iterator;
import java.util.Set;
import java.util.concurrent.TimeUnit;
import static org.junit.jupiter.api.Assertions.assertEquals;

public class Web1Test {
    private static ChromeDriver driver;
    @BeforeAll
    public static void setup() {
        System.setProperty(
                "webdriver.chrome.driver",
                "/driver/chrome95/chromedriver"
        );
        driver = new ChromeDriver();
        driver.manage().timeouts().implicitlyWait(10, TimeUnit.SECONDS);
    }
    @AfterAll
    public static void tearDown() {
        driver.quit();
    }
    @Test
    public void hogwartsTest(){
        driver.get("https://www.baidu.com");
        // 在输入框中输入霍格沃兹测试学院
        driver.findElement(By.id("kw")).sendKeys("霍格沃兹测试学院");
        // 点击搜索按钮
        driver.findElement(By.cssSelector(".s_btn")).click();
        // 使用 link Text 执行点击操作
        driver.findElement(By.linkText("关于我们 - 霍格沃兹测试学院")).click();
```

141

```
        Set<String> windowHandles = driver.getWindowHandles();
        // 切换句柄
        //迭代 windowHandles 里面的句柄
        Iterator<String> it = windowHandles.iterator();
        //用 it.hasNext()判断是否有下一个窗口,如果有就切换到下一个窗口
        while(it.hasNext()) {
            //切换到新窗口
            driver.switchTo().window(it.next());
        }
        int size = driver.findElements(By.cssSelector(".ag-title-main")).size();
        assertEquals(1,size);
    }
}
```

编程实现上述操作时需要注意的是,把被测浏览器对应版本的 ChromeDriver 放置到某个路径下,同时把这个路径配置到环境变量或者脚本代码中。

3.8 Selenium 对多浏览器处理

在执行自动化测试过程中,我们往往会针对不同的浏览器做兼容性测试,可以通过对测试用例代码的改造,实现对不同浏览器的自动化兼容性测试。

注:实现对不同浏览器的自动化兼容性测试,需要先将各个浏览器的驱动在 PC 端配置好,具体的配置方式可参考 Selenium 的官方文档。

实战演示

实现用 Selenium 对多浏览器处理的操作,演示代码如下(Python 版和 Java 版)。

● Python 演示代码

```python
#导入依赖
import os
from selenium import webdriver


def test_browser():
    #使用 os 模块的 getenv 方法来获取声明环境变量 browser
    browser = os.getenv("browser").lower()
    #判断 browser 的值
    if browser == "headless":
        driver = webdriver.PhantomJS()
```

```python
elif browser == "firefox":
    driver = webdriver.Firefox()
else:
    driver = webdriver.Chrome()
driver.get("https://ceshiren.com/")
```

- Java 演示代码

```java
//导入依赖
import org.junit.jupiter.api.BeforeAll;
import org.openqa.selenium.WebDriver;
import org.openqa.selenium.chrome.ChromeDriver;
import org.openqa.selenium.firefox.FirefoxDriver;
import org.openqa.selenium.safari.SafariDriver;

public class EnvTest {
    public static WebDriver driver;
    @BeforeAll
    public static void initData() {
        //获取声明环境变量 browser
        String browserName = System.getenv("browser");
        //判断 browser 的值
        if ("chrome".equals(browserName)) {
            driver = new ChromeDriver();
        } else if ("firefox".equals browserName)) {
            driver = new FirefoxDriver();
        } else if ("safari".equals(browserName)) {
            driver = new SafariDriver();
        }
        driver.get("https://ceshiren.com/");
    }
}
```

我们启动 Selenium 的时候需要设置 browser 使用的浏览器驱动，这样才能实现
Selenium 对多浏览器的处理。设置 browser 使用的浏览器驱动代码如下（Python 版和
Java 版）。

- Python 版本

```
browser=firefox pytest test_hogwarts.py
```

- Java 版本

```
browser="chrome" mvn -Dtest=AlertTest test
```

在 Windows 系统下设置 browser，要使用 Windows 系统下的 set 来给 browser 赋值。演示代码如下（Python 版和 Java 版）。

- Python 版本

```
>set browser=firefox
>pytest test_hogwarts.py
```

- Java 版本

```
>browser="chrome"
>mvn -Dtest=AlertTest test
```

运行效果如图 3-20 所示。

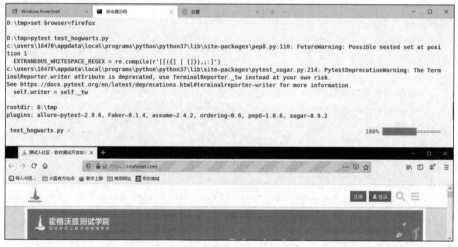

图 3-20

3.9　执行 JavaScript 脚本

1. JavaScript 简介

JavaScript 是一种脚本语言，简称 JS。有的测试场景需要使用 JS 脚本辅助我们完成 Selenium 无法做到的测试工作。

例如，当 webdriver 遇到无法完成的测试操作时，可以使用 JavaScript 来辅助完成，webdriver 提供了 execute_script() 方法来调用 JS 代码。

execute_script() 方法可以在当前窗口/框架中执行 JavaScript 脚本。

2. 执行 JavaScript 脚本

Selenium 可以通过 execute_script()方法来执行 JavaScript 脚本，document 中元素结构如图 3-21 所示。

图 3-21

```
# 获取测试人社区 Logo
driver.execute_script("document.querySelector('#site-logo')")
```

3. 用 JS 脚本返回结果

代码中使用 JS 的 return 方法将页面元素的属性值返回。

用 JS 脚本返回结果的演示程序如下（Python 版和 Java 版）。

- Python 版本

```
# 获取网页性能的响应时间，JS 脚本中使用 return 方法返回获取的结果
js = "return JSON.stringify(performance.timing);"
driver.execute_script(js)
```

- Java 版本

```
// 获取网页性能的响应时间，JS 脚本中使用 return 方法返回获取的结果
String js = "return JSON.stringify(performance.timing);"
JavascriptExecutor j = (JavascriptExecutor) driver;
j.executeScript(js);
```

4. arguments 传参

执行 JavaScript 代码时，可以通过传参的方式向'executeScript()'方法中传入要执行的动作信息。例如，某个网页元素在实际的操作过程中被其他的元素遮挡，就可以使用 JavaScript 代码模拟点击的方式操作被遮挡的该元素，Python 版和 Java 版演示代码如下。

● Python 版本

```
element = driver.find_element(by, locator)
#arguments[0]代表所传的 element 的第一个参数
#click()代表 JS 中的点击动作
driver.execute_script("arguments[0].click();",element)
```

● Java 版本

```
WebElement element = driver.findElement(By);
// arguments[0]代表所传的 element 的第一个参数
// click()代表 JS 中的点击动作
JavascriptExecutor j = (JavascriptExecutor) driver;
j.executeScript("arguments[0].click();", element);
```

5. 实战演示

以测试企业微信为例，使用 JS 脚本实现点击"添加图片"按钮的操作，如图 3-22 所示。

图 3-22

实战演示的代码如下（Python 版和 Java 版）。

● Python 演示代码

```
#导入依赖
from selenium import webdriver
from selenium.webdriver.common.by import By
class TestWework:
    def setup(self):
        self.driver = webdriver.Chrome()
        #隐式等待
        self.driver.implicitly_wait(10)

    def test_upload(self):
        #元素定位
```

```python
        element_add = self.driver.find_element\
            (By.CSS_SELECTOR, ".js_upload_file_selector")
        #执行 JS 代码
        self.driver.execute_script\
            ("arguments[0].click();", element_add)
        self.driver.find_element_by_id('js_upload_input').\
            send_keys('D:\project\demo1\demo.png')
        assert len(self.driver.find_elements(By.CSS_SELECTOR, \
            '.material_pic_list_item')) == 1


def teardown(self):
    self.driver.quit()
```

- **Java 演示代码**

```java
import org.junit.jupiter.api.AfterAll;
import org.junit.jupiter.api.BeforeAll;
import org.junit.jupiter.api.Test;
import org.openqa.selenium.By;
import org.openqa.selenium.JavascriptExecutor;
import org.openqa.selenium.WebElement;
import org.openqa.selenium.chrome.ChromeDriver;

import java.util.concurrent.TimeUnit;

import static org.junit.jupiter.api.Assertions.assertEquals;

public class Web2Test {
    private static ChromeDriver driver;

    @BeforeAll
    public static void setUp() {
        System.setProperty(
                "webdriver.chrome.driver",
                "/driver/chrome95/chromedriver"
        );
        driver = new ChromeDriver();
        driver.manage().timeouts().implicitlyWait(10, TimeUnit.SECONDS);
    }

    @AfterAll
    public static void tearDown() {
        driver quit();
    }
```

```
@Test
public void uploadTest() {
    // 元素定位
    WebElement element_add = driver.findElement(\
        By.cssSelector(".js_upload_file_selector"));
    // 执行 JS 代码
    JavascriptExecutor j = (JavascriptExecutor) driver;
    j.executeScript("arguments[0].click();" element_add);
    driver.findElement(By.id("js_upload_input"))\
        .sendKeys("D:\\project\\demo1\\demo.png");
    int num = driver.findElements(By.cssSelector\
        (".material_pic_list_item")).size();
    assertEquals(num, 1);
    }
}
```

3.10　文件上传与弹窗处理

在有些测试场景中，我们需要上传文件以帮助完成测试，或解决 Selenium 自带的方法无法定位到弹出的文件框以及网页弹出的提醒框问题。这些都需要我们用特殊的方式来处理。

1. 文件上传

图 3-23 所示的是企业微信上传文件的操作，此操作使用自动化方式上传文件，实现的步骤是：首先定位到"上传图片"按钮元素，该元素为 input 标签，type 为 file，然后将文件路径作为值传入到 send_keys()方法的参数中。

图 3-23

上传文件演示代码如下（Python 版和 Java 版）。

- Python 演示代码

```
driver.find_element(By.CSS_SELECTOR, "#js_upload_input")\
    .send_keys("./hogwarts.png")
```

- Java 演示代码

```
driver.findElement(By.cssSelector("#js_upload_input"))\
    .sendKeys("./hogwarts.png");
```

2. 弹窗处理

在页面测试操作中，测试人员有时在被测对象中会遇到 JavaScript 所生成的 Alert、Confirm 及 Prompt 弹窗，我们可以使用 JavaScript 的 switch_to.alert()方法定位到这些弹窗。然后使用 text、accept、dismiss、send_keys 等方法对弹窗进行操作。

1）switch_to.alert()：获取当前页面上的警告框。

2）text：返回 Alert、Confirm、Prompt 弹窗中的文字信息。

3）accept()：接受现有警告框，即点击"确定"按钮操作。

4）dismiss()：解散现有警告框，即点击"取消"按钮操作。

5）send_keys(keysToSend)：发送文本至警告框。

（1）Alert 弹窗

在窗口中输入一段文本后，点击"提交"按钮，会弹出确认内容的弹窗。对于这种场景可以使用下面的方式处理，演示代码如下（Python 版和 Java 版）。

- Python 演示代码

```
"""Alert 弹窗获取文本与确认操作"""
driver.get("http://sahitest.com/demo/alertTest.htm")
driver.find_element_by_name("b1").click()
# 添加显式等待，等待弹框出现
WebDriverWait(driver, 5, 0.5).until(EC.alert_is_present())
# 切换到弹框
alert = driver.switch_to.alert
# 打印弹框的文本
print(alert.text)
#点击"确定"按钮
alert.accept()
# 点击"取消"按钮或者关闭弹框
# alert.dismiss()
```

- Java 演示代码

```
@Test
public void alertTest ){
    // Alert 弹窗获取文本与确认操作
    driver.get("http://sahitest.com/demo/alertTest.htm");
    driver.findElement(By.name("b1")).click();
    // 添加显式等待，等待弹框出现
    WebDriverWait wait = new WebDriverWait(driver, 5);
    Wait.until(ExpectedConditions.alertIsPresent());
    // 切换到弹窗
    Alert alert = driver.switchTo().alert();
    System.out.println(alert.getText());
    //点击 "确定" 按钮
    alert.accept();
    //点击 "取消" 按钮或者关闭弹框
    // alert.dismiss();
}
```

（2）Confirm 弹窗

定位 Confirm 弹窗的演示代码如下（Python 版和 Java 版）。

- Python 演示代码

```
"""对 Prompt 弹窗进行的获取文本、输入内容、确认操作"""
driver.get("http://sahitest.com/demo/promptTest.htm")
driver.find_element_by_name("b1").click()
#添加显式等待，等待弹窗出现
WebDriverWait(driver, 5).until(EC.alert_is_present())
#切换到弹窗
alert = driver.switch_to.alert
#向弹窗内输入一段文本
alert.send_keys('Selenium Alert 弹出窗口输入信息')
#点击 "确定" 按钮
alert.accept()
```

- Java 演示代码

```
@Test
public void alert1Test() {
    // 对 Prompt 弹窗进行的获取文本、输入内容、确认操作
    driver.get("http://sahitest.com/demo/promptTest.htm");
    driver.findElement(By.name("b1")).click();
    // 添加显式等待，等待弹窗出现
```

```
        WebDriverWait wait = new WebDriverWait(driver, 10);
        Wait.until(ExpectedConditions.alertIsPresent());
        // 切换到弹窗
        Alert alert = driver.switchTo().alert();
        // 向弹窗输入一段文本
        alert.sendKeys("Selenium Alert 弹出窗口输入信息");
        // 点击"确定"按钮
        alert.accept();
}
```

（3）Prompt 弹窗

定位 Prompt 弹窗的演示代码如下（Python 版和 Java 版）。

- **Python 演示代码**

```python
"""对 Confirm 弹窗进行的获取文本、确认、取消操作"""
driver.get("http://sahitest.com/demo/confirmTest.htm")
driver.find_element_by_name("b1").click()
# 等待弹出窗口出现
WebDriverWait(driver, 5).until(EC.alert_is_present())
#切换到弹窗
alert = driver.switch_to.alert
#点击"确定"按钮
alert.accept()
#点击"取消"按钮
alert.dismiss()
```

- **Java 演示代码**

```java
@Test
public void confirmTest() {
    // Confirm 对弹窗进行的获取文本、确认、取消操作
    driver.get("http://sahitest.com/demo/confirmTest.htm");
    driver.findElement(By.name("b1")).click();
    // 添加显式等待，等待弹窗的出现
    WebDriverWait wait = new WebDriverWait(driver, 5);
    wait.until(ExpectedConditions.alertIsPresent());
    // 切换到弹窗
    Alert alert = driver.switchTo().alert();
    // 点击"确定"按钮
    alert.accept();
    // 点击"取消"按钮
    alert.dismiss();
}
```

3.11　PageObject 设计模式

测试人员为 UI 页面写测试用例时（如 Web 页面和移动端页面），测试用例中会存在大量元素和操作细节。当 UI 页面的功能发生变化时，测试用例也要跟着变化，我们用 PageObject 可以很好地解决这个问题。

使用 UI 自动化测试工具时（包括 Selenium、Appium 等），如果无统一模式对测试用例进行规范，随着测试用例的增多会变得难以维护，通过使用 PageObject 可以让自动化测试脚本变得井然有序，将页面单独维护并封装其内容的细节。同时可以使用 testcase 更稳健，不需要太多改动。

使用 PageObject

具体用法：把要测试的元素信息和操作细节封装到 Page 类中，测试用例中调用 Page 对象（PageObject），例如，测试用例中存在一个"选取相册标题"的操作，这时在测试用例中需要为之建立函数 selectAblumWithTitle()，函数内部实现的细节为 findElementsWithClass ('album')等，如图 3-24 所示。

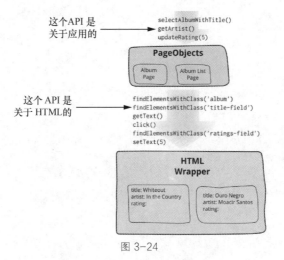

图 3-24

测试用例中实现"选取相册标题"操作的伪代码如下。

```
selectAblumWithTitle() {
    #选取相册
    findElementsWithClass('album')
    #选取相册标题
```

```
findElementsWithClass('title-field')
#返回标题内容
return getText()


}
```

PageObject 的主要原理是,提供一个简单接口(或者函数,如上述的 selectAblumWithTitle),此函数可让调用者在 Web 页面上做任何操作,例如,点击页面元素、在输入框内输入内容等。因此,如果要访问 Web 页面中一个文本字段,测试用例可以用 PageObject 获取和返回字符串的方法,PageObject 封装了对数据的操作细节,如查找元素和点击元素等。当 Web 页面元素改动时,测试人员只改变测试用例中 page 类中的内容,不需要改变调用它的测试用例的其他地方。

不要为每个 UI 页面都创建一个 page 类,应该只为页面中重要的元素创建 page 类。例如,一个页面显示多个相册,应该创建一个相册列表 PageObject。如果某些复杂 UI 的层次结构只是用来组织 UI,那么这些层次结构就不应该出现在 PageObject 中。使用 PageObject 的目的是通过给页面建模,使测试用例的执行步骤变得更加清晰,如图 3-25 所示。

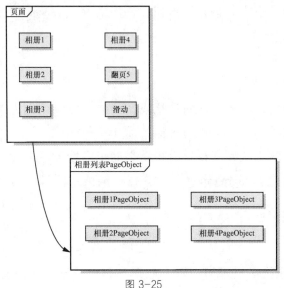

图 3-25

测试 Web 页面时往往需要从一个页面跳转到另一个页面,页面跳转的实现需要在测试用例中初始化 page 对象,并返回另一个 page 对象,这样的效果就如点击"注册"按钮后,进入注册页面。测试用例中使用的代码中用的是 return Register()方法。

建议不要在 PageObject 中放断言。PageObject 用于提供页面的状态信息及页面方法，而不是用来验证某个页面功能的。

3.12　实战演练

下面结合上面所讲知识点，完成对 Web 产品的自动化测试用例脚本的编写。

1. 论坛发帖测试

（1）被测产品介绍

技术社区平台主要服务于技术人员，技术人员作为普通用户可以在技术社区中参与帖子的讨论，也可以发帖提出问题。技术社区具有分类、搜索、发帖、回帖等功能。

此 Web 系统的发帖功能的需求文档表述如下。

1）入口：点击导航栏右侧的"+新建话题"按钮，页面底部弹出创建新话题控件窗口。

2）标题输入框：输入标题内容。

3）类别下拉列表：选择下拉列表中的节点之后，输入帖子内容。

4）内容输入框：输入帖子内容。

5）创建话题按钮：点击"创建"按钮，创建话题到对应的社区节点。

（2）被测产品网地址如下

https://ceshiren.com

（3）本论坛测试内容如下

1）理解需求文档后，需要完成对论坛发帖功能的测试用例脚本的编写。

2）通过自动化测试的方式实现对被测产品功能的测试。

3）通过添加断言的方式判断论坛运行结果的正确性。

4）通过数据参数化、PageObject 等方式提高测试用例脚本的可维护性。

2. 后台管理系统测试

（1）被测产品介绍

某后台管理系统主要的功能有，商品管理、订单管理和用户管理。这个系统是商店管理人员使用的应用，管理人员可以通过该系统对商品进行添加、修改和删除，帮助用户下单，查看订单，也可以对用户数据进行查看、管理，帮助用户修改个人信息。

下面介绍对此系统下单功能的测试，产品的测试流程如下。

　　1）进入商品列表页面，选定商品，点击"下单"按钮，选择"确定"按钮。如果系统显示的商品存货充足，则下单成功。

　　2）下单成功后，进入订单记录页面，系统会产生一条订单记录，用户通过订单记录可以看到详细的订单信息。

　　（2）被测产品网址如下

https://management.hogwarts.ceshiren.com

　　（3）本系统测试内容如下

　　1）理解需求文档后，完成对此系统的下单功能的测试用例脚本的编写。

　　2）通过自动化测试的方式实现对被测产品功能的测试。

　　3）通过添加断言的方式判断系统运行结果的正确性。

　　4）通过数据参数化、PageObject 等方式提高脚本的可维护性。

第4章　App 测试方法与技术

4.1 常用模拟器使用

4.1.1 模拟器简介

测试人员测试 Android App 时，Android 模拟器是经常被用到的工具。模拟器可以轻松地模拟不同的设备、分辨率和 Android 系统。测试人员使用模拟器可以容易地对被测对象做兼容测试。

下面介绍目前常用的 Android 模拟器。

4.1.2 Emulator

Emualor 是 Android Studio 自带的模拟器，它的功能齐全，可以模拟移动设备的电话本、通话等功能。用户可以使用模拟器模拟键盘输入、鼠标点击、拖动页面控件等操作。

当然模拟器毕竟是模拟器，和真实的移动设备还是存在差别的，Emualor 模拟器和真实的设备不同之处如下：

- 不支持呼叫和接听实际来电；
- 不支持 USB 连接；
- 不支持相机/视频捕捉；
- 不支持音频输入（捕捉）；
- 不支持扩展耳机；
- 不能确定连接状态；
- 不能确定电池电量和充电状态；
- 不能支持 SD 卡的插入/弹出；
- 不支持蓝牙。

4.1.3 使用 Emulator

使用 Emulator 的步骤如下。

（1）通过 Android Virtual Device Manager（AVD Manager）使用模拟器（见图 4-1）。

（2）启动 Android Studio。

（3）我们在启动的界面中点击"Configure"按钮后选择"AVD Manager"项。

（4）点击"Creat Virtual Device"按钮。

（5）在界面中对应的文本框中选择设备尺寸。

（6）在界面中对应的文本框中选择手机系统。

（7）切换到 X86 列表，建议选择带有 Google Apis 的镜像。

（8）点击镜像后方的"Download"按钮下载镜像。

（9）设置模拟器页面：在"AVD Name"中设置模拟器的名字，点击"Show Advanced Settings"项展开高级选项，用以配置 SD 卡的存储大小。

（10）至此模拟器创建成功。

（11）点击 AVD Manager 界面上的绿色三角"▷"按钮启动模拟器。

图 4-1

Emulator 命令行工具（应先切换到 Emulator 所在路径）。

```
cd /Users/mac/Library/Android/sdk/emulator/
```

- emulator -help：查看帮助。
- emulator -list-avds：查看模拟器列表。
- emulator @avd_name：启动模拟器。

用上述的命令行也可以使用模拟器，但是命令行使用起来比较复杂。推荐大家通过 Android Studio 使用模拟器，这样起动的模拟器有 UI 界面，使用起来比较方便。

Emulator 虽然功能很强大，但是非常耗费计算机的 CPU 资源。如果计算机的配置不高，它运行可能会非常慢。这种情况下，还有其他的模拟器可供选择。下面再介绍几款其他的模拟器。

4.1.4　MuMu 模拟器

MuMu 模拟器是网易官方推出的 Android 模拟器，它安装很方便，对 adb 和抓包支持得也很好，而且运行相对比较快。

用户可以直接到网易官网下载 MuMu 安装包。

使用 MuMu 模拟器做自动化测试过程中，常会存在横屏的问题，解决这个问题可以参考一个论坛帖子：

https://ceshiren.com/t/topic/931。

需要注意的是，使用 MuMu 模拟器不能自定义要模拟的其他系统版本，所以使用中限制比较大。

4.1.5　Genymotion

最后再介绍一款模拟器，使用它可以定制不同的要模拟的设备的系统版本和不同的设备的分辨率，运行速度也比 Emulator 快，它就是 Genymotion。

这一款模拟器安装起来麻烦一些，用户只需简单了解一下有这样一款工具就可以，不推荐使用。

4.2　App 结构概述

4.2.1　App 结构简介

App 的结构包含了 APK 结构和 App 页面结构两个部分。

4.2.2　APK 结构

APK 是 Android Package 的缩写，它是 Android 的安装包。通过将 APK 文件直接传

到 Android 模拟器或 Android 手机中即完成了安装。

　　APK 文件是 zip 格式，但后缀是 apk。通过 Android Studio 可以看到 APK 内部的文件。下面用雪球 APK 来举例，APK 内部结构如图 4-2 所示。

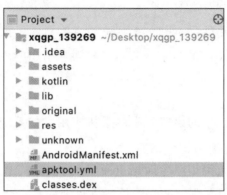

图 4-2

1. lib 目录

lib 目录存放的是一些 so 文件。so 文件是二进制文件，用来兼容各种设备的 CPU。

　　程序员打包发布 Android 应用时，会选择 Android 应用适配的 CPU 架构，Android 应用引用第三方库时也遇到根据不同 CPU 架构引入相应的 so 包的情况。Android 系统主要包括的 CPU 架构有：armeabi、armeabi-v7a、arm64- v8a、x86、x86_64、mips，大多数情况下，程序员只需要选择 armeabi 与 x86 的 CPU 架构即可。

　　不同的CPU架构决定了App可以运行在哪些设备上。手机设备用的CPU一般是Arm架构，而模拟器模拟的是 x86 架构的 CPU。如果 App 只支持 Arm 架构的话，那么只能把这个 App 安装在真机上进行测试，模拟器上不能运行这种 App。

2. res 目录

res 是工程资源目录，存放的是各种资源文件，包括 App 的界面布局、图片、字符串等。

3. assets 目录

assets 目录用来存放配置文件。

4. classes.dex 文件

DEX 编译 Java 的 Class 文件，生成 classes.dex 文件。

5. AndroidManifest.xml 文件

AndroidManifest.xml 文件是 Android 系统的清单文件，每个 Android App 内都包含的文件。这个文件包含了 App 的名字、版本、权限、引用的库文件等信息。

4.2.3　App 分类

（1）原生应用：使用原生的语言开发的手机应用，如系统自带的计算器、闹钟就是原生应用。

（2）混合应用：混合应用是原生应用里面嵌入了 HTML5 页面的应用，现在手机中大部分的应用都是混合应用，典型的有微信、支付宝等。

（3）网页应用：完全使用 HTML5 页面加 JavaScript 开发的手机应用，如在浏览器中打开的美团应用，这个页面应用程序就是网页应用。

4.2.4　原生应用页面介绍

原生应用的一个页面上有图 4-3 所示的类型对象。

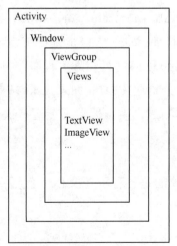

图 4-3

- Activity

Activity 是 Android 的四大组件之一，用于展示一个与用户交互的界面。Activity 既是存放 View 对象的容器，也是界面的载体。

- Window

Window 是 Android 中的窗口，表示顶级窗口，也就是主窗口。它提供标准的用户界面策略，如背景、标题、区域、默认按键处理等。

- Views

Views 就是一个个视图的对象。视图是用户接口组件的基本构建块，它在屏幕中占用一个矩形区域，它是所有 UI 控件的基类，如一个按钮或文本框。Views 负责图形界面渲染及事件处理。

- ViewGroup

ViewGroup 是 Android 中的视图组，它包含多个 Views，也可以包含 ViewGroup。

4.2.5 查看界面元素

基于 Android 系统开发的 App，要查看 App 界面的元素需要用到定位工具，常用的定位工具有 UI Automator Viewer，这是 Android SDK 自带的工具，使用起来非常简单。我们用它可以获取到整个 App 界面的布局，通过它就可以很容易地查看 App 界面当中的元素和元素的属性，如图 4-4 所示。

图 4-4

图 4-4 左侧显示的就是用这个工具同步过来的 App 界面，我们可以在 App 界面上直接选择元素；图 4-4 右侧展示的 App 界面布局和对应元素的属性。

4.2.6 布局

测试人员了解 App 的界面布局后，做自动化测试的时候更容易定位 App 上的元素。

这里的布局就是指 App 界面元素排布的方式。App 界面上的布局方式主要有以下形式。

- 线性布局（LinearLayout）：所有子视图（元素）在单个方向（垂直或水平）保持对齐。
- 相对布局（RelativeLayout）：每个视图的位置可以被指定为相对于同级元素的位置（例如，在一个视图的左侧或下方）或相对于父级区域的位置（例如，在底部、左侧或中心对齐）。
- 帧布局（FrameLayout）：就是直接在屏幕上开辟出一块空白的区域，当在这块区域里添加控件时，会默认放在这块区域的左上角；当在这块区域指定的地方添加控件时，只需要为控件指定坐标即可。
- 绝对布局（AbsoluteLayout）：指定子视图的确切位置。
- 表格布局（TableLayout）：通过表格的方式来实现视图布局，这时整个页面就相当于一张大的表格，视图就被放在每个单元格中。

4.2.7　元素常见属性

- index：元素的索引。
- text：显示的文本。
- resource-id：元素 id。
- class：类名。
- package：包名。
- content-desc：描述 App 的文案。
- checkable：是否可选择。
- checked：是否已选择。
- clickable：是否可点击。
- enabled：是否可用。
- focusable：是否可聚焦。
- focused：是否已聚焦。
- scrollable：是否可滚动。
- long-clickable：是否支持长按。
- password：是否为密码输入框。
- selected：是否已选择。
- bounds：元素位置坐标。

在这些属性当中，测试人员需要关注的几个属性有 text、resource-id、class 和 content-desc，其余的暂时不用太关注。这几个属性在后面讲解自动化测试的时候，我们讲解定位元素的时候会介绍到。

4.3 adb 常用命令

4.3.1 adb 简介

adb 全称为 Android Debug Bridge（Android 调试桥），是 Android SDK 中提供的用于管理 Android 模拟器或真机的工具。

adb 是一种功能强大的命令行工具，可让 PC 端与 Android 设备进行通信。用 adb 命令可执行各种操作，如安装和调试 App。

4.3.2 adb 组成

adb 采用了客户端-服务器（C/S）模型，包括 3 个部分，如图 4-5 所示。

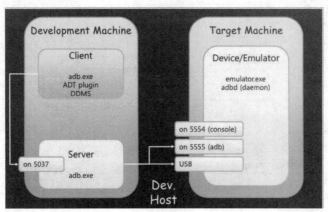

图 4-5

- adb 的 Client：当 adb 运行在计算机上时，我们可以在命令行中通过 adb 命令来调用 adb 的客户端（Client）。Client 本质上就是 Shell，它可以发送命令给 Server。Client 发送命令时，首先会检测 PC 上有没有启动 Server，如果没有启动 Server，则会自动启动一个 Server，然后将命令发送到 Server。

- adb 的 Server：运行在计算机后台的进程，用于管理客户端与运行在模拟器或真机上的守护进程通信。

- adb 的 daemon：守护进程作为一个后台进程在 Android 设备或模拟器系统中运行，它的作用是连接 adb 服务端，并且为运行在主机上的 adb 客户端提供一些服务。

4.3.3　adb 工作原理

当 adb 客户端启动时，客户端会先检查 adb 服务端是否启动。如果没有，会先启动服务端进程。adb 服务端启动后，会与计算机上的 5037 端口绑定，并监听 adb 客户端发出的命令。

然后服务端会与所有正在运行的 Android 设备建立连接。服务端通过扫描计算机上的 5555 到 5585 之间的奇数号端口查找 Android 设备。服务端一旦发现 Android 设备上的 adb 守护进程在运行，便会与相应的端口建立连接。每个 Android 设备都使用一对端口，偶数端口用于与控制台连接，奇数端口用于与 adb 连接。

服务端与所有 Android 设备建立连接后，就可以使用 adb 命令来访问 Android 设备了。服务端会管理已经建立的连接，并处理来自 adb 客户端的命令，如图 4-6 所示。

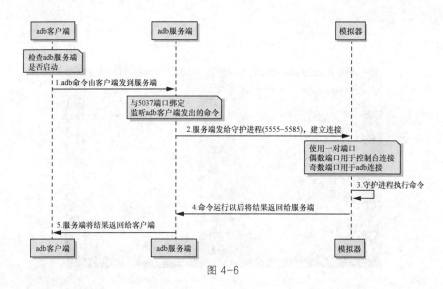

图 4-6

4.3.4　启用 adb 调试

Android 系统的移动设备（如手机）可以通过 USB 连接到 adb，连接时需要在移动设备的系统设置中启用 USB 调试（位于手机的开发者选项下），启动 USB 调试后，设备上的 adb 守护进程就会被启动，adb 服务端才可以和 Android 设备建立连接。

如果希望计算机连接 Android 模拟器或者真机，需要先打开 USB 调试开关。

（1）模拟器，不需要手动设置 USB 调试开关，默认就是打开的状态。

（2）真机设备，需要手动打开 USB 调试开关。

1）首先需要在计算机上安装 Android 手机驱动。

2）然后打开移动设备的设置应用，进入关于页面，然后开启 USB 调试模式。

4.3.5　adb 常用命令

1. adb 命令格式

```
adb [-d|-e|-s <serialNumber>] <command>
```

- -d：指定当前唯一通过 USB 连接的 Android 设备为命令目标。
- -e：指定当前唯一运行的模拟器为命令目标。
- -s：指定相应 serialNumber 号的设备/模拟器为命令目标。

命令格式中方括号中的内容是可选的，尖括号中的内容是必填的。方括号中参数可以指定设备，关于设备的指定有 3 个参数可以使用：-d、-e 和-s。其中使用最多的是-s。程序员在连接多台设备的时候，一般都是使用-s 加上设备的序列号这种方式去指定具体设备。

一台计算机上可以同时连接多台设备，当计算机上连接多台设备时，我们如果想通过 adb 操作某台设备，必须在命令中指定设备的序列号，这样命令才可以在某个特定的设备上被执行。

2. 查询设备

把 Android 设备连接到 adb 服务端后，需要确认设备的连接状态。这时可以使用查询命令进行查询。

3. 连接模拟器（以 MuMu 模拟器为例）

```
adb connect 127 0.0.1:7555
adb devices
```

- adb connect 命令可以通过 WLAN 的方式连接到模拟器，7555 为 MuMu 模拟器使用的计算机上的端口。
- adb devices 可以查询设备连接的状态。

Windows 系统中，连接模拟器需要先执行 connect 命令去连接模拟器，127.0.0.1 是本地的 IP 地址，因为模拟器是安装在本地计算机上的，所以要使用本地的 IP 地址，加上模拟器使用的一个端口号来连接模拟器。MuMu 的端口号是 7555，如果使用的是其他类型的模拟器，需要先了解它用的计算机上端口号是什么，然后再去连接。macOS 系统中连接模拟器不需要先执行 connect 命令，直接执行 adb kill-server && adb devices 命令即可。

4. 连接真机

真机直接用 USB 连接到计算机，不需要执行 connect 命令。

在计算机上直接用 adb devices 命令，可查看已经连接到计算机上的设备列表。

```
hogwarts@ ~ % adb devices
List of devices attached
emulator-5554    device
```

使用命令后，如果设备已经成功连接到计算机上，那么设备列表中就会展示已连接设备的信息。主要信息包括如下。

- emualotr-5554：设备序列号。
- device：设备连接状态为成功。

5. 安装或卸载 App

测试人员在测试 App 过程中，如果需要安装或者卸载 App，可以直接用 adb 命令来操作。

- 普通安装：adb install <apk 路径>。
- 覆盖安装：adb install -r <apk 路径>。
- 完全卸载：adb uninstall <包名>。
- 保留配置文件的卸载：adb uninstall -k <包名>。

4.3.6　设备与计算机传输文件

adb 命令支持计算机和 Android 设备之间的文件互传，例如，要提取 Android 设备中的日志文件到本地计算机，就可以通过 adb 命令的方式来完成。

- 从计算机上传文件至设备：adb push <计算机路径> <设备路径>。
- 从设备上复制文件至计算机：adb pull <设备路径> <计算机路径>。

4.3.7　日志

打印与计算机连接的设备的日志（log）信息命令格式与描述如下。

- 屏幕输出日志：adb logcat。
- 通过标签过滤信息：adb logcat -s 标签。
- 显示时间：adb logcat -v time。
- 输出所有信息：adb logcat -v long。
- 输出日志到文件：adb logcat -v time > log.txt。
- 清除缓存中日志信息：adb logcat -c。

使用 adb shell 命令远程登录 Android 系统，可以进入 Android 设备的系统内部。进入 Android 设备系统内部后，测试人员在系统内部既可以执行一些简单的 Linux 命令，也可以执行很多特有的命令。

使用 adb shell 命令有两种方式。

一种是直接在 adb shell 后面跟上命令。

```
adb [-s serial_number] shell <command>
```

例如：

```
hogwarts@ ~ % adb shell ls
acct
cache
charger
config
d
data
default.prop
dev
etc
...
```

另一种是在 Android 设备上启动交互式 adb shell。

```
adb [-s serial_number] shell
```

例如，进入 Android 设备内部，可以查看设备内部的目录结构和内容，执行的命令如下：

```
hogwarts@ ~ % adb shell
root@x86:/ # ls
acct
cache
```

```
charger
config
d
data
default.prop
dev
...
```

要退出交互式 adb shell，可以按 Ctrl + D 组合键或输入"exit"实现退出操作。

4.3.8　Android 常用测试命令

1. 设备截图/录屏

在测试过程中，测试人员如果需要对测试过程进行截图或者录屏，也可以使用 adb 命令来完成。

- 截图：adb shell screencap <设备路径>。
- 录屏：adb shell screenrecord <设备路径>。

2. 调用 Activity 管理器

在 adb shell 中，我们可以使用 Activity 管理器（am）工具发出命令以执行各种系统操作，如启动 Activity、强行停止进程、修改设备屏幕属性等。

在测试过程中，如果我们需要启动 App 或者强制关闭 App，可以通过 adb 命令来实现。

- 启动应用（App）：adb shell am start -n <包名>/<Activity 名>。
- 强制停止应用（App）：adb shell am force-stop <包名>。

3. 调用软件包管理器

在 adb shell 中，我们可以使用软件包管理器（pm）工具发出命令，以对 Android 设备上安装的 App 包执行一些操作。

如果需要查询 Android 设备里都安装了什么应用（App），我们既可以使用 adb shell pm list 命令来查看，也可以在上述命令中加上不同的参数去查看不同类型的应用，还可以通过 adb 命令来清除应用中相关的数据。具体命令格式如下。

- 显示 Android 设备中安装的所有应用：adb shell pm list packages。
- 只显示系统应用：adb shell pm list packages -s。

- 只显示第三方应用：adb shell pm list packages -3。
- 删除与 App 包关联的所有数据：adb shell pm clear <包名>。

4. adb shell dumpsys

dumpsys 是一种在 Android 设备上运行的工具，它可提供有关系统服务的信息。我们可以在 adb 中使用命令行调用 dumpsys，用以获取连接的设备上运行的所有系统服务的信息。

在测试中，如果我们需要通过 adb 命令启动 App，则需要知道 App 的包名和入口的 Activity 名。这个时候，我们就可以通过下面这条命令获取到这两个信息。

注：这个场景下，需要启动应用程序，让应用程序在前台运行，然后再执行下面的命令。

```
adb shell dumpsys activity | grep mFocusedActivity

 hogwarts@ ~ % adb shell dumpsys activity | grep mFocusedActivity
   mFocusedActivity: ActivityRecord 9dae968 u0
   com.xueqiu.android/.common.MainActivity t139}
```

上面的信息中展示了当前的 App 包名和 Activity 名称。

- 包名：com.xueqiu.android。
- Activity 名：.common.MainActivity。

5. adb uiautomator

adb 命令还支持直接获取 App 的页面信息。页面信息包含了页面中元素的属性，我们做自动化测试时，可以通过这些元素的属性去定位元素。获取到的页面元素布局会输出到一个 xml 文件中。

- 获取当前窗口的 UI 布局简化信息：adb shell uiautomator dump --compressed。

```
hogwarts@ ~ % adb shell uiautomator dump --compressed
UI hierchary dumped to: /sdcard/window_dump.xml
```

不指定输出文件路径时，dump 输出的文件默认存储路径为/sdcard/window_dump.xml。

我们可以通过 adb pull 命令把文件传输到计算机中，然后用 UI Automator Viewer 工具打开文件并查看页面布局。

- 指定输出文件路径：adb shell uiautomator dump file <设备路径>。

4.4 App 常见 Bug 解析

4.4.1　Bug 类型介绍

在对 App 测试过程中，我们可能会遇到很多不同类型的 Bug。知道了可能出现的 Bug 类型，有利于我们在测试过程中更好地预防这些 Bug 的出现。

4.4.2　功能 Bug

1. 内容显示错误

前端页面展示的内容有误，图 4-7 中的−56℃～28℃相差大，数值不合理。

图 4-7

这种错误（Bug）的产生有两种可能：

（1）前端代码的编写错误；

（2）接口返回值错误。

2. 软件功能错误

软件功能错误是测试过程中最常见的 Bug 类型之一，也就是产品的功能没有实现。图 4-8 所示的是公众号登录不成功的问题。

图 4-8

3. 界面展示错乱

App 界面上的元素展示重叠，如图 4-9 所示，这种类型的 Bug 一般是前端代码编写的问题。

4. 界面展示后台信息

App 前端页面展示了不应该出现的后端日志信息（见图 4-10），这类的 Bug 一般是由于后端服务错误造成的。

图 4-9

图 4-10

5. 推送消息错误

App 推送的消息中包含了不正确的内容（见图 4-11），此类 Bug 一般是后端服务造成的。

图 4-11

4.4.3　崩溃

App 运行崩溃是很常见的一类 Bug。比如用户正在使用某个 App，应用突然就停止响应，App 界面上弹出"强制关闭错误"的窗口，让用户强制关闭应用。而 iOS 中的 App 则会出现闪退的现象。

设备的多样性造成了更加容易出现 App 崩溃的现象。通常，如果 App 运行过程中网络出现异常（如突然断网或网络不稳定等），这时 App 很容易崩溃。App 崩溃的原因有很多，有可能是 App 的代码中存在多余空格，开发人员对存在多余空格的该段代码的处理欠佳，未做异常处理等。

这些异常不仅影响 App 的使用，也可能会导致系统故障，如操作系统崩溃、整个 App 无法再继续使用。

这一类的问题会导致客户对 App 的体验非常差，严重影响 App 的口碑。所以降低崩溃率是 App 测试中非常重要的一项指标。

4.4.4　App 性能 Bug

App 性能 Bug 的主要表现如下。

1. App 加载速度慢

- 应用程序第一次启动速度慢。
- 进入到 App 中某一个界面时加载速度慢。
- 启动 App 中某一个有动画效果的界面，动画加载速度慢并且有卡顿。
- App 响应某一个用户事件时，长时间无响应（ANR）。

2. 其他问题

- App 太占用手机内存。
- App 太耗电和流量。
- 用户使用 App 的过程中，点击某一个事件进入 App 的页面时，出现白屏或闪屏等情况。

4.5 实战演练

结合上面所讲知识点，完成对 App 的测试用例设计。

4.5.1 某股票 App 软件的测试

1. 被测 App 介绍

某股票 App 软件主要有以下几个大的功能板块，问答板块、精华板块、交易板块、股票展示板块、首页板块和话题板块等。用户可以通过切换不同的板块实现不同的操作，用户在各板块中除了查看各类型消息之外，还可以参与讨论、发帖、发问答等交互活动。

此 App 的搜索功能要实现的用户需求如下。

（1）入口：点击顶部栏的"搜索"按钮，展示搜索控件。

（2）搜索控件。

- 展示搜索框，可以在搜索框输入关键词进行搜索，按回车键跳转到搜索结果页。

（3）搜索结果页。

- 结果页中有多种类型切换框。
- 每种类型页面体验不同。
- 搜索到的结果如果一页展示不下，可以通过滚动条滚动页面查看内容。
- 搜索结果内容包含搜索关键字。

2. 被测 App 种类

用户可在手机应用商店下载某个 App，如雪球。

3. 测试点考查

- 理解 App 的用户需求后，完成对 App 的搜索功能的测试用例设计。
- 需要考虑测试用例设计的全面性（等价类、边界值、判定表、场景法）。

4.5.2　后台管理 App

1. 被测 App 介绍

　　某后台管理 App 主要的功能有，商品管理、订单管理和用户管理。这个 App 是商店管理人员使用的应用，管理人员可以通过该 App 对商品进行添加、修改和删除，帮助用户从 App 上下单，在 App 上查看订单，也可以在 App 上对用户数据进行查看、管理，在 App 上帮助用户修改个人信息。

　　此 App 的下单功能用户需求如下。

　　（1）进入 App 内的产品列表页面，选定商品，点击"下单"按钮，选择"确定"按钮。如果 App 上显示商品存货充足，则可以下单成功。

　　（2）下单成功之后，进入订单记录页面，产生一条订单记录，从订单记录上可以看到详细的订单信息。

　　（3）返回 App 内的商品列表页面，商品的状态发生变化。

2. 被测 App 产品网址

进入该 App 官网后下载对应 App：

https://management.hogwarts.ceshiren.com。

3. 测试点考查

- 理解该 App 的用户需求后，完成对此 App 下单功能的测试用例设计。
- 需要考虑测试用例设计全面性（等价类、边界值、判定表、场景法）。

第5章 App 自动化测试

5.1 Appium 架构介绍与环境配置

1. Appium 简介

随着互联网的迅速发展，为了满足用户的需求，软件产品的迭代速度也越来越快，持续集成（CI）和持续交付（CD）都旨在缩短软件的开发周期、提高软件交付效率以及实现全流程的自动化测试。对于测试人员来说，使用自动化的测试手段去完成一些重复性高的回归测试工作、性能测试工作，可以节省更多的精力去探索、发现更复杂的系统业务逻辑的问题。

对于 App 客户端 UI 界面的功能测试，Appium 是一个非常好的工具，它支持 Android、iOS 系统的原生应用、网页应用以及混合应用，同时也支持多语言，如 Java、Python、Ruby、JS 等。可以使用 Appium 完成 App 的回归测试、冒烟测试等工作。

2. Appium 架构

（1）Appium 设计"哲学"

1）不需要为了自动化测试而重新编译或修改被测应用。

2）不把移动端 App 自动化测试限定在某种语言或者某个具体的框架上。

3）不为移动端 App 的自动化测试而重新"造轮子"。

（2）Appium 架构介绍

Appium 架构如图 5-1 所示。

Appium 的核心功能是具有 Web 服务器功能，可以监听客户端发来的请求，并在移动设备上执行相应的操作，最终将执行结果以 HTTP 响应的方式返回给客户端。这种客户端/服务端的架构设计，允许测试人员用多种语言（如 Java、Python、Ruby 等）编写测试代码。

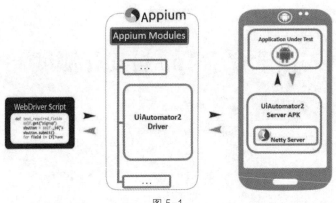

图 5-1

在 Android 和 iOS 等不同平台上，Appium 使用了不同的驱动进行自动化测试。Appium 驱动列表如表 5-1 所示。

表 5-1

平台	驱动	Appium 版本
iOS	XCUITest	1.6.0+
	UiAutomation	All
Android	Espresso	1.9.0+
	UiAutomator2	1.6.0+
	UiAutomator	All
Windows	Windows	1.6.0+

3．Appium 支持的语言

Appium 支持表 5-2 所示的语言（编写测试用例）。

表 5-2

语言	支持
Java	是
Python	是
JavaScript (WebDriver IO)	是
JavaScript (WD)	是
Ruby	是
PHP	是
C#	是

4. 配置 Appium 环境

Appium 的 Windows 版本只支持 Android 系统，Appium 的 macOS 版本同时支持 Android 系统和 iOS 系统。这里只介绍 Appium 的 macOS 版本的安装。

（1）Appium 环境依赖

Appium 依赖的软件如下：

- Java 1.8；
- Android SDK；
- Appium Desktop。

其中推荐使用 Java 1.8 版本。Android SDK 是 Android 系统的开发工具包，里面有很多自动化测试常用的工具。Appium Desktop 提供了服务与录制功能。

下面介绍 Appium 的环境配置。以下环境变量的配置，需要打开 macOS 系统中的 terminal 终端来完成，环境变量可以配置在~/.bash_profile 下。如果我们使用的是'zsh'环境（'zsh'是 Shell 的一种），则需要配置环境变量到~/.zshrc 下。

Appium 的安装说明参见测试人论坛：

https://ceshiren.com/t/topic/4004。

（2）Appium 客户端安装（Python 版本）

如果想要在代码中能够导入相关的依赖包，需要安装第三方库，具体命令如下：

```
pip install Appium-Python-Client
```

（3）Appium 客户端安装（Java 版本）

当使用 Maven 或 Grandle 等构建工具时，我们可以通过配置文件配置需要的依赖项，运行这些工具的命令时会自动加载这些依赖项。

```
properties>
    ...
    <!-- 尽可能使用 Appium 最新版本 -->
    <appium.version>7.3.0</appium.version>
    ...
</properties>

<dependencies>
    ...
    <dependency>
```

```
        <groupId>io.appium</groupId>
        <artifactId>java-client</artifactId>
        <version>${appium.version}</version>
    </dependency>
    ...
</dependencies>
```

5.2　录制 Appium 测试用例

Appium 是一款运行于 Windows 和 Linux 等平台上的开源工具，它提供了 Appium Server、Appium Inspector 以及相关的工具组合。Appium Desktop 是 Appium 包含的一个图形界面应用，我们在其界面上可以进行设置选项、启动/停止服务器、查看日志等操作。使用 Appium Inspector 可以查看 App 程序内的元素，并可进行基本的页面交互，以及可以录制测试脚本等操作。

1. 下载及安装 Appium Desktop

用户在 GitHub 网站上下载与自己计算机系统对应的 Appium 版本，安装 Appium Desktop 之后，启动 Appium Desktop，然后在其界面上点击"Start Server"按钮，启动 Appium Server。

在启动 Appium Server 成功页面上点击右上角的放大镜，进入到创建 Session 页面，在这个页面上配置好 desirecapability 信息之后，点击"Start Session"项启动会话后展示出图 5-2 所示的页面——Appium Inspector 元素定位页面，该页面包括的内容介绍如下。

左侧为屏幕快照：可以在左侧使用鼠标选择 UI 元素，会看到被选择的 UI 元素高亮显示。

中间为页面 DOM 树结构：在 App 结构中会直接将元素的属性值标记在树结构上，这对于用 Appium 定位 App 元素很方便。

右侧为 App 元素的详细信息：当 App 元素被选中，右侧会展示出 App 元素的详细属性信息列表。这些属性将决定测试人员定位 Appium 元素的策略。

另外，Appium Inspector 还提供了页面刷新、录制、点击元素、输入等功能。

图 5-2

2. Appium 自动化测试用例录制

Appium Inspect 提供了定位元素与录制测试用例的功能，使用 Appium Inspect 可以查看 App 的 UI 布局结构，方便测试脚本的编写和生成。下面以 Android 系统为例，在 Android 模拟器上安装 ApiDemos- debug.apk 应用。

测试 App 下载地址：

```
https://GitHub 网站/appium/sample-code/raw/master/sample-code/apps/ApiDemos/bin/
ApiDemos-debug.apk
```

下载该 App 的 apk 格式文件并安装到测试设备上，然后我们基于该 App 进行自动化测试演示。

在录制测试用例（脚本）前先启动装有该 App 的测试设备，并且通过命令行查看该设备已与计算机连接成功。使用下面的命令查看设备是否连接成功。

```
$ adb devices
```

若展示出下面的内容，即说明设备已连接。

```
List of devices attached
emulator-5554    device
```

展示的内容中，"emulator-5554"代表设备的名称，"device"代表设备的状态，说明设备已连接。如果是其他状态，需要重新连接设备，或者在设备上检查是否开启开发者模式及打开 USB 调试模式。

3. 获取 App 包名和页面名称

移动端 App 的包名（也就是 Package）是每个 App 的唯一标识，每个 App 都有自己的包名，且每个设备上相同的包名的 App 只允许安装一个。

Activity 是 Android 组件中最基本，也是常见的四大组件之一，可以把它理解为一个页面就是一个 Activity。在移动端设备打开一个 App 的页面，在操作 App 页面的时候会发生页面的跳转，也就是 Activity 之间发生了切换。在编写测试脚本之前，我们首先要获取 App 的包名以及启动页的 Activity 名字。

获取包名的操作步骤如下。

（1）打开终端，进入 aapt 工具所在目录（Android SDK 下的 build-tools 目录）。

（2）输入命令'aapt dump badging [App 名称].apk'。

```
aapt dump badging [app 名称] .apk
```

运行结果（见图 5-3）。

```
MacBook:       lianfeng$ aapt dump badging ApiDemos-debug.apk
package: name='io.appium.android.apis' versionCode='' versionName='' platformBuildVersionName=''
uses-permission: name='android.permission.READ_CONTACTS'
uses-permission: name='android.permission.WRITE_CONTACTS'
uses-permission: name='android.permission.VIBRATE'
uses-permission: name='android.permission.ACCESS_COARSE_LOCATION'
uses-permission: name='android.permission.INTERNET'
uses-permission: name='android.permission.SET_WALLPAPER'
uses-permission: name='android.permission.WRITE_EXTERNAL_STORAGE'
uses-permission: name='android.permission.SEND_SMS'
uses-permission: name='android.permission.RECEIVE_SMS'
uses-permission: name='android.permission.NFC'
uses-permission: name='android.permission.RECORD_AUDIO'
sdkVersion:'4'
targetSdkVersion:'19'
uses-permission: name='android.permission.CAMERA'
application-icon-120:'res/drawable-mdpi/app_sample_code.png'
application-icon-160:'res/drawable-mdpi/app_sample_code.png'
application-icon-240:'res/drawable-hdpi/app_sample_code.png'
application-icon-320:'res/drawable-hdpi/app_sample_code.png'
application-icon-65535:'res/drawable-hdpi/app_sample_code.png'
application: label='' icon='res/drawable-mdpi/app_sample_code.png'
application-debuggable
uses-library-not-required:'com.example.will.never.exist'
launchable-activity: name='io.appium.android.apis.ApiDemos'  label='' icon=''
uses-permission: name='android.permission.READ_EXTERNAL_STORAGE'
uses-implied-permission: name='android.permission.READ_EXTERNAL_STORAGE' reason='requested WRITE
```

图 5-3

图 5-3 中"package：name"对应的结果是包名，"launchable-activity：name"对应

的结果是"包名+页面名"。但是有些应用通过 aapt 工具无法获取到页面名称。

针对这个问题，可以通过命令的方式来获取页面名称等信息，在命令行中输入如下命令（macOS/Linux 系统）即可：

```
adb logcat | grep ActivityManager
```

运行结果如图 5-4 所示。

```
I/ActivityManager( 562): Delay finish: com.cubic.autohome/.Service.BootReceiver
I/ActivityManager( 562): Waited long enough for: ServiceRecord{5298d70c u0 cn.goapk.market/.HandleServi
I/ActivityManager( 562): Resuming delayed broadcast
I/ActivityManager( 562): Delay finish: com.android.mms/.transaction.SmsReceiver
I/ActivityManager( 562): Resuming delayed broadcast
I/ActivityManager( 562): Delay finish: com.android.calendar/.alerts.AlertReceiver
I/ActivityManager( 562): Waited long enough for: ServiceRecord{529cbff8 u0 cn.goapk.market/com.anzhi.ma
I/ActivityManager( 562): Resuming delayed broadcast
I/ActivityManager( 562): Waited long enough for: ServiceRecord{529cf810 u0 com.cubic.autohome/.Service.
I/ActivityManager( 562): Start proc com.android.musicfx for broadcast com.android.musicfx/.ControlPanel
10010 gids={50010, 3003, 3002}
I/ActivityManager( 562): Killing 776:android.process.acore/u0a2 (adj 15): empty #17
I/ActivityManager( 562): START u0 {act=android.intent.action.MAIN cat=[android.intent.category.LAUNCHER
.appium.android.apis/.ApiDemos} from pid 735
I/ActivityManager( 562): Start proc io.appium.android.apis for activity io.appium.android.apis/.ApiDemo
ids={50139, 3003, 1028, 1015}
I/ActivityManager( 562): Displayed io.appium.android.apis/.ApiDemos: +637ms
```

图 5-4

4. 测试用例录制

（1）启动 Appium Server

使用 Appium Inspector 录制测试用例，首先需要启动 Appium，在启动页面点击"Start Server"项，会出现图 5-5 所示的界面。

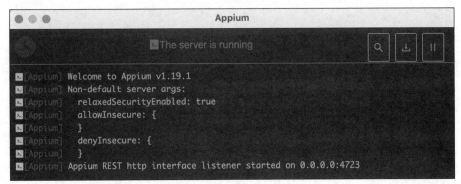

图 5-5

（2）打开 Appium Inspect 工具

点击右上角放大镜" 🔍 "按钮，跳转到新的界面，界面如图 5-6 所示。

图 5-6

　　Appium Inspector 是探测器工具，我们通过给它设置相应的参数，用它可以分析移动端 App 的界面，还可以使用它录制测试用例，也可以用它导出多种语言版本的测试用例（脚本）。

　　（3）配置 Desired Capabilities 信息（见图 5-7）

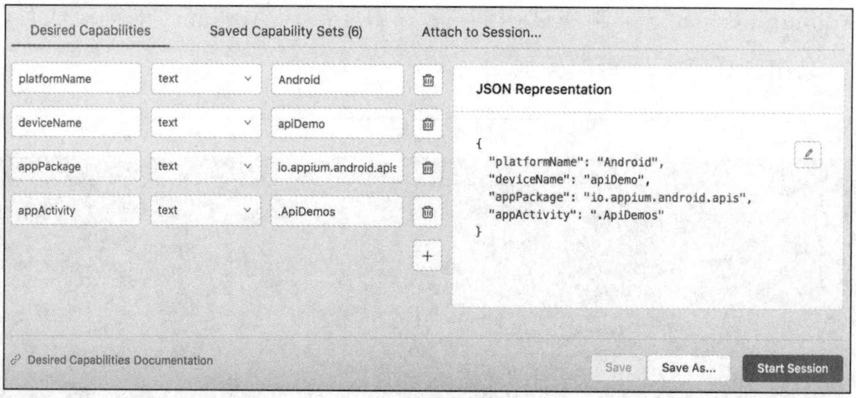

图 5-7

　　下面介绍一下图 5-7 中配置项的用处。

　　1）platformName：使用哪个操作系统平台，这里可以填 Android 或 iOS。

　　2）deviceName：设备名称（必填项）。

　　3）appPackage：要启动的 Android 应用程序包（"io.appium.android.apis"）。

4）appActivity：App 启动的首页 Activity（".ApiDemos" 或者 "io.appium.android. apis/.ApiDemos"）。

（4）启动 Session

在图 5-7 中点击 "Start Session" 按钮，录制测试用例（脚本）。

Appium 的初学者可以通过录制功能，将测试用例录制出来，通过录制出来的测试用例，可以分析和了解录制操作使用的 API 以及测试用例编写规范等。

点击 "Start Recording" 按钮（小眼睛图标）开始录制测试用例，如图 5-8 所示。

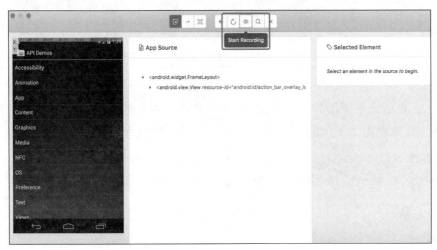

图 5-8

在开始录制测试用例的界面左侧，选择被测 App 的页面元素，在右侧选择对页面元素要做的操作，如图 5-9 所示。

图 5-9

利用图 5-9 所示的 1 步和 2 步组合，就可以实现对 App 的测试操作。例如，在页面左侧用鼠标点击"Views"项，在右侧出现一些选项卡，再点击"Tap"选项卡，这时（如果开启了录制功能）就会将这步的操作自动录制生成一段代码，如图 5-10 所示。

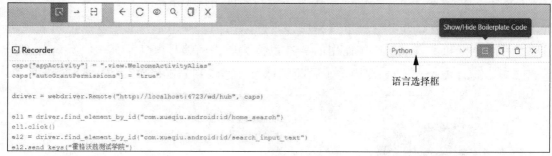

图 5-10

默认生成的测试用例（脚本）为 Java 语言格式，如果想生成其他语言格式的测试用例（脚本），只要在图 5-10 中的语言选择框点击下拉栏选择相应语言选项即可，如切换成 Python 语言。

把上述操作生成的测试用例（脚本）复制到编辑器中，这是可以运行的代码，具体如下：

```python
from appium import webdriver

caps = {}
caps["platformName"] = "android"
caps["deviceName"] = "demo"
caps["appPackage"] = "io.appium.android.apis"
caps["appActivity"] = ".ApiDemos"
caps["autoGrantPermissions"] = "true"
driver = webdriver.Remote("http://localhost:4723/wd/hub", caps)

el2 = driver.find_element_by_id("tv.danmaku.bili:id/expand_search")
el2.click()
el3 = driver.find_element_by_accessibility_id("搜索查询")
el3.send_keys("霍格沃兹测试学院")
driver.quit()
```

上面是录制出来的测试用例（脚本）。录制生成的代码在使用前需要手动优化，在代码中添加必要的单元测试框架（如 Pytest），以便使代码的运行更高效。代码录制对刚入门的人来说还是比较实用的，但是它的缺点很明显：

1）所有的代码都在一个文件里，显得代码非常冗余；

2）不能解决工作中大部分的测试场景。

5.3 元素定位方式与隐式等待

元素定位是 UI 自动化测试中最关键的一步，假如在自动化测试中没有定位到页面中的元素，也就无法完成对页面的测试操作。那么，我们在自动化测试中如何定位到想要的页面元素呢？下面介绍用 Appium 定位元素的方式。

1. Appium 定位元素的方式

定位页面元素有很多种方式，例如，可以通过 ID、accessibility_id、XPath 等方式进行页面元素的定位，也可以使用 Android 和 iOS 提供的定位方式实现页面元素的定位，具体如表 5-3 所示。

表 5-3

定位方式	描述
Accessibility ID	识别一个 UI 元素，对于 XCUITest 引擎，它对应的属性名是'accessibility-id'，对于 Android 系统的页面元素，它对应的属性名是'content-desc'
Class name	对于 iOS 系统，它的 class 属性对应的属性值会以'XCUIElementType'开头，对于 Android 系统，它对应的是 UiAutomator2 的 class 属性(e.g.: android.widget.TextView)
ID	原生元素的标识符，Android 系统对应的属性名为'resource-id'，iOS 为'name'
Name	元素的名称
XPath	使用 XPath 表达式查找页面所对应的 XML 的路径（不推荐，存在性能问题）
Image	通过匹配 base 64 编码的图像文件定位元素
Android UiAutomator (UiAutomator2 only)	使用 UiAutomator 提供的 API，尤其是 UiSelector 类来定位元素，在 Appium 中，会将 Java 代码作为字符串发送到服务器，服务器在应用程序的环境中执行这段代码，并返回一个或多个元素
Android View Tag (Espresso only)	使用 view tag 定位元素
Android Data Matcher (Espresso only)	使用 Espresso 数据匹配器定位元素

2. 隐式等待

隐式等待是一种全局等待方式。设置了隐式等待时长，实际上是对页面中的所有查找元素的方法设置了加载时长，如果查找时间超出了设置时间则抛出异常。

假如在测试脚本中设置了隐式等待时长为 10 秒，测试脚本会在 10 秒内不停地执行查找页面元素的操作，如果在第 2 秒就找到了需要的元素，就停止查找且继续执行后面的测试代码，如果查找时间超出了设置时间，则测试代码抛出异常。

一旦在测试代码中设置了隐式等待，则隐式等待就会存在整个 WebDriver 对象实例的生命周期中，例如，元素定位的测试代码每次调用 find_element 或者 find_elements 方法的时候，就会自动触发隐式等待。

测试的实践证明，隐式等待比强制等待更加智能，后者只能选择一个固定的时间等待，前者可以在一个时间范围内智能地等待。

隐式等待的演示代码如下（Python 版和 Java 版）。

- Python 版本

```
...
self.driver = webdriver.Remote(server, desired_caps)
self.driver.implicitly_wait(15)
...
```

- Java 版本

```
...
driver = new AndroidDriver(remoteUrl, desiredCapabilities);
driver.manage().timeouts().implicitlyWait(10, TimeUnit.SECONDS);
...
```

执行上面的代码，会得到下面的日志信息（注意：下面的 xx 和 xxy 是元素 ID 属性的简写）：

```
[W3C] Matched W3C error code 'no such element' to NoSuchElementError
[BaseDriver] Waited for 1495 ms so far
[WD Proxy] Matched '/element' to command name 'findElement'
......
[W3C] Matched W3C error code 'no such element' to NoSuchElementError
[BaseDriver] Waited for 2707 ms so far
[WD Proxy] Matched '/element' to command name 'findElement'
......
[HTTP] <-- POST /wd/hub/session/xx/element 200 6653 ms - 137
[HTTP]
[HTTP] --> POST /wd/hub/session/xx/element/xxy/click
[HTTP] {"id":"xxy"}
```

从上述日志上可以看出，我们使用 Appium 进行元素查找的时候，查找失败后程序不会直接抛出异常且停止测试脚本执行，而是每过一段时间去查找一次元素。上面的例子所示，在 6.7 秒左右查到了元素，此时结束等待，去执行点击操作。

5.4 App 控件定位

App 客户端的页面是通过 XML 来实现 UI 布局的，页面的 UI 布局是一个树形结构，树叶被定义为节点。这里的节点也就对应了要定位的页面的元素，节点的上级节点是这个节点所在的布局结构。在 XML 布局中，我们可以使用 XPath 表达进行节点的定位。

1. App 的页面布局结构

从图 5-11 中可以看到，最左侧是 App 的页面，中间部分展示了这个页面的树形结构，即 XML 代码。

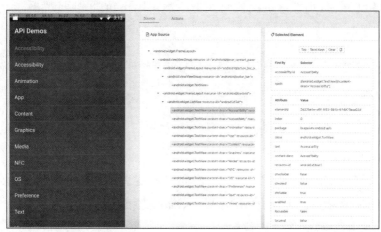

图 5-11

XML 代码中包含的与元素定位有关的内容如下。

（1）**节点**：node。

（2）**节点属性**：clickable（是否可点击）、content-desc（内容）、resource-id（元素 ID）、text（文本）、bounds（坐标）等。

2. App 的页面元素定位的实现

（1）通过 ID 定位

Android 系统的 App 的页面元素的 ID 称为 resource-id，使用页面分析工具，如 Appium Inspector，能够获取 App 的页面元素的唯一标识，即 ID 属性，使用 ID 属性进行页面元素的定位既方便又快捷。

示例代码如下（Python 版和 Java 版）。

- Python 版本

```
driver.find_element(By.ID, "android:id/text1").click()
```

- Java 版本

```
driver.findElement(By.id("android:id/text1")).click();
```

注：resource-id 对应的属性（包名：id/id 值），我们在使用这个属性定位元素的时候要把它当作一个整体。

（2）通过 accessibility-id 定位

当用分析工具抓取到页面元素的 content-desc 的属性值是唯一时，可以采用 accessibility-id 定位页面元素，示例代码如下所示（Python 版和 Java 版）。

- Python 版本

```
driver.find_element_by_accessibility_id("Accessibility")
```

- Java 版本

```
driver.findElementByAccessibilityId("Accessibility");
```

（3）通过 XPath 定位

我们也可以使用 XPath 的方式完成页面元素的定位。XPath 定位分为绝对路径定位与相对路径定位两种形式，下面介绍的都是 XPath 的相对路径定位形式。

1）XPath：resource-id 属性定位

用 resource-id 定位页面元素的格式如下。

格式：//*[@resource-id='resource-id 属性']

示例代码如下（Python 版和 Java 版）。

- Python 版本

```
driver.find_element(By.XPATH, \
'//*[@resource-id="rl_login_phone"]')
```

- Java 版本

```
driver.findElement(By.xpath(\
"//*[@resource-id=\"rl_login_phone\"]"));
```

2）XPath：text 属性定位

用 text 属性定位页面元素的格式如下。

格式：

```
//*[@text='text 属性']
```

示例代码如下（Python 版和 Java 版）。

- Python 版本

```
driver.find_element(By.XPATH,'//*[@text="我的"]')
```

- Java 版本

```
driver.findElement(By.xpath("//*[@text=\"我的\"]"));
```

3）XPath：class 属性定位

通过 class 属性定位页面元素的格式如下。

格式：

```
//*[@class='class 属性']
```

示例代码如下（Python 版和 Java 版）。

- Python 版本

```
driver.find_element(By.XPATH \
'//*[@class="android.widget.EditText"]')
```

- Java 版本

```
driver.findElement(By.xpath(\
"//*[@class=\"android.widget.EditText\"]"));
```

4）XPath：content-desc 属性定位

通过 content-desc 属性定位页面元素的格式如下。

格式：

```
//*[@content-desc='content-desc 属性']
```

示例代码如下（Python 版和 Java 版）。

- Python 版本

```
driver.find_element((By.XPATH,\
```

```
'//*[@content-desc="搜索"]')
```

● Java 版本

```
driver.findElement(By.xpath(\
"//*[@content-desc=\"搜索\"]");
```

3. 使用 UI Automator Viewer 定位

我们使用 Android SDK（路径：sdk/tools/uiautomatorviewer）下自带的 UI Automator Viewer 工具也可以定位 App 的页面元素。

使用 UI Automator Viewer 之前，我们需要配置 sdk/tools/路径到环境变量 $PATH 中，配置好路径后，直接在命令行输入下面的命令：

```
uiautomatorviewer
```

可以打开图 5-12 所示的一个页面，点击页面左上角的一个图标（手机图标），就可以获取 UI Automator Viewer 快照图。

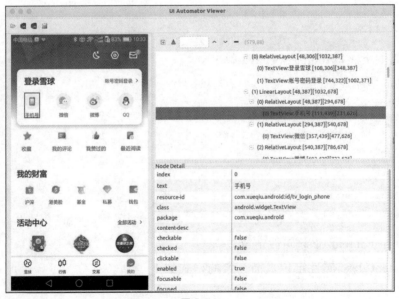

图 5-12

用 UI Automator Viewer 抓取当前页面的截图，用以分析和展示当前页面上包含的所有元素信息，如果想要查看 XML DOM 的具体结构代码，可以通过代码打印页面信息。通过代码 "driver.page_source" 打印手机页面信息，得到的内容如图 5-13 所示。图 5-13 中框起来的部分是 XML DOM 中的一个节点。

```
                        <android.widget.RelativeLayout index="0" package="com.xueqiu.android"
class="android.widget.RelativeLayout" text="" resource-id="com.xueqiu.android:id/rl_login_phone"
checkable="false" checked="false" clickable="true" enabled="true" focusable="true" focused="false" long-
clickable="false" password="false" scrollable="false" selected="false" bounds="[48,385][294,687]"
displayed="true">
                        <android.widget.TextView index="0" package="com.xueqiu.android"
class="android.widget.TextView" text="手机号" resource-id="com.xueqiu.android:id/tv_login_phone"
checkable="false" checked="false" clickable="false" enabled="true" focusable="false" focused="false" long-
clickable="false" password="false" scrollable="false" selected="false" bounds="[111,446][231,626]"
displayed="true" />
                        </android.widget.RelativeLayout>
                        <android.widget.RelativeLayout index="1" package="com.xueqiu.android"
class="android.widget.RelativeLayout" text="" resource-id="com.xueqiu.android:id/rl_login_wx"
checkable="false" checked="false" clickable="true" enabled="true" focusable="true" focused="false" long-
clickable="false" password="false" scrollable="false" selected="false" bounds="[294,385][540,687]"
displayed="true">
```

图 5-13

我们通过对图 5-13 的分析可以知道，android.widget.TextView 是文本类型的节点，其中包含的属性信息都在 UI Automator Viewer 抓取快照（见图 5-13）中展示。如果只想定位基于 Android 系统 App 的页面元素，可以直接使用 UI Automator Viewer，运行速度快且不需要配置任何复杂的参数，直接在运行后的 UI Automator Viewer 界面上点击获取页面元素的图标就可以将客户端 App 的页面信息抓取出来。

另外，UI Automator Viewer 只能抓取 Android 8 以下版本的 App 的页面信息，如果要抓取 Android 8 以上版本的 App 的页面信息，可以使用 Appium Inspector。

5.5　高级定位技巧

通常使用定位工具定位 App 页面上的元素会发生定位不到元素或者定位元素失败的情况。发生这种情况可能是 App 的页面元素不唯一，也可能是 App 的页面发生了变化。下面介绍定位元素的高级用法，使用层级关系定位或者多重属性定位的方式来确定 App 页面元素的唯一性，从而更精准、更稳定地定位到我们想要的 App 页面元素。

1. XPath 高级定位技巧

（1）XPath 简介

XPath 的英文全称为 XML Path Language，意为对 XML 中的元素进行路径定位的一种语言，它适用于 XML 标记语言、HTML 标记语言，App Dom 结构。XPath 是我们做自动化测试中进行元素定位时用的比较多的工具，它可适用于 Selenium、Appium 和 Appcrawler。前面章节已经对 XPath 进行了一些说明，下面只对 XPath 做举例说明。

（2）XPath 基本语法

表 5-4 是 XPath 的常用方法。

表 5-4

路径表达式	结果
/bookstore/book[1]	选取属于 bookstore 子元素的第一个 book 元素
/bookstore/book[last()]	选取属于 bookstore 子元素的最后一个 book 元素
/bookstore/book[last()-1]	选取属于 bookstore 子元素的倒数第二个 book 元素
/bookstore/book[position()<3]	选取最前面的两个属于 bookstore 元素的子元素的 book 元素
//title[@lang]	选取所有拥有名为 lang 属性的 title 元素
//title[@lang='eng']	选取所有 title 元素，且这些元素拥有值为 eng 的 lang 属性
/bookstore/book[price>35.00]	选取 bookstore 元素的所有 book 元素，且其中的 price 元素的值须大于 35.00
/bookstore/book[price>35.00]//title	选取 bookstore 元素中的 book 元素的所有 title 元素，且其中的 price 元素的值须大于 35.00
nodename	选取此节点的所有子节点
/	从根节点选取
//	从匹配选择的当前节点选择文档中的节点，而不考虑它们的位置
.	选取当前节点
..	选取当前节点的父节点
@	选取属性

"/"：还可表示子元素。"//"：还可表示子孙元素。

（3）XPath 模糊定位技巧

XPath 中的 contains() 是模糊匹配的定位方法，若在定位元素时，一个元素的属性不固定，这时就可以用模糊匹配来定位元素。使用格式为 //[contains(@content-desc, '帮助')]，示例代码如下（Python 版和 Java 版）。

- Python 版本

```
driver.find_element(By.XPATH,
'//*[contains(@text, "注册")]')

driver.find_element(By.XPATH,
'//*[contains(@content-desc, "搜索")]')

driver.find_element(By.XPATH,
'//*[contains(@resource-id, "login_phone")]')
```

● Java 版本

```
driver.findElement(By.xpath(
        "//*[contains(@text, \"注册\")]"));

driver.findElement(By.xpath(
        "//*[contains(@content-desc, \"搜索\")]"));

driver.findElement(By.xpath(
        "//*[contains(@resource-id, \"login_phone\")]"));
```

（4）XPath 组合定位技巧

用 XPath 可以同时匹配两个甚至多个属性来完成元素定位。这里常用的属性有 text、resource-id、class、index、content-desc 等，任意组合这些属性完成定位，示例代码如下（Python 版和 Java 版）。

● Python 版本

```
driver.find_element(
    By.XPATH,'//*[@text="我的" and @resource-id="tab_name"]'
    }.click()

driver.find_element(
    By.XPATH,'//*[@text="注册/登录" and @index="1"]'
    ).click()
```

● Java 版本

```
driver.findElement(By.xpath(
        "//*[@text=\"我的\" and @resource-id=\"tab_name\"]")).click();

driver.findElement(By.xpath(
        "//*[@text=\"注册/登录\" and @index=\"1\"]")).click();
```

（5）XPath 层级定位

我们定位元素的时候可能会涉及通过子元素去定位父元素，或者用父元素定位子元素，或者定位兄弟元素，XPath 支持父子关系、兄弟关系元素的查找与定位。示例代码如下（Python 版和 Java 版）。

● Python 版本

```
# 通过子元素定位父元素
# 方法一：..
```

```
driver.find_element_by_xpath(
    '//*[@text="手机号"]/..').tag_name

# 方法二: parent::*
driver.find_element_by_xpath(
    '[@text="手机号"]/parent::*').tag_name

#通过某元素定位其兄弟元素
driver.find_element_by_xpath(
    '//*[@text="手机号"]/../li'
    ).tag_name
```

- Java 版本

```
// 通过子元素定位父元素
// 方法一: ..
driver.findElement(By.xpath(
    "//*[@text=\"手机号\"]/..")).getTagName();

// 方法二  parent::*
driver.findElement(By.xpath(
    "[@text=\"手机号\"]/parent::*")).getTagName();

// 通过某元素定位其兄弟元素
driver.findElement(By.xpath(
    "//*[@text=\"手机号\"]/../li"
)).getTagName();
```

2. 案例实践

（1）场景一

App 应用：雪球 apk。

我们首先使用 UI Automator Viewer 工具对该 App 进行 DOM 分析，然后使用 XPath 对分析到的元素进行定位，如图 5-14 所示的搜索框，我们可以使用元素的多种属性对搜索框进行定位，常用的属性有 text、resource-id、class 和 content-desc 等。

这里推荐使用 resource-id 进行定位，通常情况下，它是 App 页面元素的唯一属性，用 XPath 编程实现定位的代码如下（Python 版和 Java 版）。

Python 演示代码

```
driver.find_element(
    By.XPATh, '//*[contains(@resource-id, "tv_search")]')
```

```
# 或者也可写成下面这样
driver.find_element(By.ID, 'tv_search')
```

图 5-14

Java 演示代码

```java
driver.findElement(By.xpath("//*[contains(@resource-id,
    \"tv_search\")]"));
// 或者也可写成下面这样
driver.findElement(By.id("tv_search"));
```

（2）场景二

如图 5-15 所示，获取"BABA"所对应的股票价格"187.11"，可以使用 XPath 父子关系来进行元素定位。

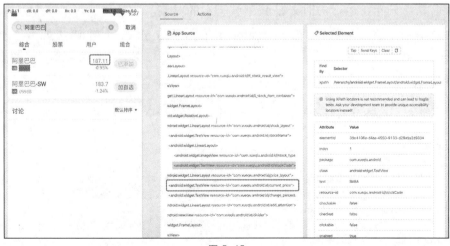

图 5-15

定位实现的代码如下（Python 版和 Java 版）。

Python 演示代码

```
curr_price = self.driver.find_element(
    MobileBy.XPath,"//*[@text='BABA']/../../..\
    //*[@resource-id='com.xueqiu.android:id/current_price']")
```

Java 演示代码

```
MobileElement curr_price = driver.findElement(
            By.xpath("//*[@text=\"BABA\"]/../../..//\
            *[@resource-id='com.xueqiu.android:id/current_price']"));
```

3. UiAutomator 定位技巧

UiAutomator 是 Android SDK 自带的一个测试框架，这个测试框架提供了一系列的 API，用这些 API 可以与用 Android 开发的 App 进行交互，例如，打开菜单、点击、滑动等。当 Appium 的 Caps 参数 uiautomationName 设置为 UiAutomator2 时，就能够实现计算机端与手机端的 UiAutomator 通信，并且我们可以使用 UiAutomator 执行测试代码。UiAutomator1 是较旧的版本，如果想测试较旧版本的基于 Android 系统开发的 App（低于 Android 4.4 版本），需要设置 Appium 的 Caps 参数：uiautomationName="UiAutomator1"。

由于 UiAutomator 是 Android SDK 自带的"工作引擎"，使用这个测试框架进行元素定位，执行速度要比用 XPath 定位元素快很多。但由于 UiAutomator 的用法比较特殊，调试起来相对麻烦，如果测试脚本中的定位语句编写不当，脚本编辑器也不会给出任何错误提示信息，只能在运行的时候校验测试脚本的对错。

下面就单独介绍一下基于 UiAutomator 定位元素的方法，基本语法如下（Python 版和 Java 版）。

- Python 版本

```
driver.find_element_by_android_uiautomator()
```

- Java 版本

```
driver.findElement(MobileBy.AndroidUIAutomator());
```

常用的 UiAutomator 方法如下：

```
UiSelector()    # 实现元素定位
```

```
UiScrollable()  # 实现滚动查找元素
```

（1）通过 text 定位

UiSelector()的用法与 XPath 类似，可以通过元素的 text 属性来定位元素。Uiselector 的语法格式如下：

```
new UiSelector().text("text 文本")
```

UiSelector 也适用模糊查询的方式来定位元素。

UiSelector 的演示代码如下（Python 版和 Java 版）。

- Python 版本

```
driver.find_element_by_android_uiautomator(
    'new UiSelector().textContains("手机 )').click()
```

- Java 版本

```
driver.findElementByAndroidUIAutomator(\
    "new UiSelector().textContains(\"手机\")").click();
```

（2）通过 resourceId 定位

UiAutomator 同样也能用 ID 定位元素，格式为 new UiSelector().resourceId ("resource-id 属性")，示例代码如下（Python 版和 Java 版）。

- Python 版本

```
driver.find_element_by_android_uiautomator(
    'new UiSelector().resourceId("rl_login_phone")').click()
```

- Java 版本

```
driver.findElementByAndroidUIAutomator("new UiSelector().\
resourceId(\"rl_login_phone\")").click();
```

（3）通过 className 定位

App 页面上元素的 class 属性一般不唯一，此时可以根据下标对元素进行定位，格式为 new UiSelector().className("className")，一般使用 find_elements 完成元素定位，示例代码如下（Python 版和 Java 版）。

- Python 版本

```
driver.find_elements_by_android_uiautomator(
    'new UiSelector().\
```

```
className("android.widget.TextView")')[5].click()
```

- Java 版本

```
driver.findElementsByAndroidUIAutomator("new UiSelector().\
className(\"android.widget.TextView\")")[5].click();
```

（4）通过 description 定位

description 也支持 content-desc 定位方式，格式为 new UiSelector().description
("content-des 属性")，示例代码如下（Python 版和 Java 版）。

- Python 版本

```
driver.find_element_by_android_uiautomator(
    'new UiSelector().description("搜索 ")').click()
```

- Java 版本

```
driver.findElementByAndroidUIAutomator("new \
UiSelector().description(\"搜索\")").click();
```

（5）组合定位方式

UiAutomator 也支持属性组合定位元素，示例代码如下（Python 版和 Java 版）。

- Python 版本

```
driver.find_element_by_android_uiautomator(
    'new UiSelector().resourceId(\
    "com.xueqiu.android:id/tv_login_phone").text("手机号")').click()
```

- Java 版本

```
driver.findElementByAndroidUIAutomator("new UiSelector().resourceId(\
\"com.xueqiu.android:id/tv_login_phone\").text(\"手机号\")").click();
```

（6）滚动查找元素

UiAutomator 使用 UiScrollable()方法可以滚动查找指定的某个元素，示例代码如下
（Python 版和 Java 版）。

- Python 版本

```
driver.find_element_by_android_uiautomator(
    'new UiScrollable(new UiSelector().scrollable(true \
    .instance(0)).scrollIntoView(new UiSelector()\
    .text("我的").instance(0));').click()
```

- Java 版本

```
driver.findElementByAndroidUIAutomator(\
    "new UiScrollable(new UiSelector().scrollable(true)\
    .instance(0)).scrollIntoView(new UiSelector().\
    text(\"我的\").instance(0));").click();
```

上面的测试代码作用是，在当前的页面滚动查找 text 属性值是"我的"这个元素，找到之后执行点击操作。

4. css selector 元素定位

Appium Server 从 1.19.0 版本开始，增加了用 css selector 方式进行元素定位的支持，即 appiumuiautomator2-driver 会将 css selector 定位方式转化成 UiAutomator 定位方式。

注意：Appium Inspector 中暂时没有添加这种定位方式。

由于 UiSelector() 的表达式用的是 Java 格式的语法，因此编写定位元素的表达式很复杂，且在用工具编写代码时（如 Pycharm、VSCode、IntelliJ IDEA 等工具），若代码编写错误也不会有任何提示信息。只能是代码运行时才能发现其中表达式的错误。css selector 的语法会自动转成 UiAutomator 的语法结构，这种官方提供的原生的定位元素的方式，定位速度更快一些。

（1）ID 定位

css selector 可以用 ID 进行元素定位。代码如下（Python 版和 Java 版）（#igk 表示 css selector 定位符）。

- Python 版本

```
driver.find_element_by_css_selector('#igk')
driver.find_element_by_id('android:id/igk')
```

- Java 版本

```
driver.findElementByCssSelector("#igk").click();
driver.findElementById("android:id/igk").click();
```

（2）class name 定位

css selector 使用 class name 进行元素定位的代码如下（Python 版和 Java 版）（css selector 的定位符为.android.widget.ImageView）。

- Python 版本

```
driver.find_element_by_css_selector('.android.widget.ImageView')
driver.find_element_by_class_name("android.widget.ImageView")
```

- Java 版本

```
driver.findElementByCssSelector(".android.widget.ImageView");
driver.findElementByClassName("android.widget.ImageView");
```

（3）text 定位

css selector 使用 text 进行元素定位的代码如下（Python 版和 Java 版）（css selector 的定位符为"*[text='工作台']"）。

- Python 版本

```
driver.find_element_by_css_selector("*[text='工作台']")
```

注：对应 XPath 定位器的代码是 driver.find_element_by_xpath("//*[@text='工作台']")。

- Java 版本

```
driver.findElementByCssSelector("*[text=\"工作台\"]");
```

注：对应 XPath 定位器的代码是 driver.findElementByXPath("//*[@text=\"工作台\"]")。

（4）description 定位

css selector 使用 description 进行元素定位的代码如下（Python 版和 Java 版）（css selector 的定位符为*[description="ContentDescription"]）。

- Python 版本

```
driver.find_element_by_css_selector('*[description="ContentDescription"]')
```

对应 accessibility id 定位器的代码如下：

```
driver.find_element_by_accessibility_id("ContentDescription")
```

- Java 版本

```
driver.findElementByCssSelector("*[description=\"ContentDescription\"]");
```

对应 accessibility id 的定位器代码如下：

```
driver.findElementByAccessibilityId("ContentDescription");
```

5.6 App 控件交互

在软件测试中，测试人员可以用 Appium 提供的大量的 API 去操作 App 页面及 App 页面上的节点，如点击、输入、滑动等操作。

1. 常用的测试操作

（1）点击操作

在软件测试中，我们通常先获取到元素，然后通过测试脚本调用 click() 方法来实现对这个元素的点击操作。示例代码如下（Python 版和 Java 版）。

- Python 版本

```
driver.find_element_by_id("home_search").click()
```

- Java 版本

```
driver.findElementById("home_search").click();
```

（2）输入操作

测试使用的输入操作示例代码如下（Python 版和 Java 版）。

- Python 版本

```
self.driver.find_element_by_id("search_input_text").send_keys("阿里巴巴")
```

- Java 版本

```
driver.findElementById("search_input_text").sendKeys("阿里巴巴");
```

效果展示如图 5-16 所示。

（3）获取元素属性

我们进行软件测试时，通过获取到的元素属性信息，可以进行页面数据的验证（断言），或者用于分支判断。

元素有很多属性信息，无论是使用 UiAutomator 还是使用 Appium Inspector，获取到的元素属性信息一般都会展示在页面的右下方。

图 5-17 是使用 Appium Inspector 获取到的元素属性信息。

图 5-16

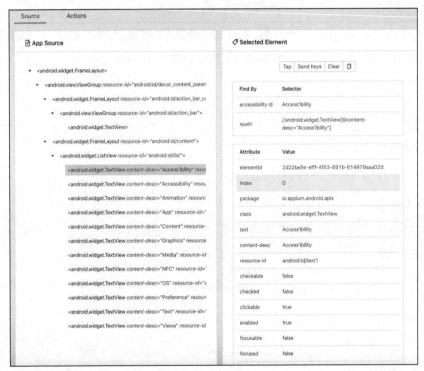

图 5-17

我们在测试中可以使用获取 App 页面元素属性的方法来获取一些元素的属性信息。然后通过获取到的元素属性值进行断言，这样也可以获取到复选框是否被选中，或者获取到页面中某个元素是否可用等信息。

1）获取元素的 text 属性

获取元素的 text 属性值的代码如下（Python 版和 Java 版）。

- Python 版本

```
self.driver.find_element_by_xpath(
    '//*[@resource-id="com.xueqiu.android'
```

```
    ).get_attribute('text')
```

- Java 版本

```
driver.findElementByXPath\
    "//*[@resource-id=\"com.xueqiu.android\"]").\
    getAttribute("text");
```

2）获取元素的 class 属性

获取元素的 class 属性的代码如下（Python 版和 Java 版）。

- Python 版本

```
self.driver.find_element_by_xpath(
    '//*[@resource-id="com.xueqiu.android"]'
    ).get_attribute('class')
```

- Java 版本

```
driver.findElementByXPath("\
    //*[@resource-id=\"com.xueqiu.android\"]" \
    .getAttribute("class");
```

3）获取 resource-id 属性

获取元素的 resource-id 属性（API≥18 支持）的代码如下（Python 版和 Java 版）。

- Python 版本

```
self.driver.find_element_by_xpath(
    '//*[@resource-id="com.xueqiu.android"]'
    ).get_attribute('resource-id')
```

- Java 版本

```
driver.findElementByXPath\
    ("//*[@resource-id=\"com.xueqiu.android\"]" \
    .getAttribute("resource-id");
```

4）获取 content-desc 属性

获取元素的 content-desc 属性的代码如下（Python 版和 Java 版）。

- Python 版本

```
self.driver.find_element_by_xpath(
    '//*[@resource-id="com.xueqiu.android'
    ).get_attribute('content-desc')
```

● Java 版本

```
driver.findElementByXPath\
    ("//*[@resource-id=\"com.xueqiu.android\"]" \
    .getAttribute("content-desc");
```

5）获取元素的其他属性

在测试中，我们也可以获取 App 页面元素的一些其他属性，通过元素的属性判断元素的状态，如某个元素是否可见、是否被选中、是否可用等，下面介绍获取其他属性的演示代码（Python 版和 Java 版）。

● Python 版本

```
get_attribute('clickable')  # 是否可点击
get_attribute('checked')    # 是否被选中
get_attribute('displayed')  # 是否显示
get_attribute('enabled')    # 是否可用
```

● Java 版本

```
getAttribute("clickable");   // 是否可点击
getAttribute("checked");     // 是否被选中
getAttribute("displayed");   // 是否显示
getAttribute("enabled");     // 是否可用
```

2. 获取页面的 XML 结构

在测试中，我们获取页面的 XML 结构目的是用于页面数据的验证。另外，也可以通过分析页面的 XML 结构，辅助解决页面元素的定位问题。

通过使用 driver.page_source 可以获取页面的 XML 结构。

注：用 Selenium 获取的页面结构是 HTML 格式，Appium 使用 page_source 方法获取的页面结构是 XML 格式。

示例代码如下（Python 版和 Java 版）。

（1）Python 演示代码

```
from appium import webdriver
...
def test_search(self):
    # 点击搜索
    self.driver.find_element_by_id(
```

```
    "com.xueqiu.android:id/tv_search").click()
    # 输入内容"alibaba"
    self.driver.find_element_by_id(
        "com.xueqiu.android:id/search_input_text").send_keys("alibaba")
    # 打印输出 class 属性
    print(self.driver.find_element_by_xpath(
        '//*[@resource-id="com.xueqiu.android']
            .get_attribute('class'))
    # 打印输出页面源代码
    print(self.driver.page_source)
...
```

（2）Java 演示代码

```
import io.appium.java_client.android.AndroidDriver;
...
@Test
public void searchTest(){
    // 点击搜索
    driver.findElement(By.id("com.xueqiu.android:id/tv_search")).click();
    // 输入内容"alibaba"
    driver.findElement(By.id("com.xueqiu.android:id/search_input_text"))\
        .sendKeys("alibaba");
    // 打印输出 class 属性
    System.out.println(driver.findElementByXPath(\
        "//*[@resource-id=\"com.xueqiu.android\"]").getAttribute("class"));
    // 打印输出页面源代码
    System.out.println(driver.getPageSource());
}
...
```

上面的代码创建了一个测试方法，这个方法先定位到页面的搜索框，然后向搜索框中输入内容。以 Python 代码为例，通过方法"get_attribute（'class'）"获取到"搜索框"这个元素的 class 属性，最后通过"page_source"获取页面的布局源代码。

5.7 触屏操作测试自动化

测试工作中我们经常需要对 App 的页面（或手机屏幕）进行滑动、长按、拖动等手势操作，AppiumDriver 提供了一个模拟手势操作的辅助类 TouchAction，可以通过这个类对手机屏幕进行手势操作模拟。

具体用法参见链接：

https://ceshiren.com/t/topic/3275。

1.　导入 TouchAction

导入 TouchAction 的演示代码如下（Python 版和 Java 版）。

- Python 版本

```
from appium.webdriver.common.touch_action import TouchAction
```

- Java 版本

```
import io.appium.java_client.TouchAction
```

2.　常用的手势操作方法

TouchAction 提供的常用的模拟手势的操作方法如下：

- press 按下；
- release 释放；
- move_to/moveTo 移动；
- tap 点击；
- long_press/longPress 长按；
- wait 等待；
- cancel 取消；
- perform 执行。

（1）press（按下）

TouchAction 提供的 press()方法可以实现模拟对元素或者页面上某个坐标点的按下操作。通常会结合 release()方法实现对某个元素的点击（包括按下和抬起两个动作）模拟操作。

当对某个控件执行点击操作时，就可以使用 press()方法，用法如下（Python 版和 Java 版）。

- Python 版本

```
press(WebElement el)
```

在坐标为（x,y）的点执行点击操作，press()的用法如下（Python 版和 Java 版）。

```
press(int x, int y)
```

- Java 版本

在坐标为（x,y）的点执行点击操作，press()的用法如下（Python 版和 Java 版）。

```
press(int x, int y)
```

（2）release 释放

测试工作中模拟释放操作可以结合 press()和 long_press()一起使用。release 代表 press()和 long_press()方法结束后的动作事件。在某个被测的控件上执行释放操作的代码如下（Python 版和 Java 版）。

- Python 版本

```
release(WebElement el)
```

也可以在上一个操作结束之后执行 release，不添加任何参数，代码如下。

```
release()
```

- Java 版本

```
release()
```

（3）移动

以控件为目标，测试模拟从一个点移动到一个目标点上，代码如下（Python 版和 Java 版）。

- Python 版本

```
move_to(WebElement el)
```

以（x,y）点为目标，测试模拟从一个点移动到目标点，代码如下。

```
move_to(WebElement el, int x, int y)
```

- Java 版本

以（x,y）点为目标，测试模拟从一个点移动到目标点，代码如下。

```
moveTo(WebElement el, int x, int y)
```

（4）tap（点击）

测试模拟在某个控件的中心点上点击一下，代码如下（Python 版和 Java 版）。

● Python 版本

```
tap(WebElement el)
```

以控件 el 的左上角为基准，沿着 x 轴向右移动 x 单位，沿着 y 轴向下移动 y 单位。在该点上点击，代码如下：

```
tap(WebElement el, int x, int y)
```

以（x,y）坐标点为目标模拟点击操作，代码如下：

```
tap(int x, int y)
```

● Java 版本

对页面上某个点实现点击模拟操作，代码如下：

```
tap(int x, int y)
```

（5）长按

测试中模拟长按某一控件的操作，代码如下（Python 版和 Java 版）。

● Python 版本

```
long_press(WebElement el)
```

测试中模拟以（x,y）点为目标实现长按操作，代码如下：

```
long_press(int x, int y)
```

测试中模拟在控件上长按操作，以 el 控件的左上角为起点，分别向 x 轴和 y 轴偏移 x_len、y_len 的长度，代码如下：

```
long_press(WebElement el, int x_len,int y_len)
```

● Java 版本

只模拟在坐标点长按操作，代码如下：

```
longPress(int x, int y)
```

（6）等待

测试中模拟等待，单位为毫秒。可以在模拟操作事件的过程中，短暂地停留几秒再继续操作。代码如下（Python 版和 Java 版）。

● Python 版本

```
wait(long timeout)
```

- Java 版本

```
wait(long timeout)
```

（7）cancel 取消

测试中模拟取消执行事件链中的事件，代码如下（Python 版和 Java 版）。

- Python 版本

```
cancel()
```

- Java 版本

```
cancel()
```

（8）执行 perform

测试模拟执行事件链中的事件，一般在测试脚本最后会调用 perform 方法，用以顺序执行事件链中的动作。代码如下（Python 版和 Java 版）。

- Python 版本

```
perform()
```

- Java 版本

```
perform()
```

3. 案例

测试用的 App 下载地址如下：

'https://GitHub 网站/appium/appium/tree/master/sample-code/apps'

操作步骤：

1）打开测试应用；

2）从元素"Views"滑动到"Accessibility"元素。

演示代码如下（Python 版和 Java 版）。

（1）Python 演示代码

```
#!/usr/bin/env python
# -*- coding: utf-8 -*-
# 测试文件 test_touchaction.py
from appium import webdriver
from appium.webdriver.common.touch_action import TouchAction
```

```python
class TestTouchAction():
    def setup(self):
        caps = {}
        caps['platformName'] = 'Android'
        caps['platformVersion'] = '6.0'
        caps['deviceName'] = 'emulator-5554'
        caps['appPackage'] = 'io.appium.android.apis'
        caps['appActivity'] = 'io.appium.android.apis.ApiDemos'
        self.driver = webdriver.Remote(\
        "http://127.0.0.1:4723/wd/hub", caps)
        self.driver.implicitly_wait(5)

    def teardown(self):
        self.driver.quit()

    def test_touchaction_unlock(self):
        # 点击 Views
        el1 = self.driver.find_element_by_accessibility_id(
            "Views")
        # 点击 Accessibility
        el2 = self.driver.find_element_by_accessibility_id(
            "Accessibility")
        # TouchAction 滑动操作
        action = TouchAction(self.driver)
        action.press(el1).wait(100).move_to\
        (el2).wait(100).release().perform()
```

（2）Java 演示代码

```java
public class TouchActionTest {
    static AppiumDriver driver;

    @BeforeAll
    public static void beforeAll() throws MalformedURLException {
        DesiredCapabilities caps = new DesiredCapabilities();
        caps.setCapability("deviceName", "emulator-5554");
        caps.setCapability("platformName", "Android");
        caps.setCapability("appPackage", "io.appium.android.apis");
        caps.setCapability("appActivity", "io.appium.android.apis.\
        ApiDemos");
        URL appiumServer = new URL("http://127.0.0.1:4723/wd/hub");
        driver = new AndroidDriver(appiumServer, caps);
```

```
    driver.manage().timeouts().implicitlyWait 10, \
    TimeUnit.SECONDS);
}

@Test
void test() {
    // 创建 TouchAction 对象
    TouchAction action = new TouchAction<>(driver);
    // TouchAction 滑动操作
    action.press(PointOption.point((int) (width * 0.5), \
    (int) (height * 0.8))).waitAction(WaitOptions.\
    waitOptions(Duration.ofSeconds(2))).moveTo(\
    PointOption.point((int) (width * 0.5), \
    (int) (height * 0.2))).release().perform();
}
}
```

以上两段测试代码实现了相同的操作，创建了一个 TouchAction 对象，调用里面的 press()方法实现了对元素的点击；使用 wait()方法在事件之间添加等待；使用 move_to()/moveTo()方法完成手势的移动操作；然后调用 release()方法完成手势操作的抬起；最后调用 perform()方法对添加到 TouchAction 中的事件链顺序执行。

5.8　显式等待机制

1. 显式等待简介

显式等待是针对待测 App 页面中某个特定的元素设置的等待时间，在设置的时间内，默认每隔一段时间测试代码执行检测当前页面的元素一次。

显式等待是一种智能的等待方式，它应用于等待某个指定的元素。显式等待比隐式等待更灵活，因为显式等待可以等待动态加载的 AJAX "支持"的元素（AJAX 是一种在无需重新加载整个网页的情况下，能够更新部分网页内容的技术），所以显式等待比隐式等待定位元素更加灵活。一般通过 WebDriverWait 类来声明显式等待。

2. WebDriverWait 类解析

以下是 WebDriverWait 用法的代码（Python 版和 Java 版）。

● Python 版本

```
WebDriverWait(
```

```
driver,timeout,poll_frequency=0.5,ignored_exceptions=None)
```

参数解析如下。

1）driver：WebDriver 实例对象。

2）timeout：最长等待时间，单位为秒。

3）poll_frequency：检测的间隔步长，默认为 0.5 秒。

4）ignored_exceptions：执行过程中忽略的异常对象，默认只忽略 TimeoutException 异常。

- Java 版本

```
WebDriverWait(WebDriver driver, long timeOutInSeconds)
```

Java 版本常用的有两个参数，参数解析如下。

1）driver：WebDriver 实例对象。

2）timeOutInSeconds：最长等待时间，单位为秒。

3. until 和 util_not 的用法

我们在使用 WebDriverWait 时，通常把它与 until 和 util_not 结合使用。

- until(method, message='')：在规定时间内，每隔一段时间调用一下 method 方法，直到返回值为 True，如果超时抛出带有 message 的 TimeoutException 异常。
- until_not(method, message='')：它与 until( )用法相反，表示在规定时间内，每隔一段时间调用一下 method 方法，直到返回值为 False，如果超时抛出带有 message 的 TimeoutException 异常。

4. expected_conditions 介绍

expected_conditions 是 Selenium 的一个模块，其中包含一系列可用于判断的条件。这些条件可以用来判断页面的元素是否可见、是否可点击等。

（1）导入

需要先导入这个 expected_conditions，导入代码如下（Python 版和 Java 版）。

- Python 版本

```
from selenium.webdriver.support import expected_conditions
```

● Java 版本

```
import org.openqa.selenium.support.ui.ExpectedConditions;
```

（2）expected_conditions 方法介绍

1）判断元素是否被加到了 DOM 树里，但并不代表该元素一定可见，代码如下（Python 版和 Java 版）。

● Python 版本

```
WebDriverWait().until(
    expected_conditions.presence_of_element_located(locator))
```

● Java 版本

```
new WebDriverWait( )\
    .until(ExpectedConditions.presenceOfElementLocated(locator));
```

2）visibility_of_element_located(locator)方法，用来判断某个元素是否可见，可见代表元素非隐藏，并且元素的宽和高都不等于 0，代码如下（Python 版和 Java 版）。

● Python 版本

```
WebDriverWait().until(
    expected_conditions.visibility_of_element_located(locator))
```

● Java 版本

```
new WebDriverWait( ).until(
        ExpectedConditions.visibilityOfElementLocated(locator));
```

3）element_to_be_clickable(locator)方法，判断某元素是否可见并能点击，代码如下（Python 版和 Java 版）。

● Python 版本

```
WebDriverWait().until(
    expected_conditions.element_to_be_clickable((By.ID, "kw")))
```

● Java 版本

```
new WebDriverWait( ).until(
    ExpectedConditions.elementToBeClickable(locator));
```

5. 案例

案例使用的是"雪球"App。打开雪球 App，点击 App 页面上的搜索输入框，先在

框中输入 "alibaba"，然后在搜索输入框 "联想" 出来的列表里点击 "阿里巴巴" 项，选择股票分类，获取股票类型为 "09988" 的股票价格，最后验证价格大于 170，核心代码如下（Python 版和 Java 版）。

（1）Python 演示代码

```
...
def test_wait(self):
    # 点击搜索输入框
    self.driver.find_element_by_id(
        "com.xueqiu.android:id/tv_search").click()
    # 输入 "alibaba"
    self.driver.find_element_by_id(
        "com.xueqiu.android:id/search_input_text"
        ).send_keys("alibaba")
    # 点击"阿里巴巴"项
    self.driver.find_element_by_xpath("//*[@text='阿里巴巴']").click()
    # 点击"股票"项
    self.driver.find_element_by_xpath(
        "//*[contains(@resource-id,'title_container')]//*[@text='股票']"
        ).click()
    # 获取股票价格
    locator = (MobileBy.XPATH,
    "//*[@text='09988']/../../..\
    //*[@resource-id='com.xueqiu.android:id/current_price'"]

    ele = WebDriverWait(self.driver,10)\
    .until(expected_conditions.element_to_be_clickable(locator))
    print(ele.text)
    current_price = float(ele.text)
    expect_price = 170
    # 判断价格大于 expect_price
    assert current_price > expect_price
...
```

（2）Java 演示代码

```
...
private final(By locator = By.xpath("//*[@text='09988']/../../..\
    //*[@resource-id='com.xueqiu.android:id/current_price'");

@Test
public void waitTest(){
```

```
    // 点击搜索输入框
    driver.findElementById("com.xueqiu.android:id/tv_search").click();
    // 输入 "alibaba"
    driver.findElementById("com.xueqiu.android:id/\
        search_input_text").sendKeys("alibaba");
    // 点击"阿里巴巴"项
    driver.findElementByXPath("//*[@text='阿里巴巴']").click();
    // 点击"股票"项
    driver.findElementByXPath("//*[contains(@resource-id,\
        'title_container')]//*[@text='股票']").click();
    // 获取股票价格
    WebDriverWait wait=new WebDriverWait(driver, 10);
    wait.until(ExpectedConditions.elementToBeClickable(locator));
    String locatorText = driver.findElement(locator).getText();
    System.out.println(locatorText);

    float currentPrice = Float.parseFloat(locatorText);
    float expectPrice = 170;
    //判断价格大于 expect_price
    assertThat(currentPrice, greaterThan(expectPrice));
}
...
```

这个测试用例作用是，对"当前价格"这个元素进行点击操作，我们需要等待这个元素处于"可点击"状态，才能对它进行操作，针对这种情况，使用隐式等待是解决不了问题的。

上面的代码通过使用判断元素是否可点击的方法来判断元素是否处于可点击状态，在执行中间添加了 10 秒的等待时间，在 10 秒内每隔 0.5 秒查找一次元素，如果找到了这个元素，就继续向下执行；如果没找到就抛出 TimeoutException 异常。显式等待可以在某个元素上灵活地添加等待时长，尤其是文件上传或者资源文件下载的测试场景中，可以添加显式等待，提高测试脚本的稳定性。

一般来说，测试脚本中会使用隐式等待与显式等待结合的方式，定义完 driver 之后立即设置一个隐式等待，在测试过程中需要判断某个元素属性的时候，再加上显式等待。

5.9　特殊控件 Toast 识别

1. Toast 简介

Toast 是 Android 系统中的一种消息框类型，它属于一种轻量级的消息提示框类型，常常以小弹框的形式出现，一般出现 1～2 秒会自动消失。它可以出现在屏幕中任意位置。它不同于 Dialog（对话框），它没有焦点。Toast 的设计思想是尽可能地不引人注意，同时还向用户显示信息，并希望用户可以看到。

测试 App 下载地址：

https://GitHub 网站/appium/sample-code/raw/master/sample-code/apps/ApiDemos/bin/ApiDemos-debug.apk。

首先将上面地址的 apk 包下载到本地计算机上，并安装到模拟器中；在模拟器中打开 API Demos，依次点击 "Views" → "Popup Menu"→"Make a Popup"→"Search" 项，就会弹出消息提示框，如图 5-18 所示。

图 5-18 中 "Clicked popup menu item Search" 就是 Toast，它通常在页面上停留

图 5-18

的时间只有 2 秒左右，测试中用 Appium Inspector 一般不容易获取到这个提示框元素。

2. 获取 Toast

在模拟器中打开 API Demos，依次点击 "Views" → "Popup Menu" → "Make a Popup" → "Search" 项，查看页面的 Toast 元素。

示例代码如下（Python 版和 Java 版）。

（1）Python 演示代码

```
# 设置 capabilities
caps = {}
caps["platformName"] = "Android"
caps["appPackage"] = "io.appium.android.apis"
caps["appActivity"] = ".ApiDemos"
#必须使用 UiAutomator2 框架
caps["automationName"] = "uiautomator2"
caps["deviceName"] = "hogwarts"
# 与 Appium Server 建立连接
driver = webdriver.Remote("http://localhost:4723/wd/hub", caps)
# 设置隐式等待
driver.implicitly_wait(5)

# 点击 Views 项
driver.find_element_by_accessibility_id("Views").click()
```

```python
# 滑动页面
TouchAction(driver).press(380, 1150)\
  .move_to(380, 150).release().perform()
# 点击 'Popup Menu' 项目
driver.find_element_by_xpath(
  "//*[@content-desc='Popup Menu']").click()
# 点击 'Make a Popup!'项
driver.find_element_by_xpath(
  "//*[@content-desc='Make a Popup!']").click()
# 点击 'Search'项
driver.find_element_by_xpath("//*[contains(@text,'Search')]").click()
toastXPath = "//*[@class='android.widget.Toast']"
#打印 toastXPath
print(driver.find_element_by_xpath(toastXPath))
#打印 toastXPath 获取的 text
print(driver.find_element_by_xpath(toastXPath).text)
```

（2）Java 演示代码

```java
@BeforeAll
public static void setup() throws MalformedURLException {
    DesiredCapabilities desiredCapabilities = new DesiredCapabilities();
    desiredCapabilities.setCapability("platformName", "Android");
    desiredCapabilities.setCapability("appPackage", "io.appium.android.apis");
    desiredCapabilities.setCapability("appActivity", ".ApiDemos");
    desiredCapabilities.setCapability("automationName", "uiautomator2");
    desiredCapabilities.setCapability("deviceName", "hogwarts");

    URL remoteUrl = new URL("http://127.0.0.1:4723/wd/hub");
    driver = new AndroidDriver(remoteUrl, desiredCapabilities);
    driver.manage().timeouts().implicitlyWait(10, TimeUnit.SECONDS);
}

@Test
public void toastTest() {
    //点击 Views 项
    driver.findElement(MobileBy.AccessibilityId("Views")).click();
    //滑动页面
    TouchAction action = new TouchAction(driver);
    PointOption pressPointOne = PointOption.point(380, 1150);
    PointOption movePointOne = PointOption.point(380, 150);
    action.press(pressPointOne).moveTo(movePointOne).release();
    //点击 'Popup Menu' 项目
    driver.findElement(By.xpath("//*[@content-desc='Popup Menu']")).click();
```

```
//点击 'Make a Popup!' 项目
driver.findElement(By.xpath("//*[@content-desc='Make a Popup!']")).click();
//点击 'Search' 项
driver.findElement(By.xpath "//*[contains(@text,'Search')]")).click();
By toastXPath = By.xpath("//*[@class='android.widget.Toast']");
//打印 toastXPath
System.out.println(driver.findElement(toastXPath));
//打印 toastXPath 获取的 text
System.out.println(driver.findElement(toastXPath).getText());
}
```

上述代码中定位 Toast 使用了 XPath 表达式，因为 Toast 的 class 属性比较特殊，页面中一般会出现一次 class="android.widget.Toast"的元素，所以使用 XPath 定位方式搭配隐式等待就可以很轻松地定位到 Toast。

上述代码执行结果如下。

```
[[Android: uiautomator2] -> xpath: //*[@class='android.widget.Toast']]
Clicked popup menu item Search
PASSED: testToast
```

5.10　属性获取与断言

1. 断言简介

断言是 UI 自动化测试的三要素之一，是 UI 自动化测试中不可或缺的部分。我们使用定位器定位到元素后，通过测试脚本进行业务交互操作时，想要验证交互操作过程中的结果正确性就需要用到断言。

2. 常规的 UI 自动化测试中使用的断言

在 UI 自动化测试中，我们通过使用断言来分析测试结果的正确性。

常用的断言一般包含以下几种。

- 比较大小：比较数字的大小（如 2>1）。
- 内容包含：某个字符串包含另一个字符串（"abcd"包含"ab"）。
- 内容不包含：某个字符串不包含另一个字符串（如"abc"不包含"de"）。
- 验证布尔值：验证一个表达式是否为真（如 2>=1）。

演示代码如下（Python 版和 Java 版）：

- Python 版本

```python
# 第一种：比较大小
price = driver.find_element(
    By.XPATH,'//*[contains(@resource-id="current_price")]').text
assert float(price) >=170

# 第二种：包含验证
name = driver.find_element(
    By.XPATH,'//*[contains(@resource-id="stockName")]').text
assert "BABA" in name

# 第三种：布尔值验证
def check():
    name = driver.find_elements(By.XPATH,'//*[contains(@resource-
id="stockName")]')
    return True if len(name)!=0 else False
assert check()
```

从上面的示例可以看出，Python 用 assert 来判断一个条件是否为真，如果条件为真，就继续执行；如果条件为假，则抛出 AssertError 异常并包含错误信息。断言可以在条件不满足程序运行的情况下直接返回错误或异常信息。

- Java 版本

```java
// 第一种：比较大小
String price = driver.findElement(By.xpath("//*[contains(@resource-
id=\"current_price\")]")).getText();
float currentprice = Float.parseFloat(price);
float expectprice = 170;
assert currentprice >= expectprice;

// 第二种：包含验证
String name = driver.findElement(By.xpath("//*[contains(@resource-
id=\"stockName\")]")).getText();

assert name.contains("BABA");

// 第三种：布尔值验证
@Test
public boolean check(){
    List<WebElement> name = driver.findElements(By.xpath("//
*[contains(@resource-id=\"stockName\")]"));
```

```
    return names.size() > 0 ? true : false;
}

@Test
public void checkTest(){
    assert check();
}
```

从上面的示例可以看出，Java 用 assert 关键字进行断言。另外，如果需要处理更复杂的断言，可以使用 Hamcrest 提供的方法，Hamcrest 提供了大量被称为"匹配器"的方法。

3. Hamcrest 断言

（1）Hamcrest 简介

Hamcrest 是一个以测试应用为目的、能灵活组合表达式的匹配器类库，也用于编写断言的框架，使用这个框架编写断言，可以提高程序的可读性及测试的效率。Hamcrest 提供了大量被称为"匹配器"的方法。每个匹配器都可用于执行特定的比较操作。Hamcrest 的可扩展性强，允许创建自定义的匹配器，并支持多种语言。

（2）安装 Hamcrest

在 Python 和 Java 环境下安装 Hamcrest 演示如下。

- Python 版本

```
pip install pyhamcrest
```

- Java 版本

```
<dependency>
    <groupId>org.hamcrest</groupId>
    <artifactId>hamcrest</artifactId>
    <version>2.2</version>
    <scope>test</scope>
</dependency>
```

（3）导入 Hamcrest 包

代码中使用 Hamcrest 时，需要先在代码中导入 Hamcrest 包。Hamcrest 的 Python 和 Java 环境下的包导入如下。

- Python 版本

```
from hamcrest import *
```

● Java 版本

```
import static org.hamcrest.MatcherAssert.assertThat;
import static org.hamcrest.Matchers.*;
```

Hamcrest 提供了一个全新的断言语法（assert_that），可以只使用 assert_that 实现一个断言语句，然后结合 Hamcrest 提供的匹配符，就可以完成各种场景下的断言任务。

（4）assert-that 提供的 API（方法）

1）比较两个字符串相等的 API 示例代码如下（Python 版和 Java 版）。

● Python 版本

```
assert_that("this is a string",equal_to("this is a string"))
```

● Java 版本

```
assertThat("this is a string",equalTo("this is a string"));
```

2）数值匹配，比较两个值是否接近的 API 示例代码如下（Python 版和 Java 版）。

● Python 版本

```
assert_that(8,close_to(10,2))
```

● Java 版本

```
assertThat(8.0,closeTo(10,2));
```

解释：断言 8 接近于（8~12）这个范围。

3）判断包含某个字符的 API 示例代码如下（Python 版和 Java 版）。

● Python 版本

```
assert_that('abc',contains_string('d'))
```

● Java 版本

```
assertThat("abc",containsString("d"));
```

（5）案例

测试案例使用的是"雪球"应用，打开雪球 App，先点击 App 页面上的"搜索输入框"，并在"搜索输入框"中输入"alibaba"，然后在搜索关键词联想出来的词组列表里面点击"阿里巴巴"，选择股票分类，获取股票类型为"09988"的股票价格，最后验证价格在预期价格的 10% 上下浮动。核心演示代码如下（Python 版和 Java 版）。

Python 演示代码

```python
from hamcrest import assert_that, close_to
...
def test_wait(self):
    # 点击"搜索输入框"
    self.driver.find_element_by_id(
        "com.xueqiu.android:id/tv_search").click()
    # 输入 "alibaba"
    self.driver.find_element_by_id(
        "com.xueqiu.android:id/search_input_text"
        ).send_keys("alibaba")
    # 点击"阿里巴巴"
    self.driver.find_element_by_xpath("//*[@text='阿里巴巴']").click()
    # 点击"股票"
    self.driver.find_element_by_xpath(
        "//*[contains(@resource-id,'title_container')]//*[@text='股票']"
        ).click()
    # 获取股票价格
    locator = (MobileBy.XPATH,
    "//*[@text='09988']/../../..\
    //*[@resource-id='com.xueqiu.android:id/current_price'"]
    ele = WebDriverWait(self.driver,10)\
    .until(expected_conditions.element_to_be_clickable(locator))

    print(ele.text)
    current_price = float(ele.text)
    expect_price = 170

    # 使用 Hamcrest 断言来判断股票价格浮动在 10%范围内
    assert_that current_price,
    close_to(expect_price, expect_price*0.1))
...
```

Java 演示代码

```java
import static org.hamcrest.MatcherAssert.assertThat;
import static org.hamcrest.Matchers.*;
...
@Test
public void wait1Test(){
    // 点击"搜索输入框"
    driver.findElementById("com.xueqiu.android:id/tv_search").click();
    // 输入 "alibaba"
```

```
    driver.findElementById("com.xueqiu.android:id/
search_input_text").sendKeys("alibaba");

    // 点击"阿里巴巴"
    driver.findElementByXPath("//*[@text=\"阿里巴巴\"]").click();

    // 点击"股票"
    driver.findElementByXPath("//*[contains(@resource-id,\"title_container\")]//
*[@text=\"股票\"]").click();

    // 获取股票价格
    By price_locator = By.xpath("//*[@text='09988']/../../..//*[@resource-
id=\"com.xueqiu.android:id/current_price\"]");
    WebDriverWait wait = new WebDriverWait(driver, 10);
    WebElement ele =
wait.until(ExpectedConditions.elementToBeClickable(price_locator));

    System.out.println(ele.getText());
    double currentPrice = Double.parseDouble(ele.getText());
    double expectPrice = 170;
    // 使用 Hamcrest 断言来判断股票价格浮动在 10% 范围内
    assertThat(currentPrice, closeTo(expectPrice,expectPrice*0.1));

}
...
```

上面的示例中，assert_that/assertThat 是用于生成测试断言的样式化语句，用于比较两个值（current_price 与 expect_price）是否接近，断定实际值 current_price 在 expect_price-expect_price*0.1 与 expect_price+expect_price*0.1 区间浮动。

5.11 参数化测试用例

1. 参数化简介

参数化是自动化测试的一种常用技巧，测试人员可以将测试代码中的某些变量的输入使用参数来代替。我们以测试百度搜索功能为例，每次测试搜索功能，都要测试搜索框中输入的不同的搜索内容，在进行这个测试过程中，除了搜索框中的数据在变化，测试的步骤也是重复的，这时就可以使用参数化的方式来解决测试数据变化，测试步骤不变的问题。参数化就是把测试需要用到的参数写到数据集合里，让测试程序自动从这个集合里面取数据，同时每条数据都生成一个对应的测试用例。

2. 参数化使用方法

我们使用 Appium 测试框架编写测试用例时，通常会结合单元测试框架一起使用。使用测试框架的参数化机制，可以减少代码重复。参数化的使用方法是，在测试代码前添加装饰器完成测试数据的传输。示例代码如下（Python 版和 Java 版）。

- Python 版本

```
@pytest.mark.parametrize("argvnames",argvalues)
```

- Java 版本

```
@ParameterizedTest
@ValueSource(strings = argvalues)
```

不同编程语言提供的单元测试框架支持的参数传递方式也不一样，但都会在测试用例上添加一个装饰器用以帮助参数化的实现，以 Python 语言提供的单元测试框架 pytest 为例，pytest 自带了参数化功能，在测试用例上添加参数化需要用到装饰器@pytest.mark.parametrize()，同时需要传入两个参数 "argvnames" 与 "argvalues"，第一个参数需要一个或者多个变量来接收列表中的每组数据，第二个参数传递存储数据的列表。测试用例需要使用同名的字符串接收测试数据（与 "argvnames" 里面的名字一致），且列表有多少个元素就会生成并执行多个测试用例。下面示例使用参数化定义 3 组数据，每组数据都存放在一个数据序列中，分别将数据序列传入（test_input,expected）参数中，示例代码如下（Python 版和 Java 版）。

- Python 版本

```
# content of test_expectation.py
import pytest

@pytest.mark.parametrize("test_input,expected", [("3+5", 8), ("2+4", 6), ("6*9",
42)])
def test_eval(test_input, expected):
    assert eval(test_input == expected
```

运行结果如下：

```
...
test_expectation.py ..F
```

```
test_input = '6*9', expected = 42

    @pytest.mark.parametrize("test_input,expected",
    [("3+5", 8), ("2+4", 6), ("6*9", 42)])

    def test_eval(test_input, expected):
>       assert eval(test_input) == expected

E       AssertionError: assert 54 == 42
E        +  where 54 = eval('6*9')

test_expectation.py:6: AssertionError
```

- Java 版本

```java
public class BookParamTest {
    @ParameterizedTest
    @MethodSource("intProvider")
    void testWithExplicitLocalMethodSource(int first,int second,int sum) {
        assertEquals(first + second , sum);
    }
    static Stream<Arguments> intProvider() {
        return Stream.of(
                arguments( 3 , 5 , 8),
                arguments( 3 , 5 , 6),
                arguments( 6 , 9 , 42)
                );
    }
}
```

运行结果如下：

```
...
org.opentest4j.AssertionFailedError:
Expected :8
Actual   :6
<Click to see difference>


 at org.junit.jupiter.api.AssertionUtils.fail(AssertionUtils.java:55)
 at org.junit.jupiter.api.AssertionUtils.failNotEqual(AssertionUtils.java:62)
 at org.junit.jupiter.api.AssertEquals.assertEquals(AssertEquals.java:150)
 at org.junit.jupiter.api.AssertEquals.assertEquals(AssertEquals.java:145)
```

```
at org.junit.jupiter.api.Assertions.assertEquals(Assertions.java:527)
...
```

从上面的运行结果可以看出，执行的 3 条测试用例分别对应 3 组数据，但测试步骤完全相同，只是传入的测试数据发生了变化。

3. 案例演示

本测试案例使用"雪球"应用，打开雪球 App，点击 App 页面上的搜索输入框，且在搜索输入框中输入"alibaba"关键词，然后在关键词联想出来的列表里点击"阿里巴巴"项（见图 5-19），选择股票分类，获取股票类型为"BABA"的股票价格，最后验证价格在预期价格的 10%范围浮动。

图 5-19

这个案例使用了参数化机制和 Hamcrest 断言机制，核心代码如下（Python 版和 Java 版）。

（1）Python 演示代码

```python
from appium import webdriver
import pytest
from hamcrest import *

class TestXueqiu:
    # 省略
    # 参数化
    @pytest.mark.parametrize("keyword, stock_type, expect_price", [
        ('alibaba', 'BABA', 170),
        ('xiaomi', '01810', 8.5)
    )]
    def test_search self, keyword, stock_type, expect_price):
        # 点击搜索项
        self.driver.find_element_by_id("home_search").click()
        # 向搜索框中输入"keyword"
        self.driver.find_element_by_id(
```

```
            "com.xueqiu.android:id/search_input_text"
        ).send_keys(keyword)

    # 点击搜索结果
    self.driver.find_element_by_id("name").click()
    # 获取价格
    price = float(self.driver.find_element_by_xpath(
        "//*[contains(@resource-id, 'stockCode')\
        and @text='%s']/../../..\
        //*[contains(@resource-id, 'current_price')]"
        % stock_type
    ).text)
    # 使用断言
    assert_that(price, close_to(expect_price, expect_price * 0.1))
...
```

（2）Java 演示代码

```java
import org.junit.jupiter.params.ParameterizedTest;
import org.junit.jupiter.params.provider.Arguments;
import org.junit.jupiter.params.provider.MethodSource;
import java.util.stream.Stream;

import static org.hamcrest.MatcherAssert.assertThat;
import static org.hamcrest.Matchers.closeTo;
import static org.junit.jupiter.params.provider.Arguments.arguments;

public class XueqiuTest {
    // 省略

    @ParameterizedTest
    @MethodSource
    void testSearch(String keyword, String stockType, float expectPrice) {
        //点击搜索项
        driver.findElement(By.id("home_search")).click();
        //向搜索框中输入"keyword"
        driver.findElement(By.id("com.xueqiu.android:id/search_input_text"\
        )).sendKeys(keyword);
        //点击搜索结果
        driver.findElement(By.id("name")).click();
        //获取价格
        String format = String.format("//*[contains(@resource-id, \
        'stockCode') and @text='%s']/../../..//*[contains(@resource-id,\
```

```
                    'current_price')]", stockType);
            String text = driver.findElement(By.xpath format)).getText();
            double price = Double.parseDouble(text);
            assertThat(price , closeTo(expectPrice,expectPrice * 0.1));

        }
    static Stream<Arguments> testSearch() {
        return Stream.of(
                arguments("alibaba", "BABA", 170),
                arguments("xiaomi", "01810", 8.5)
        );
    }

}
```

上面的代码传入了两组测试数据，每组有 3 个数据，分别为搜索关键词、股票类型和股票价格。在执行测试用例时，分别将两组数据传入测试代码中，用以搜索不同的关键词，并使用 Hamcrest 实现股票价格的断言。

5.12 Capability 使用进阶

1. Capability 简介

Capability 是一组键值对的集合（如 "platformName"："Android"）。Capability 主要用于通知 Appium 服务端建立 Session 需要的信息。客户端使用特定语言生成 Capability，最终会以 JSON 对象的形式发送给 Appium 服务端。

2. Appium 底层架构（见图 5-20）

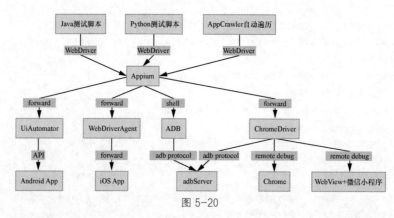

图 5-20

下面的例子代码展示了几个重要的 Capability 参数。

- Python 版本

```
{
  "platformName": "Android",
  "platformVersion": "6.0",
  "deviceName": "hogwarts",
}
```

- Java 版本

```
desiredCapabilities.setCapability("platformName", "Android");
desiredCapabilities.setCapability("platformVersion", "6.0");
desiredCapabilities.setCapability("deviceName", "hogwarts");
```

上面的 Capability 参数说明。

这里用到 3 个配置项,"platformName""platformVersion""deviceName"分别代表被测平台名、被测平台的版本、设备名称。除了这 3 个参数是最基本的配置项,还有很多其他的配置项。

3. 通用的 Capability 参数

Capability 参数非常多,通用型的参数适用于 Android 平台或 iOS 平台。表 5-5 所示是部分通用型的参数。

表 5-5

Capability 参数	描述	值
automationName	使用哪个驱动引擎	Appium(默认)
platformName	使用哪个被测平台	iOS、Android, 或者 Firefox 系统
platformVersion	被测平台的版本	如 7.1, 4.4
deviceName	使用哪种设备	iPhone 模拟器, iPad 模拟器, iPhone Retina 4 寸, Android 模拟器, Galaxy S4 等

(1)仅支持 Android 平台的参数

表 5-6 所示的 Capability 参数仅支持 Android 平台。

表 5-6

Capability 参数	描述	值
appActivity	这个参数默认接收包的配置文件 manifest 中的（action:android. intent.action.MAIN,category:android. intent.category.LAUNCHER）	MainActivity, .Settings
appPackage	这个参数默认会从包配置文件 manifest 中获取（@package 属性值）	com.example.myApp, com.android.sysApp
chromedriverExecutable	本地的绝对路径	/abspath/driver, D:\abspath\driver

（2）仅支持 iOS 平台的参数

表 5-7 所示的 Capability 参数仅支持 iOS 平台。

表 5-7

Capability 参数	描述	值
calendarFormat	设置 iOS 模拟器的日历格式	如 gregorian
bundleId	用于启动一个真实设备上的应用	如 io.appium.TestApp

5.13　实战演练

下面的实战演练内容需要结合上面所学的知识点，完成对 App 的自动化测试用例脚本的编写。

1. 某股票 App

（1）被测 App 介绍

某股票 App 主要有以下几个大的功能板块，问答板块、精华板块、交易板块、股票展示板块、首页板块和话题板块等。用户可以通过切换不同的板块实现不同的操作。用户除了可以在 App 上查看各类消息之外，也可以在 App 上进行讨论、发帖等交互。

此 App 的搜索功能的用户需求如下。

1）入口：点击顶部栏的"搜索"按钮，展示搜索控件。

2）搜索控件：展示搜索框，可以在搜索框中输入要搜索的关键词，当按回车键后页面跳转到搜索结果页面。

3）搜索结果页：搜索到的结果如果一页展示不下，可以通过滚动条滚动页面显示；搜索的结果包含要搜索的关键字。

（2）被测产品体验地址

手机应用商店下载，如雪球。

（3）测试点考查

1）理解用户需求后，完成此 App 的搜索功能的测试用例代码编写。

2）通过自动化测试的方式完成被测 App 的测试。

3）通过添加断言的方式判断结果的正确性。

4）通过数据参数化、PO 等方式提高测试脚本的可维护性。

5）通过添加异常处理，提高测试脚本运行的稳定性。

2.　后台管理 App

（1）被测 App 介绍

某后台管理 App 的主要功能有，商品管理、订单管理和用户管理。这是商店管理人员使用的 App，管理人员可以通过系统对商品进行添加、修改和删除，帮助用户下单、查看订单，也可以对用户数据进行查看、管理，帮助用户修改个人信息。

此 App 提供的下单功能描述成用户需求文档如下。

1）进入商品列表页面，选定商品，点击"下单"按钮，选择"确定"按钮。如果显示商品存货充足，则下单成功。

2）用户下单成功后，进入订单记录页面，App 产生一条订单记录，用户从订单记录上可以看到详细的订单信息。

3）App 返回商品列表页面，对应的商品状态发生变化。

（2）被测产品体验地址

进入官网后下载对应 App：https://management.hogwarts.ceshiren.com。

（3）本实战测试案例考查点如下。

1）理解用户需求后，完成对此 App 提供的下单功能的测试用例代码编写。

2）通过自动化测试的方式完成被测 App 的测试。

3）通过添加断言的方式判断结果的正确性。

4）通过数据参数化、PO 等方式提高测试脚本的可维护性。

5）通过添加异常处理，提高测试脚本运行的稳定性。

第6章 接口协议抓包分析与 Mock

1. 接口测试简介

如果把测试简单分为两类，那么就是客户端测试和服务端测试。客户端的测试包括 UI 测试、兼容性测试等，服务端测试包括接口测试、性能测试等。接口测试主要检查数据的交换、传递和控制管理。它绕过了客户端，直接对服务端进行测试。客户端测试与服务端测试的关系如图 6-1 所示。

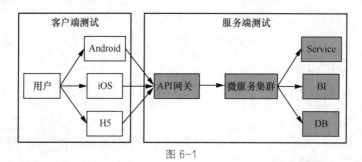

图 6-1

2. 接口测试的价值

服务端的结构非常复杂，图 6-2 所示是阿里巴巴系统的核心链路图，包含大约 150 个组件，组件与组件之间进行交互，形成了密集的后端通信网络。UI 测试无法覆盖这么复杂的组件交互网络，所以要绕过客户端，直接使用接口测试对服务端进行测试。

3. 接口测试的体系

接口测试相比 UI 测试，可以更早发现系统中的问题，更快地反馈质量改进建议；同理，单元测试相比接口测试，可以更早发现系统中的问题，更快地反馈质量改进建议，所以花费的成本更低。

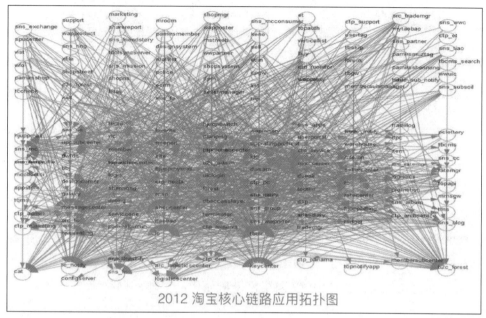

图 6-2

4. 客户端测试与服务端测试的关系

虽然接口测试覆盖面广，但是也不能使用接口测试替代客户端测试。UI 测试涉及系统的用户体验，用户体验的测试无法用接口测试替代。

6.2 常见接口协议解析

1. 接口协议简介

系统中的服务与服务之间传递数据包，往往会因为不同的应用场景，使用不同的通信协议进行数据包传递。如我们访问网站常常使用 HTTP，文件传输使用 FTP，邮件发送使用 SMTP。上述的 3 种类型的协议都处于网络模型中的应用层。除了应用层的常用协议之外，还会用到传输层的 TCP、UDP，以及 Restful 架构和 RPC 等。

2. 网络协议介绍

在了解具体的网络协议之前，我们需要先了解 OSI 七层模型、TCP/IP 四层模型、五层体系结构这 3 种不同的网络模型。图 6-3 所示是网络协议模型对比图。

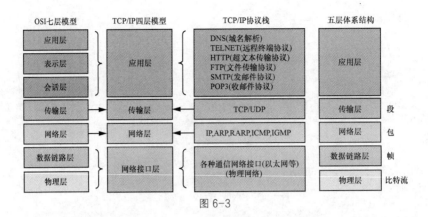

图 6-3

- OSI 参考模型是一个在制定协调进程间通信标准时所使用的概念性框架,它并不是一个标准。
- TCP/IP 四层模型是网际网络的基础通信架构。常视为是简化的七层 OSI 模型。
- 五层体系结构是 OSI 和 TCP/IP 的综合,实际应用还是 TCP/IP 的四层结构。
- TCP/IP 协议栈是对应 TCP/IP 四层模型所使用的具体的网络协议。

3. TCP

TCP 是在传输层中,一种面向连接的、可靠的、基于字节流的传输层通信协议。TCP 的工作方式是,在建立连接的时候需要进行"三次握手",终止连接时需要进行"四次挥手"。"三次握手"和"四次挥手"是 TCP 的重要知识点,在后面的章节会通过实战和理论结合的方式具体介绍。

适用场景

TCP 的面向连接、错误重传、拥塞控制等特性,适用于可靠性高的通信场景,如涉及用户信息的数据传输。

4. UDP

UDP 一旦把应用程序发给网络层的数据发送出去,就不保留数据备份。所以,UDP 常常被认为是不可靠的数据包协议。

适用场景

UDP 不需要提前建立连接、实现简单的特性,非常适用于实时性高的网络通信场景,如流媒体、在线游戏等。

5. HTTP

HTTP 是接口测试中最常用的协议，也是用于分布式、协作式和超媒体信息系统的应用层协议。HTTP 是万维网数据通信的基础。客户端向服务端发送 HTTP 请求，服务端则会在响应中返回所请求的数据。在测试过程中，我们常常需要校验系统的请求和响应结果，所以，了解 HTTP，对于我们进行接口测试来说，是重中之重。

后面章节将会具体介绍 HTTP 和 HTTPS 的区别，以及 HTTP 的基础知识。

6. REST 架构

REST（REpresentation State Transfer）是 Roy Thomas Fileding 博士于 2000 年在他的论文中提出的一种万维网软件架构风格。REST 指的是一组架构约束条件和原则，其目的是便于不同的软件在网络中传递信息。RESTful 指的是满足某些约束条件和原则的应用程序或设计。

HTTP 请求方法在 RESTful API 中的典型应用如表 6-1 所示。

表 6-1

HTTP 请求方法	典型应用
GET	获取资源
POST	新增或者更新
PUT	更新资源
DELETE	删除资源

7. RPC 协议

RPC 的英文全称为 Remote Procedure Call，英文全称很好地诠释了 RPC 协议的概念，即以本地代码调用的方式实现远程执行。RPC 主要用于公司内部的服务调用。RPC 的优点在于信息传输效率更高、性能损耗更低、自带负载均衡策略。

常用的 RPC 框架

目前在行业内常用的 RPC 框架主要如下。

1）Dubbo：Java 基础之上的高性能 RPC 框架。

2）gRPC：高性能通用 RPC 框架，基于 Protocol Buffers（简称 PB，PB 是一个语言中立、平台中立的数据序列化框架）设计的。

3）Thrift：与 gRPC 类似的多语言 RPC 框架。

6.3　抓包分析 TCP

1．TCP 简介

TCP 是在传输层中，一种面向连接的、可靠的、基于字节流的通信协议。

2．抓包分析的工具

抓包分析的工具分类如下。

（1）网络嗅探工具：Tcpdump、Wireshark。

（2）代理工具：Fiddler、Charles、Anyproxyburpsuite、Mitmproxy。

（3）分析工具：Curl、Postman、Chrome Devtool。

3．抓包分析的部分工具介绍

（1）Tcpdump

Tcpdump 是一款将网络中传送的数据包的"头"完全截获下来供用户分析的工具。它支持针对协议、主机、网络或端口的过滤，并通过 and、or、not 等逻辑语句去掉无用的信息。

用 Tcpdump 时刻监听 443 端口，如果发现异样信息，就把这类信息输入到 log 文件中，命令代码如下。

```
sudo tcpdump port 443 -v -w /tmp/tcp.log
```

这条命令里使用的参数解析如表 6-2 所示。

表 6-2

常用参数	含义
port 443	监听 443 端口
-v	输出更加详细的信息
-w	把信息输入到 log 文件中

（2）Wireshark

Wireshark 是一款网络嗅探工具，它除了拥有 Tcpdump 功能，还有更多扩展功能，如分析功能。但是在接口测试中，抓包往往都是在服务器上进行的，服务器一般不提供 UI 界面，所以 Wireshark 无法在服务器上运行，只能利用 Tcpdump，把它监听到的信息输入到 log 文件，然后将 log 文件导入 Wireshark 使用，以便我们可在有 UI 界面的客户端上分析数据包。

（3）抓包分析实现

获取一个 HTTP 的 GET 请求的实现步骤如下。

1）在百度上搜 MP3（http://www.baidu.com/s?wd=mp3）。

2）用 Tcpdump 截获这个 GET 请求，并将获取的信息输入到 log 文件。

3）用 Wireshark 打开 log 文件，如图 6-4 所示。

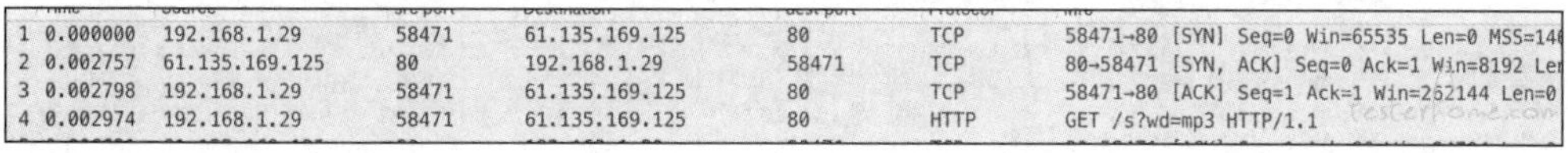

	Time	Source	Src port	Destination	Dest port	Protocol	Info
1	0.000000	192.168.1.29	58471	61.135.169.125	80	TCP	58471→80 [SYN] Seq=0 Win=65535 Len=0 MSS=146
2	0.002757	61.135.169.125	80	192.168.1.29	58471	TCP	80→58471 [SYN, ACK] Seq=0 Ack=1 Win=8192 Len
3	0.002798	192.168.1.29	58471	61.135.169.125	80	TCP	58471→80 [ACK] Seq=1 Ack=1 Win=262144 Len=0
4	0.002974	192.168.1.29	58471	61.135.169.125	80	HTTP	GET /s?wd=mp3 HTTP/1.1

图 6-4

log 文件的前几段信息是表示三次握手，三次握手就像是下面这些操作（见图 6-5）。

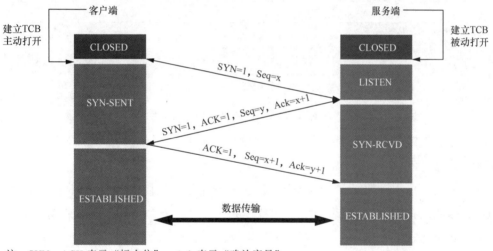

注：SYN、ACK 表示"标志位"，Ack 表示"确认序号"

图 6-5

（1）第一次握手：建立连接时，客户端将标志位 SYN 置为 1，随机产生一个值 Seq=x，并发送 SYN 包到服务端，客户端进入 SYN_SENT 状态，等待服务端确认。

（2）第二次握手：服务端收到 SYN 包后，由标志位 SYN=1 知道客户端请求建立连接，服务端将标志位 SYN 和 ACK 都置为 1，Ack=x+1，随机产生一个值 Seq=y，并将该 SYN 包发送给客户端以确认连接请求，此时服务端进入 SYN_RCVD 状态。

（3）第三次握手：客户端收到服务端的 SYN 包后，检查 Ack 是否为 y+1，ACK 是否为 1，如果正确，则将标志位 ACK 置为 1，Ack=y+1，并将 SYN 包发送给服务端，服务端检查 Ack 是否为 y+1，ACK 是否为 1，如果正确则连接建立成功，此包发送完毕，客户端和服务端进入 ESTABLISHED 状态，完成三次握手。

经过三次握手后，客户端和服务端就可以进一步"交流"了，如图 6-6 所示。

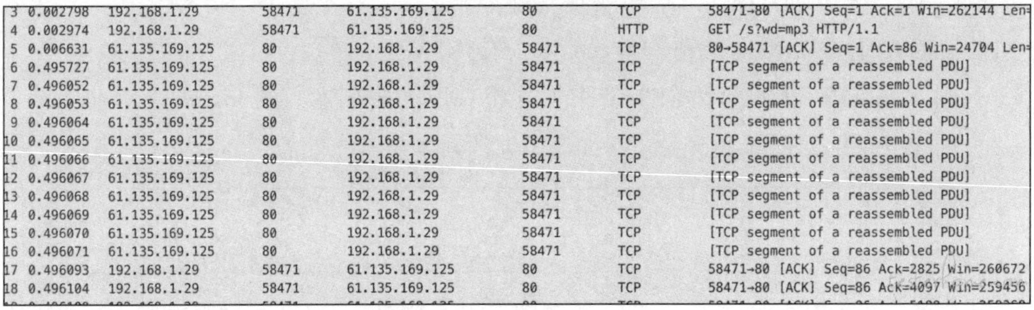

3	0.002798	192.168.1.29	58471	61.135.169.125	80	TCP	58471→80 [ACK] Seq=1 Ack=1 Win=262144 Len=
4	0.002974	192.168.1.29	58471	61.135.169.125	80	HTTP	GET /s?wd=mp3 HTTP/1.1
5	0.006631	61.135.169.125	80	192.168.1.29	58471	TCP	80→58471 [ACK] Seq=1 Ack=86 Win=24704 Len=
6	0.495727	61.135.169.125	80	192.168.1.29	58471	TCP	[TCP segment of a reassembled PDU]
7	0.496052	61.135.169.125	80	192.168.1.29	58471	TCP	[TCP segment of a reassembled PDU]
8	0.496053	61.135.169.125	80	192.168.1.29	58471	TCP	[TCP segment of a reassembled PDU]
9	0.496064	61.135.169.125	80	192.168.1.29	58471	TCP	[TCP segment of a reassembled PDU]
10	0.496065	61.135.169.125	80	192.168.1.29	58471	TCP	[TCP segment of a reassembled PDU]
11	0.496066	61.135.169.125	80	192.168.1.29	58471	TCP	[TCP segment of a reassembled PDU]
12	0.496067	61.135.169.125	80	192.168.1.29	58471	TCP	[TCP segment of a reassembled PDU]
13	0.496068	61.135.169.125	80	192.168.1.29	58471	TCP	[TCP segment of a reassembled PDU]
14	0.496069	61.135.169.125	80	192.168.1.29	58471	TCP	[TCP segment of a reassembled PDU]
15	0.496070	61.135.169.125	80	192.168.1.29	58471	TCP	[TCP segment of a reassembled PDU]
16	0.496071	61.135.169.125	80	192.168.1.29	58471	TCP	[TCP segment of a reassembled PDU]
17	0.496093	192.168.1.29	58471	61.135.169.125	80	TCP	58471→80 [ACK] Seq=86 Ack=2825 Win=260612
18	0.496104	192.168.1.29	58471	61.135.169.125	80	TCP	58471→80 [ACK] Seq=86 Ack=4097 Win=259456

图 6-6

结束"交流"时，也需要进行四次挥手，如图 6-7 所示。

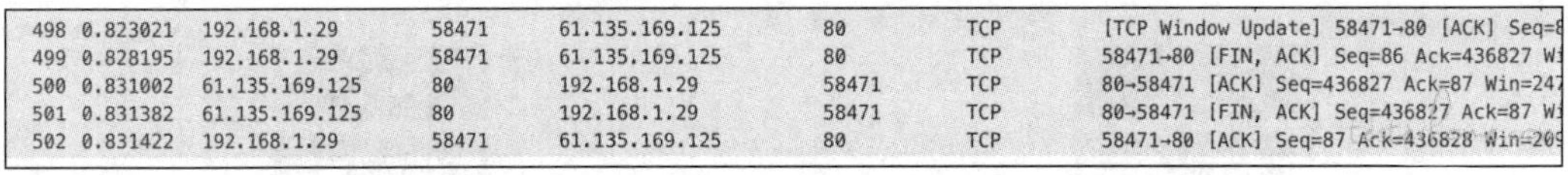

498	0.823021	192.168.1.29	58471	61.135.169.125	80	TCP	[TCP Window Update] 58471→80 [ACK] Seq=8
499	0.828195	192.168.1.29	58471	61.135.169.125	80	TCP	58471→80 [FIN, ACK] Seq=86 Ack=436827 Wi
500	0.831002	61.135.169.125	80	192.168.1.29	58471	TCP	80→58471 [ACK] Seq=436827 Ack=87 Win=247
501	0.831382	61.135.169.125	80	192.168.1.29	58471	TCP	80→58471 [FIN, ACK] Seq=436827 Ack=87 Wi
502	0.831422	192.168.1.29	58471	61.135.169.125	80	TCP	58471→80 [ACK] Seq=87 Ack=436828 Win=209

图 6-7

（1）第一次挥手：客户端向服务端发送一个 FIN，请求关闭数据传输。

（2）第二次挥手：服务端接收到客户端的 FIN，向客户端发送一个 ACK，其中 ACK 的值等于 FIN+SEQ。

（3）第三次挥手：服务端向客户端发送一个 FIN，告诉客户端应用程序关闭。

（4）第四次挥手：客户端收到服务端的 FIN，回复一个 ACK 给服务端。其中 ACK 的值等于 FIN+SEQ。

6.4　使用 Postman 进行发送请求

1．Postman 简介

在接口测试中，我们常用的工具是 Postman。Postman 是一个强大的接口测试平台，具有友好的可视化界面，它在我们的测试工作中常常被作为研发人员的接口调试工具，以及测试人员的手动接口测试工具。

2. Postman 的环境安装准备

读者可以在 Postman 官方网站自行下载安装包。

3. Postman 的使用演练

下面使用 Postman 发送一次 GET 请求。使用的演示网址是 https://httpbin.ceshiren.com/（见图 6-8）。

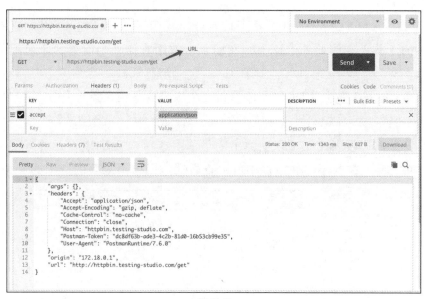

图 6-8

实现的步骤如下。

（1）进入 Postman 软件界面。

（2）在 URL 处填写 https://httpbin.ceshiren.com/get。

（3）选择 GET 请求方式。

（4）点击"Header"项，在 key 文本框处填写"accept"，在 value 文本框处填写"application/json"。

（5）点击"Send"按钮，查看返回内容。

6.5　使用 CURL 发送请求

1. CURL 简介

CURL 是一个通过 URL 传输数据的、功能强大的命令行工具，用于在服务器之间传输数据。CURL 可以与 Chrome Devtool 工具配合使用，把浏览器发送的真实请求还原出来，并附带认证信息。CURL 的功能非常强大，命令行参数多达几十种，我们可以通过修改 CURL 的参数用以获取不同的结果。除此之外，我们也可以单独使用 CURL，根据测试需求用它构造请求参数，构造多种接口测试场景。

2．Chrome Devtool 介绍

使用 CURL 工具之前，需要先了解 Chrome Devtool 工具。

Chrome DevTool（Chrome 开发者工具）是内嵌在 Chrome 浏览器里的一组用于网页制作和调试的工具。在测试的过程中，我们也常常用它作一个简单的抓包工具，操作步骤如下所示。

（1）选择 Chrome 右上角的"："菜单项，在弹出的下拉菜单中依次选择"更多工具"→"开发者工具"项。

（2）右键单击开发者工具项，在弹出的菜单中选择"检查/审查元素"项。

如图 6-9 所示，在 Network 面板中可以查看通过网络请求到的资源的详细信息。

图 6-9

3．CURL 常见用法

（1）从浏览器复制 CURL 工具的命令

1）在浏览器页面右键单击，在弹出的菜单中单击"检查"项，这样就看到页面元素。在页面元素上单击右键，在弹出菜单中依次单击"Copy"→"copy as curl"项，即可把请求内容转化为 CURL 命令。

2）将 CURL 命令复制在 gitbash 或 bash 上并运行命令，则会看到返回的信息。

3）对上面的 CURL 命令进行细化，加入-v 参数可以打印更详细的内容，用 2>&1 将标准错误重定向到标准输出，发送此命令将得到细化后的内容。

细化后的命令如下：

```
curl 'https://home.testing-studio.com/' -H \
```

```
'authority: home.testing-studio.com' -H 'pragma: no-cache'\
-H 'cache-control: no-cache' -H 'upgrade-insecure-requests: 1'\
-H 'user-agent: Mozilla/5.0 (Macintosh; Intel Mac OS X 10_15_0)\
 AppleWebKit/537.36 (KHTML, like Gecko)\
  Chrome/80.0.3987.116 Safari/537.36' \
-H 'sec-fetch-dest: document' \
-H 'accept: text/html,application/xhtml+xml,\
application/xml;q=0.9,image/webp,image/apng,*/*;q=0.8,\
application/signed-exchange;v=b3;q=0.9' \
-H 'sec-fetch-site: none' -H 'sec-fetch-mode: navigate' \
-H 'sec-fetch-user: ?1' \
-H 'accept-language: en,zh-CN;q=0.9,zh;q=0.8' \
--compressed -v 2>&1
```

（2）其他常用命令

发起 GET 请求：

```
curl "https://httpbin.testing-studio.com/get" -H "accept: application/json"
```

发起 POST 请求：

```
curl -X POST "https://httpbin.testing-studio.com/post" -H \
"accept: application/json"
```

Proxy 的使用：

```
curl -x 'http://127.0.0.1:8080' "https://httpbin.testing-studio.com/get"
```

CURL 工具的命令常用参数（见表 6-3）。

表 6-3

参数	含义
-H	消息头设置
-u	用户认证
-d	表示来自于文件
--data-urlencode	对内容进行 url 编码
-G	把 data 数据当成 get
-o	写文件
-x	HTTP 代理、socks5 代理
-v	打印更详细日志
-s	关闭一些提示输出
--help	查看帮助

4. CURL 实战演练

下面通过几个小的实战演练示例，了解 CURL 工具的命令及一些常用参数的用法。

（1）篡改请求头信息，将 User-Agent 改为 testing-studio。

```
curl -H "User-Agent:testing-studio" "http://www.baidu.com" -v
```

上述命令是把请求中的 User-Agent 改为了 testing-studio，结果如下所示。

```
*   Trying 14.215.177.39...
* TCP_NODELAY set
* Connected to www.baidu.com (14.215.177.39) port 80 (#0)
> GET / HTTP/1.1
> Host: www.baidu.com
> Accept: */*
> User-Agent:testing-studio
```

（2）在企业微信中通过 CURL 工具的命令创建标签，这是一个 POST 请求，通过 --data 参数传递 tagname 和 tagid。

```
# token 自定义生成
curl -H "Content-Type: application/json" -X POST \
--data '{"tagname": "hogwarts","tagid": 13}' \
https://qyapi.weixin.qq.com/cgi-bin/tag/create?access_token = $token
```

（3）认证，通过 PUT 上传到 ElasticSearch，使用--user 进行用户认证。

```
# ES_HOST index id content 均为变量，需替换
curl -X PUT "$ES_HOST/$index/_doc/$id?pretty" \
    --user username:password \
    -H 'Content-Type: application/json' \
    -d "$content"
```

6.6　常用代理工具

1. 代理工具简介

各种功能强大的代理工具在接口测试中发挥着作用，如 Charles、Burpsuite、Mitmproxy 等。这些代理工具可以帮助我们构造各种测试场景，以便我们更好地完成测试工作。下面的介绍以 Charles 为主。

2. Charles

Charles 是一款代理服务器工具，用它可以截取请求和响应以达到抓包的目的，它支

持多平台，能够在 Windows、Mac、Linux 上运行。

（1）Charles 的界面和基本设置

Charles 界面的上边是菜单栏，界面左边记录了访问过的每个网站/主机，右侧显示网站/主机的信息。图 6-10 所示是 Charles 的主界面。

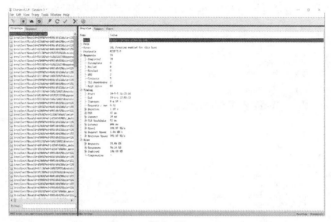

图 6-10

（2）session 菜单项

Charles 可以存储各种网络请求信息，所有的请求和响应都会记录到 session 中，利用 session 可以对目标接口进行检查和分析。打开主菜单栏"File"项，"File"项中列出了用于管理 session 的子菜单项，包括新建、打开、清空等。图 6-11 所示是管理 session 的子菜单项。

图 6-11

注：每次启动 Charles 时，都会自动创建一个新的 session。

浏览器或者客户端对 Charles 发送请求，如果 Charles 请求到目标接口后，也可以关闭记录。关闭记录的好处是，Charles 发送请求可以获取到对应接口的 session。Charles 还支持将获取的 session 信息进行保存，在需要的时候可以将 session 作为 Charles 的日志提供给其他需要的人进行查看。点击图 6-12 中箭头所指的图标按钮可关闭记录。

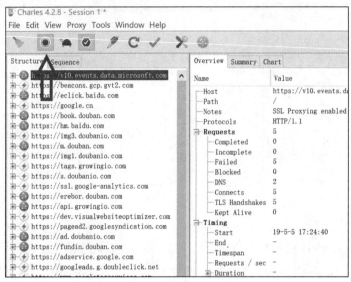

图 6-12

（3）Chart 选项卡

图 6-13 中的 Chart 选项卡记录了资源的生命周期，生命周期包括从请求到等待延迟再到响应请求。Chart 还将相关资源分组，图 6-13 所示的 4 个 Resource（资源）是一组。

图 6-13

我们利用 Chart 可以知道请求花费的时间。

（4）SSL

SSL 证书是一种数字证书，用于验证网站的身份并启用加密连接。SSL 代表安全套接字层，这是一种在 Web 服务器和 Web 浏览器之间创建加密连接的安全协议。

Charles 有自己的证书，称之为 Charles Root Certificate，我们用 Charles 抓取数据时，

可能收到有关证书的警告，这时需要处理证书警告。在 Charles 中设置 SSL，启动
Charles-Proxy-SSL Proxying Settings，具体设置如图 6-14 所示。

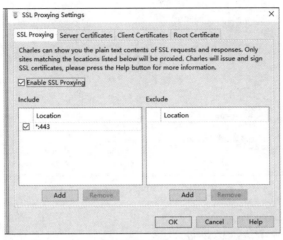

图 6-14

Charles 是中间工具，替浏览器查看服务器的证书并签名，但同时会把自己的证书发
给浏览器，因此可能会出现警告，这时需要将证书添加到信任序列才能正常使用 Charles，
图 6-15 所示是 Charles 的工作图。

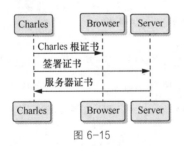

图 6-15

（5）弱网测试

软件运行的流畅度通常会受网络影响，网络差的时候会出现系统运行卡顿甚至出错
的情况。Charles 自带弱网检测功能，可以模拟弱网环境，在 Charles 界面上依次选择
"Proxy"→"Throttle Settings"项，在弹出的"Throttle Settings"窗口中勾选"Enable
Throttling"复选框。

如果想指定网站，如图 6-16 所示，可以勾选"Only for selected hosts"项，然后在
对话框的下半部分设置 hosts 项。

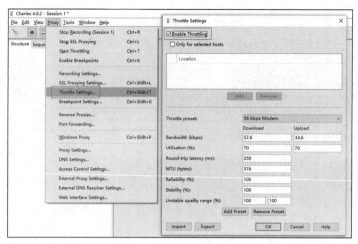

图 6-16

具体设置的项如下。

1）Throttle preset：选择网络类型。

2）Bandwidth：带宽。

3）Utilisation：利用百分比。

4）Round-trip latency(ms)：往返延迟。

6.7　HTTP 和 HTTPS 抓包分析

使用普通的抓包工具，如 Tcpdump，无法抓取到加密过的 HTTPS 的数据包。但是用经过配置的 Charles，可以抓取并分析 HTTPS 的数据包，下面的内容将会具体讲述如何配置 Charles 以及如何用 Charles 抓取 HTTP 和 HTTPS 数据包。

Charles 配置过程

1）配置代理：用 Charles 可以抓取移动端 App 上的数据，这时需要计算机和移动端 App 在同一网段（或同一 WiFi）。在 Charles 界面上依次选择 "Proxy" → "Proxy Settings" 项，在打开的界面上填入代理端口 8888，并勾选 "Enable transparent HTTP proxying" 项。

2）获取证书：用浏览器访问 "chls.pro/ssl" 并下载证书，在 Charles 界面上依次选择 "Proxy" → "SSL Proxying Settings" → "SSL Proxying" 项，在弹出的界面中点击 "Add" 按钮，并在 Location 项下填写 "*"，同时选择 "Enable SSL Proxying" 复选框。然后点击 "OK" 按钮，如图 6-17 所示。

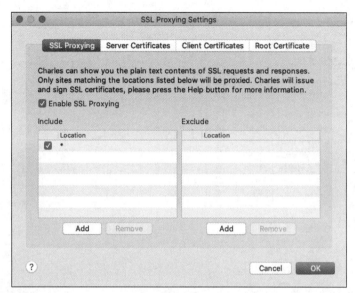

图 6-17

3）为浏览器安装证书：点击下载好的证书，安装浏览器证书。

4）证书信任配置：Mac 系统的配置：在 Mac 系统的右上角点击"搜索"文本框，在搜索框中填写"钥匙串访问"关键词，点击后会自动弹出设置界面，如图 6-18 所示，然后依次双击"Charles Proxy 证书"项，在弹出的界面上点击"信任"项，选择"始终信任"，具体设置如图 6-19 所示。

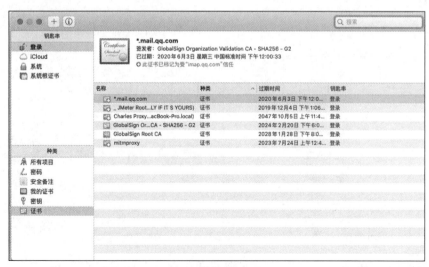

图 6-18

图 6-19

Windows 系统的设置：启动谷歌浏览器，点击浏览器上的"设置"项，然后搜索"管理证书"，在弹出的界面上依次点击"受信任的根证书颁发机构"→"导入"项（见图 6-20 和图 6-21），完成证书信任配置。

图 6-20　　　　　　　　　　　　　　　　　　图 6-21

5）移动端 App 配置证书：用移动端浏览器访问 chls.pro/ssl 并下载证书，如图 6-22 所示。

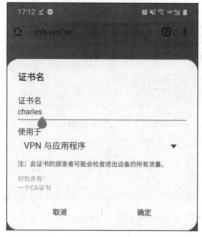

图 6-22

注：由于 Android 7.0 以上版本新增了系统证书验证功能，所以，需要修改应用包的相应配置（证书信任相关的配置），这样用 Charles 才能成功抓取到 HTTP/HTTPS 的请求数据包。

6.8 HTTP 简介

1. HTTP 定义

HTTP 是一种用于分布式、协作式和超媒体信息系统的应用层协议。HTTP 是万维网的数据通信的基础。客户端向服务端发送 HTTP 请求，服务端则会在响应中返回所请求的数据。了解了 HTTP，才能对接口测试进行更深入的学习。

2. HTTP 报文结构

HTTP 请求报文和响应报文都是由 3 部分组成的。

- **开始行**：请求报文中叫请求行，响应报文中叫状态行。
- **首部行**：用来说明服务器或报文主体的一些信息。
- **实体主体**：请求报文中一般不使用，响应报文中也没有。

（1）请求报文

请求（requests）报文结构如图 6-23 所示。

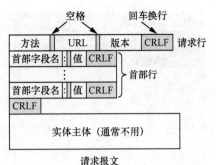

图 6-23

1）请求行：请求方法、请求资源的 URL、HTTP 版本等信息。

2）首部行：包括主机域名、连接信息、用户代理等信息。

3）实体主体：一般不使用。

请求信息的示例：

```
> GET /uploads/user/avatar/31438/8216a3.jpg\u0021md HTTP/1.1
> Host: testerhome.com
> Accept-Encoding: deflate, gzip
> Connection: keep-alive
> Pragma: no-cache
> Cache-Control: no-cache
> User-Agent: Mozilla/5.0 (Macintosh; Intel Mac OS X 10_15_0)\
AppleWebKit/537.36 (KHTML, like Gecko) Chrome/80.0.3987.116 Safari/537.36
> Sec-Fetch-Dest: image
> Accept: image/webp,image/apng,image/*,*/*;q=0.8
> Sec-Fetch-Site: same-origin
> Sec-Fetch-Mode: no-cors

> Referer: https://testerhome.com/
> Accept-Language: en,zh-CN;q=0.9,zh;q=0.8
> Cookie: user_id=bnVsbA%3D%3D--69ec4bae7d601a6036395dbe51d1d2ffcd6fa592; \
_homeland_session=7Sukl%2FrozWDlCgKard4LDAggLFboqpOh2O2tuEDrKAJQsGcBr%2BEo\
5YfUSQ%2BzCnQjz2YqVdLJZynbXI7rd96gawXmb%2FckmcX0VRzKeJUzg%2FddCkdLxHrPxOwD\
BugHvSRINOfLKfJSrX%2F7u%2BJqx8ZJ%2FUzMrdBw9PqmLTgKp9qG2hVRMmFvRdLoAg3Hj0WQ\
XoYmEkMwlfG%2BJTFpE2D8IdyN49iAkEcCu8mY%2FwYUXg%2FNdYyLZ29AEkdLU%2BFhU1GIXZ\
yYnBIfB4B34Z%2BuwST1%2F2wZ0Lr0YYaVC7MmYg%3D%3D--5Lp2FdyHJUsrhoaz--iUv%2Bp1\
4%2Bz76Qteb%2FsjsKHQ%3D%3D; _ga=GA1.2.877690763.1584004389; _gid=GA1.2.135\
846535.1584004389; _gat=1
>
```

请求报文的方法和意义如表 6-4 所示。

表 6-4

方法	意义
OPTION	请求一些选项信息
GET	请求读取由 URL 所标志的信息
HEAD	请求读取由 URL 所标志的信息的首部
POST	给服务器添加信息
PUT	在指明的 URL 下存储一个文档
DELETE	删除指明的 URL 所标志的资源
TRACE	用来进行环回测试的请求报文
CONNECT	用于代理服务器

常用的请求报文的方法为 GET 和 POST。

（2）响应报文（见图 6-24）

1）状态行：HTTP 版本、状态码、解释状态码的短语等信息。

2）首部行：服务器信息、时间、内容类型、内容长度等信息。

3）实体主体：服务器发送给客户端的内容。

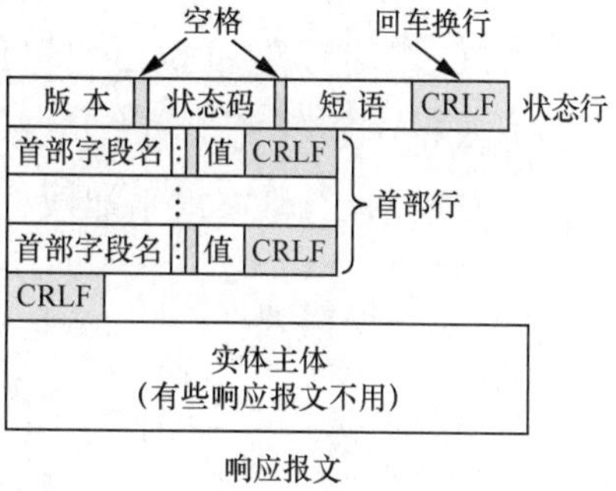

响应信息的示例如下：

图 6-24

```
< HTTP/1.1 200 OK
< Server: nginx/1.10.2
< Date: Thu, 12 Mar 2020 09:13:44 GMT
< Content-Type: image/png
< Content-Length: 11390
< Last-Modified: Sat, 27 Jan 2018 13:51:30 GMT
< Connection: keep-alive
< ETag: "5a6c83e2-2c7e"
< Accept-Ranges: bytes
<
```

（3）状态码

状态码由三位数字组成，第一位数字定义了状态码的类型，共有 5 个大类，如下。

1）1xx 表示通知信息，如请求收到了或正在进行处理。

2）2xx 表示成功，如接受或知道了。

3）3xx 表示重定向，需要进一步的操作以完成请求。

4）4xx 表示客户端的差错。

5）5xx 表示服务器的差错。

6.9　GET 和 POST 区别与实战详解

HTTP 中使用最多的就是 GET 和 POST 这两种请求方式。掌握这两种请求方式的原理，以及两种请求方式的异同，也是之后做接口测试的一个重要基础。

1. GET 和 POST 的区别

（1）请求方法不同

（2）POST 可以附加 body，可以支持 Form、JSON、XML、Binary 等数据格式

（3）从行业通用规范的角度来说，如果对数据库操作不会产生数据变化，如查询操作，建议使用 GET 请求，添加数据操作使用 POST 请求

2. 演示环境搭建

为了避免其他因素的干扰，下面使用 Flask 编写一个简单的演示程序，创建一个简易的服务。

（1）安装 Flask

```
pip install flask
```

（2）创建一个 hello.py 文件

```python
from flask import Flask, request
app = Flask(__name__)

@app.route('/')
def hello_world():
    return 'Hello, World!'

@app.route("/request", methods=['POST', 'GET'])
def hello():
    #获取到 request 参数
```

```
query = request.args
#获取到 request form
post = request.form
#分别打印获取到的参数和 form
return f"query: {query}\n"\
        f"post: {post}"
```

（3）启动服务

```
export FLASK_APP=hello.py
flask run
```

下面的信息表示服务搭建成功：

```
* Serving Flask app "hello.py"
* Environment: production
  WARNING: Do not use the development server in a production environment.
  Use a production WSGI server instead.
* Debug mode: off
* Running on http://127.0.0.1:5000/ (Press CTRL+C to quit)
```

3. 用 CURL 发起 GET 和 POST 请求

发起 GET 请求，把 a、b 参数放入 URL 中发送，并保存在 get 文件中。

```
curl 'http://127.0.0.1:5000/request?a=1&b=2' -v -s &>get
```

发起 POST 请求，把 a、b 参数以 form-data 格式发送，并保存在 post 文件中。

```
curl 'http://127.0.0.1:5000/request?' -d "a=1&b=2" -v -s &>post
```

GET 和 POST 请求对比

注：>的右边为请求内容，<右边为响应内容

GET 请求过程：

```
*   Trying 127.0.0.1...
* TCP_NODELAY set
* Connected to 127.0.0.1 (127 0.0.1) port 5000 (#0)
> GET /request?a=1&b=2 HTTP/1.1
> Host: 127.0.0.1:5000
> User-Agent: curl/7.64.1
> Accept: */*
>
* HTTP 1.0, assume close after body
```

```
< HTTP/1.0 200 OK
< Content-Type: text/html; charset=utf-8
< Content-Length: 80
< Server: Werkzeug/0.14.1 Python/3.7.5
< Date: Wed, 01 Apr 2020 07 35:42 GMT
<
{ [80 bytes data]
* Closing connection 0
query: ImmutableMultiDict([('a', '1'), ('b', '2')])
post: ImmutableMultiDict([])
```

POST 请求过程：

```
*   Trying 127.0.0.1...
* TCP_NODELAY set
* Connected to 127.0.0.1 (127.0.0.1) port 5000 (#0)
> POST /request?a=1&b=2 HTTP/1.1
> Host: 127.0.0.1:5000
> User-Agent: curl/7.64.1
> Accept: */*
> Content-Length: 7
> Content-Type: application/x-www-form-urlencoded
>
} [7 bytes data]
* upload completely sent off: 7 out of 7 bytes
* HTTP 1.0, assume close after body
< HTTP/1.0 200 OK
< Content-Type: text/html; charset=utf-8
< Content-Length: 102
< Server: Werkzeug/0.14.1 Python/3.7.5
< Date: Wed, 01 Apr 2020 08:15:08 GMT
<
{ [102 bytes data]
* Closing connection 0
query: ImmutableMultiDict([('a', '1'), ('b', '2')])
post: ImmutableMultiDict([('c', '3'), ('d', '4')])
```

两个文件对比的结果如图 6-25 所示。

从图 6-25 中可以清楚地看到，GET 请求和 POST 请求用的请求方法不同，前者是 GET 请求，后者是 POST 请求。此外，GET 请求中没有 Content-Type 和 Content-Length 这两个字段，而请求行中的 "/request?a=1&b=2" 带有 query 参数，是两种请求都允许的格式。

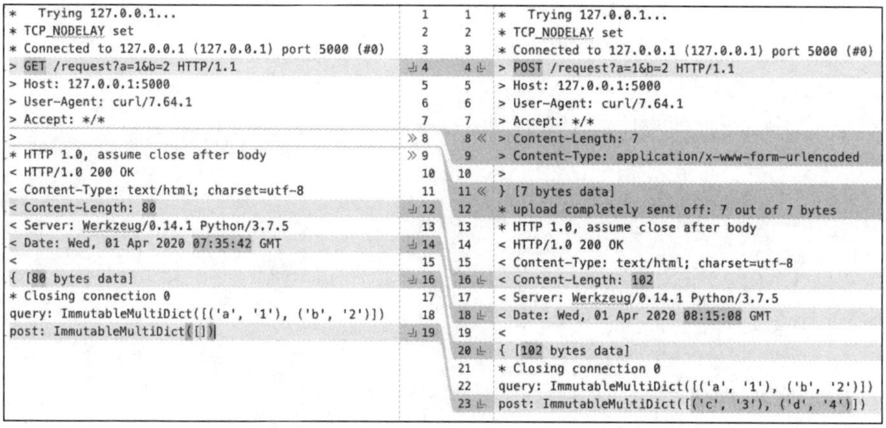

```
*   Trying 127.0.0.1...                              1    1   *   Trying 127.0.0.1...
* TCP_NODELAY set                                    2    2   * TCP_NODELAY set
* Connected to 127.0.0.1 (127.0.0.1) port 5000 (#0) 3    3   * Connected to 127.0.0.1 (127.0.0.1) port 5000 (#0)
> GET /request?a=1&b=2 HTTP/1.1                      4    4   > POST /request?a=1&b=2 HTTP/1.1
> Host: 127.0.0.1:5000                               5    5   > Host: 127.0.0.1:5000
> User-Agent: curl/7.64.1                            6    6   > User-Agent: curl/7.64.1
> Accept: */*                                        7    7   > Accept: */*
>                                                    8    8   > Content-Length: 7
* HTTP 1.0, assume close after body                  9    9   > Content-Type: application/x-www-form-urlencoded
< HTTP/1.0 200 OK                                    10   10  >
< Content-Type: text/html; charset=utf-8             11   11  } [7 bytes data]
< Content-Length: 80                                 12   12  * upload completely sent off: 7 out of 7 bytes
< Server: Werkzeug/0.14.1 Python/3.7.5               13   13  * HTTP 1.0, assume close after body
< Date: Wed, 01 Apr 2020 07:35:42 GMT                14   14  < HTTP/1.0 200 OK
                                                     15   15  < Content-Type: text/html; charset=utf-8
{ [80 bytes data]                                    16   16  < Content-Length: 102
* Closing connection 0                               17   17  < Server: Werkzeug/0.14.1 Python/3.7.5
query: ImmutableMultiDict([('a', '1'), ('b', '2')]) 18   18  < Date: Wed, 01 Apr 2020 08:15:08 GMT
post: ImmutableMultiDict([])                         19   19  <
                                                          20  { [102 bytes data]
                                                          21  * Closing connection 0
                                                          22  query: ImmutableMultiDict([('a', '1'), ('b', '2')])
                                                          23  post: ImmutableMultiDict([('c', '3'), ('d', '4')])
```

图 6-25

6.10　session、cookie 和 token 的区别解析

HTTP 是一个没有状态的协议，这种特点带来的好处就是执行效率较高，但是缺点也非常明显，这个协议本身是不支持网站关联的，例如 https://ceshiren.com/ 和 https://ceshiren.com/t/topic/9737/7 这两个网站，必须要使用别的方法将它们两个关联起来，那就是用 session、cookie 和 token。

1）session 即会话，是一种持久网络协议，起到了在用户端和服务端创建关联，从而交换数据包的作用。

2）cookie 是 "小型文本文件"，是某些网站为了辨别用户身份，进行 Session 跟踪而储存在用户本地终端上的数据（通常经过加密），由用户的客户端计算机暂时或永久保存的信息。

3）token 在计算机身份认证中是令牌（临时）的意思，在词法分析中是标记的意思。

1. 环境搭建演示

为了避免其他因素的干扰，使用 Flask 编写一个简单的 demo server 程序，用以演示 cookie 与 session。

demo server 的代码如下：

```
from flask import Flask,session,Request, request,make_response

app = Flask(__name__)
request: Request
app.secret_key = "key"
```

```
@app.route('/')
def hello_world():
    return 'Hello, World!'

@app.route("/session")
def session_handle():
    #读取请求
    for k, v in request.args.items():
    #收到请求后写入 session
        session[k] = v
    #创建服务端响应，将 session 的内容打印出来
    resp = make_response({k: v for k, v in session.items()})
    for k, v in request.args.items():
    #给服务端设置 cookie，并添加 cookie 字符串进行标识
        resp.set_cookie(f"cookie_{k}", v)
    return resp
```

2．分析 session、cookie 和 token

（1）session 和 cookie 的区别演示

首先使用浏览器的无痕模式对演示网站发起访问，并传入 a、b 两个参数。以一次请求为例，查看 cookie 的传递过程。

第一次请求的请求头信息如下（可以看到没有任何的 cookie 信息）：

```
GET /session?a=1&b=2 HTTP/1.1
Host: 127 0.0.1:5000
Connection: keep-alive
Pragma: no-cache
Cache-Control: no-cache
sec-ch-ua: " Not A;Brand";v="99", "Chromium";v="90", "Google Chrome";v="90"
sec-ch-ua-mobile: ?0
Upgrade-Insecure-Requests: 1
User-Agent: Mozilla/5.0 (Macintosh; Intel Mac OS X 10_15_0) AppleWebKit/537.36
(KHTML, like Gecko) Chrome/90.0.4430.212 Safari/537.36
Accept: text/html,application/xhtml+xml,application/xml;q=0.9,image/avif,image/
webp,image/apng,*/*;q=0.8,application/signed-exchange;v=b3;q=0.9
Sec-Fetch-Site: none
Sec-Fetch-Mode: navigate
Sec-Fetch-User: ?1
Sec-Fetch-Dest: document
```

```
Accept-Encoding: gzip, deflate, br
Accept-Language: en
```

第一次请求的响应头信息，向客户端返回了 set-cookie 字段：

```
HTTP/1.0 200 OK
Content-Type: application/json
Content-Length: 18
Set-cookie: cookie_a=1; Path=/
Set-cookie: cookie_b=2; Path=/
Vary: cookie
Set-cookie: session=eyJhIjoiMSIsImIiOiIyIn0.YKSvNA.2sSLXbraXxQ-MfKOLhoLJPZmV9U;
HttpOnly; Path=/
Server: Werkzeug/1.0.1 Python/3.8.7
Date: Wed, 19 May 2021 06 24:52 GMT
```

第二次请求的请求头信息，客户端向服务端请发起求时，请求头多出了一个 cookie 信息，并提交了和第二次 set-cookie 相同的信息：

```
GET /session?a=1&b=2 HTTP/1.1
Host: 127.0.0.1:5000
省略
cookie: cookie_a=1; cookie_b=2; session=eyJhIjoiMSIsImIiOiIyIn0.YKSvNA.
2sSLXbraXxQ-MfKOLhoLJPZmV9U
```

当用户访问带 cookie 的浏览器时，这个服务端就为这个用户产生了唯一的 cookie，并以此作为索引在服务端的后端数据库产生一个项目，接着就给客户端的响应报文中添加一个叫做 Set-cookie 的首部行，格式为 k:v。

该用户下次再访问此网站，在服务端发起请求时添加一个名为 cookie 的首部行，浏览器就可以得知用户的身份，用户就不需要再次输入一些个人信息了。

使用 CURL 对网站发起一个 GET 请求，并传入 a、b 两个参数。

```
curl 'http://127.0.0.1:5000/session?a=1&b=2' -v -s &>session
```

查看 session 文件内的请求及响应内容，如下所示：

```
*   Trying 127.0.0.1...
* TCP_NODELAY set
* Connected to 127.0.0.1 (127.0.0.1) port 5000 (#0)
> GET /session?a=1&b=2 HTTP/1.1
> Host: 127.0.0.1:5000
> User-Agent: curl/7.64.1
```

```
> Accept: */*
>
* HTTP 1.0, assume close after body
< HTTP/1.0 200 OK
< Content-Type: application/json
< Content-Length: 18
< Set-cookie: cookie_a=1; Path=/
< Set-cookie: cookie_b=2; Path=/
< Vary: Cookie
< Set-cookie: session=eyJhIjoiMSIsImIiOiIyIn0.EWX6Qg.M8tEGPyRhlf0iUiLktEqup-4e-U;
HttpOnly; Path=/
< Server: Werkzeug/1.0.1 Python/3.7.5
<
{ [18 bytes data]
* Closing connection 0
{"a":"1","b":"2"}
```

从上面的内容可以发现，响应值多出了 3 个 Set-cookie 字段。其中有一个 Set-cookie 显示为 session=eyJhIjoiMSIsImIiOiIyIn0.EWX6Qg. M8tEGPyRhlf0iUiLktEqup-4e-U; HttpOnly; Path=/，这是 Session 内容的加密串格式，是通过 cookie 方式传递的。

（2）token 演示

GitHub 中有一个使用 token 的非常经典的场景。访问 GitHub 页面，依次点击"settings" ->"Developer settings" ->"Personal access tokens"项，就会生成一个用于访问 GitHub API 的 token。这个 token 是没有时效性的，"任何人"都可以使用 token 来代替 HTTPS 的 Git 密码，也可以用 API 进行身份验证。

使用 OAuth 令牌对 GitHub API 进行身份验证（因返回的结果中个人信息太多所以省略展示）。

```
$ curl -u username:$token https://api.GitHub 网站/user
```

token 是无状态的，客户端传递用户数据给服务端后，服务端将数据加密就生成了 token 并传回给客户端。这样客户端每次访问 GitHub 时都传递 token，而服务端解密 token 之后，即可了解客户的信息，如图 6-26 所示。

在 GitHub 中，token 只会生成一次，且不会过期，不过在很多其他的 Web 网站中，token 会过期。

图 6-26

3. session、cookie 和 token 的联系

session 和 cookie 之间的联系如图 6-27（a）所示，token 身份验证流程如图 6-27（b）所示。

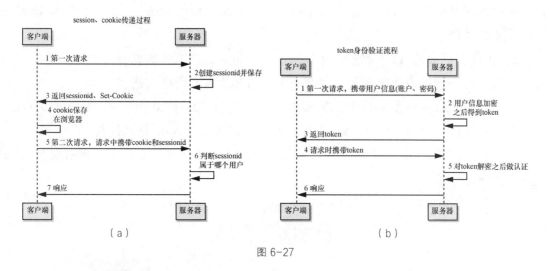

图 6-27

（1）session 存储在服务器端，cookie 存储在客户端。

（2）cookie 可设置为长时间保持；session 一般失效时间较短，客户端关闭（默认情况下）或者 session 超时都会失效。

（3）session 记录会话信息；token 不会记录会话信息，token 是无状态的。

6.11 Mock 应用

1. Mock 简介

Mock 是一种通过代理修改请求与响应，从而辅助构造更多应用场景的工具。Mock

测试就是在测试过程中，对于某些不容易构造或不容易获取的对象，创建一个虚拟的对象，以便可以对此对象进行测试的方法。例如，在测试第三方机构的支付时，我们不可能获取到第三方服务的对象，需要用 Mock 测试的方法，创建一个虚拟的第三方机构的支付服务的测试环境，测试人员便可以顺利地开展测试工作了，也使得测试环境更接近真实的使用场景。

2．Charles 修改请求与响应

（1）Map Local

Map Local 是 Charles 自带的功能，它可以将指定的网络请求重定向到本地文件，操作步骤如下。

1）把从 Charles 接口中返回的数据保存到本地的操作步骤是：在 Charles 页面找到目标接口，右键单击接口项，在弹出菜单中点击"SaveResponse"项，然后选择 html 格式保存数据文件。

2）将保存下来的 html 数据文件进行修改。可以使用文本编辑器（如记事本）打开 html 文件，并将文本中的内容为"百度一下"的修改为"霍格沃兹"。

3）在 Charles 页面菜单栏中依次选择"Tools"→"Map Local"项，进入编辑页面，在编辑页面选择"Enable Map Local"项，并选择修改后的 html 格式文件。

4）对百度页面发起一次新的请求，可以看到"百度一下"变为了"霍格沃兹"，如图 6-28 所示。

图 6-28

（2）Map Remote

Map Local 可以将指定的网络请求重定向到另一个网址。

1）在 Charles 的菜单中，依次选择"Tools"→"Map Remote"项或选择"Map Local"项即可进入到相应功能的设置页面，如图 6-29 所示。

2）查看请求访问结果，则会发现，www.baidu.com 被重定向到 www.sougou.com（见图 6-30）。

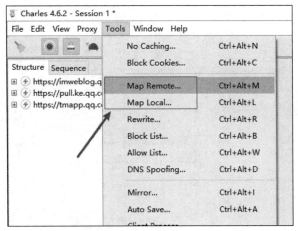

图 6-29

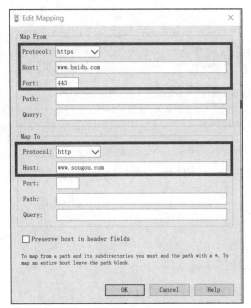

图 6-30

（3）Rewrite

Rewrite 适合对某一类网络请求进行一些正则替换，以达到修改结果的目的。

1）在 Charles 的菜单中，依次选择"Tools"→"Rewrite"项，对网络请求内容进行替换，即把页面中"我的关注"替换为"霍格沃兹"。

2）使用 Rewrite，对百度发起申请，这时，页面中"我的关注"变为了"霍格沃兹"，如图 6-31 所示。

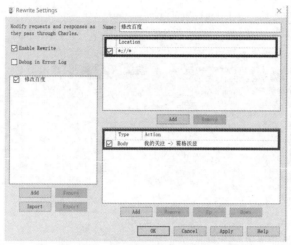

图 6-31

6.12 接口测试用例设计

1. 接口测试用例设计简介

我们对系统的需求分析完成之后，即可设计对应的接口测试用例，然后用接口测试用例进行接口测试。接口测试用例的设计也需要用到黑盒测试方法，其与功能测试用例设计的方法类似，接口测试用例设计中还需要增加与接口特性相关的测试用例。

2. 接口测试思路

正式设计接口测试用例之前，需要梳理一下接口测试的思路，思维导图如图 6-32 所示。

接下来，介绍几个思维导图中需要关注的点。

（1）基本功能流程测试

基本功能流程测试首先需要先执行冒烟测试，把系统最基本的功能"走通"。冒烟测试决定系统的"提测"是否成功，如果系统通过冒烟测试，才会进入到详细的测试阶段；如果冒烟测试不通过，需要把系统程序退回给开发人员，开发人员修改程序之后重新"提测"。冒烟测试通过之后，对系统进行正常流程的覆盖测试，测试的粒度会比冒烟测试更细一些，覆盖系统的一些业务逻辑分支。

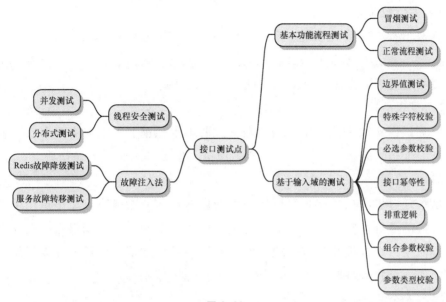

图 6-32

（2）基于输入域的测试

因为发出接口请求需要带请求参数，所以测试人员会涉及关于请求参数的各种接口测试用例的设计。关于请求参数的接口测试用例的设计需要考虑下面这些方面。

● 边界值测试

对于有范围要求的参数，需要综合等价类和边界值的方法设计接口测试用例。边界值选择上点和离点即可，要覆盖到有效等价类和无效等价类。

● 特殊字符校验

很多请求参数会要求不能包含特殊字符，对于有这类要求的参数字段，需要单独设计包含特殊字符的接口测试用例。

● 参数类型校验

有一些参数还会对传参值的类型有要求，例如，只能包含英文、数字，或者只能包含整数类型等。对于这种对类型有要求的参数字段，也要单独设计接口测试用例，或设计一些反向接口测试用例。

● 必选参数校验

在接口中有必填的参数，也有选填的参数，对于每一个必填参数，都要设计一个参数为空的接口测试用例来验证参数的必填性。

- 组合参数校验

对于有选填参数的接口来说，需要对各种参数的不同组合场景进行验证。例如，只传递必填参数，或者对于必填参数和不同数量的选填参数做组合，对于这些选填参数的情况可以使用判定表的方法进行接口测试用例的设计。

- 排重逻辑

在接口测试中，如果接口中有的参数字段要求不能重复，那么需要对它进行排重测试，用重复请求相同的参数进行测试，验证服务端的处理逻辑是不是正确。

- 接口幂等性

幂等是指任意多次执行接口测试所产生的影响均与一次执行接口测试产生的影响相同。保证接口的幂等性是非常重要的，尤其是涉及资金的系统，如银行、电商等，在这些系统中，对用户重复提交请求，或者网络重发、系统重试等场景，都需要设计接口测试用例来验证接口的幂等性。

（3）线程安全测试

线程安全测试包含了并发测试和分布式测试。

分布式是为了解决单个物理服务器容量和性能瓶颈问题而采用的一种优化手段。分布式的实现有两种形式。

- 水平扩展：当一台服务器"扛"不住大的网络流量时，就通过添加服务器的方式，将流量平分到所有服务器上，所有机器都可以提供用户的请求服务。
- 垂直拆分：前端用户有多种查询需求时，一台服务器"扛"不住用户大的请求，解决这个问题的方式是，可以将不同的用户需求分发到不同的服务器上。

相对于分布式测试，并发测试在解决的问题上会集中一些，它的测试重点是测试系统同时有多少用户量，比如在线直播服务时有上万人观看。

并发测试可以通过分布式技术来实现，将并发流量分到不同的物理服务器上。但除此之外，还可以有很多其他优化并发的手段，比如使用缓存系统，还可以使用多线程技术将一台服务器的服务能力最大化。

并发场景的测试中，测试的是同一个接口，参数值全部一样。同时发送请求多次，结果只有一条请求成功，其他请求失败。

分布式场景的测试中，测试的是不同机器，针对的是同一个接口，参数值全部一样。同时发送请求多次，结果只有一条请求成功，其他请求失败。

（4）故障注入法

故障注入测试需要测试人员故意对系统制造有故障的场景，用以测试系统的健壮性。

如果产品中用到了 Redis，就需要对 Redis 做一些故障降级测试。Redis 一般会放在数据库前面，用来做高速缓存。

我们进行 Redis 故障注入测试时需要开发人员配合先清空 Redis 数据，然后向系统发送请求，"击穿"Redis，从 DB（数据库）中获取正常的数据（并能回写到 Redis 中）。然后开发人员配合启动 Redis 数据恢复功能，测试人员可以从 Redis 中获取正确的数据。其中还需要开发人员配合制造 Redis 崩溃场景，在 Redis 崩溃场景下测试人员向系统发送请求，看是否能从 DB 中获取到正常的数据。

除了对 Redis 测试之外，我们还需要进行系统服务故障转移测试，如数据库故障测试与接口故障测试。

在进行数据库故障测试时，开发人员配合制造数据库数据丢失场景，启动数据恢复策略，测试人员测试系统在规定时间内数据是否可以恢复；开发人员配合制造数据库崩溃场景，测试人员测试数据库多活策略是否启动，保证系统功能不受影响。

在进行接口故障测试时，开发人员配合接口服务重启，测试人员测试集群负载是否自动重启实例、所有请求无异常；开发人员配合制造集群崩溃场景，测试人员测试系统是否返回对应的错误信息，系统内部服务是否有重试机制。

6.13 实战演练

下面的实战演练需要结合上面所学知识点，完成对每种不同 App 的接口测试用例设计练习。

1. 某股票 App

（1）被测 App 说明

某股票 App 主要有以下几个大的板块功能，问答板块、精华板块、交易板块、股票展示板块、首页板块、话题板块等。用户可以通过切换不同的板块对 App 实现不同的操作，除了在 App 上查看各类型消息之外，也可以在 App 上参与讨论、发帖、发问答等操作。

搜索是这个 App 产品的重要功能，搜索这个功能会调用 App 中的多个接口。传入被搜索的参数内容后，App 会给出不同的响应信息。

（2）被测 App 体验地址

https://xueqiu.com/。

（3）测试点考查

- 理解需求文档后，通过抓包获取接口数据信息。
- 需要完成对此 App 搜索功能的接口测试用例设计。

2. 后台管理 App

（1）被测 App 说明

某后台管理 App 主要的功能有，商品管理、订单管理和用户管理。主要是商店管理人员使用的 App，管理人员可以通过 App 对商品进行添加、修改和删除，帮助用户下单、查看订单，也可以对 App 的用户数据进行查看、管理，帮助用户修改个人信息。

此 App 的下单功能需求如下。

- 进入商品列表页面，选定商品，点击"下单"按钮，选择"确定"按钮。如果商品存货充足，则可以下单成功。
- 下单成功之后，App 产生一条订单记录，进入订单记录页面，可以看到详细的订单信息。
- 返回商品列表页面，对应商品的状态发生变化。

（2）被测产品体验地址

产品地址（接口文档地址进入系统后查看）：

https://management.hogwarts.ceshiren.com。

（3）测试点考查

- 理解需求文档后，通过抓包或接口文档获取接口数据信息。
- 需要完成对此 App 下单功能的接口测试用例设计。

第7章　服务端接口自动化测试

7.1　接口测试框架

1. 接口测试框架简介

测试人员在不同的编程语言环境下使用的接口测试框架会有些不同，在 Python 环境下使用的是 Requests 测试框架，在 Java 环境下使用的是 Rest-Assured 测试框架。Requests 是基于 Python 开发的 HTTP 库，它的内置功能除了基础的发送请求、返回响应信息之外，还有非常实用的代理功能、auth 认证；Rest-Assured 是一个可以简化 HTTP Builder 底层基于 REST 服务的测试过程的 Java DSL，它支持对系统发起 GET、POST、PUT、Delete 等请求，并且可以用来验证和校对这些请求的响应信息。

2. 接口测试框架安装

- Python 版本

用 pip 命令安装 Requests，命令如下。

```
pip install requests
```

- Java 版本

使用 Maven 或 Gradle 等构建 Rest-Assured 工具时，需要将下方的依赖配置放在项目 pom.xml 文件中，依赖项会被自动加载。

```xml
<dependency>
    <groupId>io.rest-assured</groupId>
    <artifactId>rest-assured</artifactId>
    <version>4.4.0</version>
    <scope>test</scope>
</dependency>
```

接下来讲解使用流行的 Python + Requests 或 Java + Rest-Assured 进行接口测试演示。

7.2　接口请求构造

1. HTTP 请求构造简介

Requests 和 Rest-Assured 提供了很多 HTTP 请求构造方法。请求构造方法通过传入参数的方式，对发送请求进行定制化的配置，可以用不同的请求参数来应对各种不同的请求场景。常见的 HTTP 请求构造方法分别为 GET、POST、PUT、Delete、head、options 等。

2. 实战演示

（1）发送 GET 请求

实现的演示代码如下（Python 版和 Java 版）。

- Python 演示代码

```
import requests
r = requests.get('https://api.GitHub 网站/events')
```

- Java 演示代码

```
import static io.restassured.RestAssured.*;

public class Requests {
    public static void main(String[] args) {
        given().when().
                Get("https://httpbin.ceshiren.com/get").
                then().log().all();
    }
}
```

（2）发送 POST 请求

实现的演示代码如下（Python 版和 Java 版）。

- Python 演示代码

```
import requests
r = requests.post('https://httpbin.ceshiren.com/post')
```

- Java 演示代码

```
import static io.restassured.RestAssured.*;
```

```
public class Requests {
    public static void main(String[] args) {
        given().when().
                post("https://httpbin.ceshiren.com/post").
                then().log().all();
    }
}
```

（3）发送 PUT 请求

实现的演示代码如下（Python 版和 Java 版）。

- Python 演示代码

```
import requests
r = requests.put('https://httpbin.ceshiren.com/put')
```

- Java 演示代码

```
import static io.restassured.RestAssured.*;

public class Requests {
    public static void main(String[] args) {
        given().when().
                put("https://httpbin.ceshiren.com/put").
                then().log().all();
    }
}
```

（4）发送 Delete 请求

实现的演示代码如下（Python 版和 Java 版）。

- Python 演示代码

```
import requests
r = requests.delete('https://httpbin.ceshiren.com/delete')
```

- Java 演示代码

```
import static io.restassured.RestAssured.*;

public class Requests {
    public static void main(String[] args) {
        given().when().
                Delete("https://httpbin.ceshiren.com/delete").
```

```
            then().log().all();
    }
}
```

（5）发送 head 请求

实现的演示代码如下（Python 版和 Java 版）。

- Python 演示代码

```python
import requests
r = requests.head('https://httpbin.ceshiren.com/get')
```

- Java 演示代码

```java
import static io.restassured.RestAssured.*;

public class Requests {
    public static void main(String[] args) {
        given().when().
                head("https://httpbin.ceshiren.com/get").
                then().log().all();
    }
}
```

（6）发送 options 请求

实现的演示代码如下（Python 版和 Java 版）。

- Python 演示代码

```python
import requests
r = requests.options('https://httpbin.ceshiren.com/get')
```

- Java 演示代码

```java
import static io.restassured.RestAssured.*;

public class Requests {
    public static void main(String[] args) {
        given().when().
                Options("https://httpbin.ceshiren.com/get").
                then().log().all();
    }
}
```

- Python 版本其他请求方式

例如，通过 request 这个函数发送 GET 请求，实现代码如下。

```python
import requests
# 使用 request 函数
requests.request("get", "http://www.baidu.com")
```

3. 其他重要请求信息

如果需要对请求做额外的定制化的配置信息，如添加请求头，则需要在请求体添加请求头的配置信息。

（1）定制请求 URL 参数

实现的演示代码如下（Python 版和 Java 版）。

- Python 演示代码

通过 params 参数传入 URL 参数信息。

```python
import requests
param = {"school":"hogwarts"}
r = requests.get("https://httpbin.ceshiren.com/get", params=param)
assert r.status_code == 200
```

- Java 演示代码

通过 params 方法传入 URL 参数信息。

```java
import static io.restassured.RestAssured.*;

public class Requests {
    public static void main(String[] args) {
        given().params("school", "hogwarts").
                When().get("https://httpbin.ceshiren.com/get").
                Then().log().all();
    }
}
```

（2）定制请求头信息

实现的演示代码如下（Python 版和 Java 版）。

- Python 演示代码

通过 headers 参数传入请求头信息。

```python
import requests
```

```
url = 'https://api.GitHub 网站/some/endpoint'
headers = {'user-agent': 'hogwarts'}
r = requests.get(url, headers=headers)
```

- Java 演示代码

通过 headers 方法定制请求头信息。

```
import static io.restassured.RestAssured.*;

public class Requests {
    public static void main(String[] args) {
        given().headers("user-agent", "hogwarts").
                When().get("https://httpbin.ceshiren.com/get").
                then().log().all();
    }
}
```

（3）重定向配置

在接口自动化测试过程中，被测接口会在某些场景中触发重定向，我们若不想让其触发重定向，需要获取此接口重定向前的内容，实现的演示代码如下（Python 版和 Java 版）。

- Python 演示代码

通过 allow_redirects 参数获取接口的重定向前的内容。被测接口是否触发重定向，由 allow_redirects 参数决定，参数默认值为 True，True 为触发，False 为不触发。

```
>>> import requests
>>> r = requests.get('http://GitHub 网站', allow_redirects=False)
>>> r.status_code
301
```

- Java 演示代码

Java 编程中使用的是 config 方法提供的 redirect 方法。实现方式是，通过传入配置信息来控制接口是否触发重定向：redirectConfig().followRedirects(true)是触发，redirectConfig().followRedirects(false)是不触发。

```
import io.restassured.RestAssured;
import static io.restassured.RestAssured.*;
import static io.restassured.config.RedirectConfig.redirectConfig;

public class Requests {
```

```java
public static void main(String[] args) {

    given().config(RestAssured.config().
            //不触发
            redirect(redirectConfig().followRedirects(false))).
            when().get("http://GitHub网站").then().log().all();
    }
}
```

7.3　接口测试断言

1. 接口测试断言简介

在对服务端接口自动化测试过程中，测试程序向服务端发起请求之后还需要对响应值进行验证。验证响应值符合预期值，这一个接口自动化测试用例才算通过。下面将讲解在接口自动化测试中，如何对服务端返回的响应值做断言验证。

2. 实战演示

接口测试的断言是用于验证接口发起 HTTP 请求，获得响应内容（值）之后，对响应值做断言验证，演示代码如下（Python 版和 Java 版）。

（1）Python 演示代码

测试程序向服务端发起请求，并使用一个变量 r 存储响应对象返回的内容。

```python
r = requests.get("https://httpbin.ceshiren.com/get")
```

响应结果如下。

```json
{
  "args": {},
  "headers": {
    "Accept": "*/*",
    "Accept-Encoding": "gzip, deflate",
    "Host": "httpbin.ceshiren.com",
    "User-Agent": "python-requests/2.25.1",
    "X-Forwarded-Host": "httpbin.ceshiren.com",
    "X-Scheme": "https"
  },
  "origin": "119.123.205.82",
  "url": "https://httpbin.ceshiren.com/get"
}
```

响应断言的内容如下。

1）响应状态码断言

● 断言成功

```
import requests
r = requests.get('https://httpbin.ceshiren.com/get')
assert r.status_code==200
```

assert 是 Python 的内置函数，用来判断表达式，当表达式的值为 False 时就会触发异常。r.status_code 是 Response 对象内的一个方法，用于获得返回值的状态码。assert r.status_code==200 就是在判断状态码是否等于 200，如果不等于 200 则会抛出异常。

● 断言失败

```
>>> import requests
>>> r = requests.get('https://httpbin.ceshiren.com/get')
>>> assert r.status_code==400

Traceback (most recent call last):
  File "<stdin>", line 1, in <module>
AssertionError
```

从以上例子可以了解到，此响应状态码实际输出与预期结果状态码 400 不相等，所以抛出了异常。

2）json 响应断言

```
data = {
       "hogwarts": ["a","b","c"]
   }
r = requests.post('https://httpbin.ceshiren.com/post',json=data)
print(json.dumps(r.json(),indent=2))
assert r.status_code == 200
assert r.json()["json"]["hogwarts"][0] == "a"
```

响应结果如下。

```
"args": {},
  "data": "{"hogwarts": ["a", "b", "c"]}",
  "files": {},
  "form": {},
  "headers": {
    //省略
```

```
    },
    "json": {
        "hogwarts":  [
            "a",
            "b",
            "c"
        ]
    },
    "origin": "113.89.8.68",
    "url": "https://httpbin.ceshiren.com/post"
}
```

通过 assert r.json()["json"]["hogwarts"][0] == "a"对 json 的内容进行断言，其中 r.json()是获取相应的内容，r.json()["json"]是获取到 json 的内容，r.json()["json"] ["hogwarts"]是获取到 hogwarts 的内容，r.json()["json"]["hogwarts"][0]是 hogwarts 下的第一个数据。

（2）Java 演示代码

Java 提供 then()方法进行断言验证，then()方法可以对多种不同类型的响应信息进行验证，如验证状态码、验证请求信息是否符合预期结果等。

响应断言的内容如下。

1）响应状态码断言

● 断言成功

```
import static io.restassured.RestAssured.*;

public class Requests {
    public static void main(String[] args) {
        given().when().get("https://httpbin.ceshiren.com/get").
                //通过 then()  方法进行断言验证
                then().statusCode(200);
    }
}
```

通过 then()方法提供的 statusCode()方法实现对响应状态码的验证，statusCode()方法通常接收 int 类型的参数。statusCode(200)表示判断响应状态码是否等于 200，如果响应状态码等于 200，表示断言成功；否则会抛出异常，并且分别会显示预期值和实际值的内容。

● 断言失败

如果将以上代码中断言验证的代码改成 statusCode(300)，那么控制台则会输出异常信息。

```
Exception in thread "main" java.lang.AssertionError: 1 expectation failed.
Expected status code <300> but was <200>.
```

2）json 响应断言

```java
import static io.restassured.RestAssured.*;
import static org.hamcrest.core.IsEqual.equalTo;

public class Requests {
    public static void main(String[] args) [
        given().when().get("https://httpbin.ceshiren.com/get").
                then().body("headers.Host",
equalTo("httpbin.ceshiren.com")).log().all();
    }
}
```

通过 then().body("headers.Host", equalTo("httpbin.ceshiren.com"))对 json 的内容进行断言，其中 then().body()是获取相应的内容。body()接收的第一个参数是从响应内容中提取的实际的字段值，第二个参数调用了 equalTo()方法，并接收预期结果的值。

7.4　json 和 XML 请求

1. json 和 XML 简介

json 是一种轻量级的传输数据格式，用于数据交互。json 请求类型的请求头中的 Content-Type 对应为 application/json。

XML 是一种可扩展标记语言，是用来传输和存储数据。XML 请求类型的请求头中的 Content-Type 对应为 application/xml 或者 text/xml，这两者格式是一样，唯一的区别是编码格式。

2. json 实战演示

实战演示代码如下（Python 版和 Java 版）。

（1）Python 演示代码

我们在 Python 编程中，使用 json 关键字参数发送 json 请求并传递请求体信息。

```python
>>> import requests
>>> r = requests.post(
    'https://httpbin.ceshiren.com/post',
```

```
    json = {'key':'value'})
>>> r.request.headers

{'User-Agent': 'python-requests/2.22.0',
'Accept-Encoding': 'gzip, deflate',\
 'Accept': '*/*', 'Connection': 'keep-alive',
 'Content-Length': '16',\
  'Content-Type': 'application/json'}
```

如果请求的参数选择是 json，那么 Content-Type 自动变为 application/json。

（2）Java 演示代码

Java 中使用 contentType()方法添加请求头信息，使用 body()方法添加请求体信息。

```
import static org.hamcrest.core.IsEqual.equalTo;
import static io.restassured.RestAssured.*;

public class Requests {
    public static void main(String[] args) {
        String jsonData = "{\"key\": \"value\"}";
        //定义请求头信息的 contentType 为 application/json
        given().contentType("application/json").
                body(jsonData).
                when().
                post("https://httpbin.ceshiren.com/post").
                then().body("json.key", equalTo("value")).log().all();
    }
}
```

3．XML 实战演练

实战演示代码如下（Python 版和 Java 版）。

（1）Python 演示代码

我们在 Python 编程中，使用 data 关键字参数发送 XML 请求并传递请求体信息。

```
import requests


class TestRequests:
    def test_xml(self):
        xml = """
            <?xml version='1.0' encoding='utf-8'?>
```

```
        <a>hogwarts</a>
        """
    #配置请求头
    headers = {
        'Content-Type':'application/xml'
    }
    #对 httpbin 发起请求
    r = requests.post('https://httpbin.ceshiren.com/
post',data=xml,headers=headers).text
    print(r)
```

上面示例的执行结果为 Content-Type 自动变为 application/xml。

（2）Java 演示代码

Java 中使用 contentType()方法添加请求头信息，使用 body()方法添加请求体信息。

创建 add.xml 文件。

```xml
<Envelope xmlns="http://schemas.xmlsoap.org/soap/envelope/">
    <Body>
        <Add xmlns="http://tempuri.org/">
            <intA>2</intA>
            <intB>2</intB>
        </Add>
    </Body>
</Envelope>
```

```java
/*
 * @Author: 霍格沃兹测试开发学社
 * @Desc: '更多测试开发技术探讨，请访问：https://ceshiren.com/t/topic/15860'
 */
package ch04;

import static io.restassured.RestAssured.*;
import org.junit.jupiter.api.Test;

import org.apache.commons.io.IOUtils;
import java.io.File;
import java.io.FileInputStream;
import java.io.IOException;

public class TestXML {
```

```java
@Test
void testXML() throws IOException {
    // 定义请求体数据: 源自文件对象
    File file = new File("src/test/resources/add.xml");
    FileInputStream fis = new FileInputStream file);
    String reqBody = IOUtils.toString(fis, "UTF-8");

    // 定义请求基地址
    baseURI = "http://dneonl***.com/";

    given()
            // 定制请求内容媒体类型
            .contentType("text/xml")
            // 定制请求体数据
            .body(reqBody)
            // 打印请求头信息
            .log().headers()
            // 打印请求体信息
            .log().body()
    .when()
            // 发送请求
            .post("/calculator.asmx")
    .then()
            // 响应状态码断言
            .statusCode(200);
    }
}
```

上面示例执行结果为 contentType 自动变为 text/xml。

7.5 XML 响应断言

1. XML 响应断言简介

在服务端接口自动化测试过程中,测试程序发起请求之后还需要对服务端的响应值进行验证。验证响应信息(值)符合预期值,这一个接口自动化测试用例才算通过。下面将会讲解在接口自动化测试中,我们是如何对服务端返回的 XML 格式响应内容做断言验证的。

2. XML 响应断言的环境准备

- Python 版本

安装 requests_xml

```
pip install requests_xml
```

- Java 版本

Rest-Assured 支持对 XML 进行断言。

3. XML 解析方式

有 3 种 XML 解析方式。

（1）DOM 方式：它是文档对象模型，是 W3C 组织推荐的标准编程接口，它将 XML 数据在内存中解析成一颗树形。

（2）SAX 方式：它是一个用于处理 XML 事件驱动的模型，它逐行扫描文档，一边扫描一边解析。SAX 方式对于大型文档的解析拥有很大优势，尽管不是 W3C 标准，但它得到了用户的广泛认可。

（3）ElementTree 方式：它相对于 DOM 方式来说拥有更好的性能，与 SAX 方式性能差不多，使用 API 解析 XML 文件也很方便。

4. 实战演示

实战演示代码如下（Python 版和 Java 版）。

（1）Python 演示代码

1）XML 响应断言

```python
from requests_xml import XMLSession

# 设置 session
session = XMLSession()
r = session.get("https://www.nasa.gov/rss/dyn/lg_image_of_the_day.rss")
# 打印所有的内容
r.text
# links 可以获取到响应中所有的链接地址
r.xml.links
# raw_xml 返回字节形式的响应内容
r.xml.raw_xml
# text 返回标签中的内容
r.xml.text
```

2）XPath 断言

requests_xml 库也支持 XPath 表达式。通过 XPath 表达式获取系统中对应响应字段的数据，把取出来的数据放在 result 列表中，方便接口测试用例断言。

- xpath()用法：

```
def xpath(self, selector: str, *, first: bool = False, _encoding: str = None) ->
_XPath:
    """Given an XPath selector, returns a list of
    :class:`Element <Element>` objects or a single one.

    :param selector: XPath Selector to use.
    :param first: Whether or not to return just the first result.
    :param _encoding: The encoding format.
    """
```

上面程序执行的关键点如下。

- XPath 解析。
- selector：使用 XPath 表达式。
- first：判断是否只返回第一个查找的结果。
- xpath()方法：返回查找到的列表对象。

```
def test_xpath():
    session = XMLSession()
    r = session.get("https://www.na***.gov/rss/dyn/lg_image_of_the_day.rss")
    # 通过 xpath 获取所有 link 标签的内容
    item = r.xml.xpath("//link")
    result = []
    for i in item:
        # 把获取的结果放进列表中
        result.append(i.text)
    # 断言
    assert 'http://www.na***.gov/' in result
```

- XML 解析

XML 是一种结构化、层级化的数据格式，最适合体现 XML 文档的数据结构就是树。XML 文档可以使用 Python 自带的 xml.etree.ElementTree 来解析。ElementTree 可以将整个 XML 文档转化为树，ElementTree 可与 XML 文档进行"交互"（读取、写入、查找）。

测试程序获取服务端的响应内容之后，使用 findall()方法，通过传入 XPath 表达式在响应内容中查找所需要的数据。

```
import xml.etree.ElementTree ET

# 自己封装 XML 解析方法
session = XMLSession()
    r = session.get("https://www.nasa.gov/rss/dyn/lg_image_of_the_day.rss")
    # 获取响应内容
    root = ET.fromstring(r.text)
    # 查找根元素
    em = root.findall(".")
    # print(item)
    items = root.findall(".//link")
    result = []
    # 遍历
    for i in items:
        result.append(i.text)
    assert "http://www.nasa.gov/" in result
```

（2）Java 演示代码

Java 中调用 body()方法获取服务端的响应内容，body()方法的第一个参数是 XPath 表达式，第二个参数接收期望结果。

```
import static io.restassured.RestAssured.*;
import static org.hamcrest.core.IsEqual.equalTo;

public class Requests {
    public static void main(String[] args) {
        given()
            .contentType("application/rss+xml; charset=utf-8").
        when()
            .get("https://www.nasa.gov/rss/dyn/lg_image_of_the_day.rss")
        .then()
            .body("rss.channel.item[0].link",
          equalTo("http://www.nasa.gov/image-feature/mocha-swirls-in-jupiter-s-
turbulent-atmosphere"))
            .log().all();
    }
}
```

rss.channel.item[0].link 这种类型的 XPath 表达式浅显易懂，就是根据 XPath 本身的层级一级一级进行定位。rss 是其最外层的标签，然后依次是 channel 标签、item 标签、link 标签，其中同级 item 有多个标签，所以需要通过下标[0]定位到第一个 item 标签。

通过这样的定位方式，可以获取到想要的响应内容。

下面是获得的 XML 格式的响应内容。

```
<rss version="2.0" xml:base="http://www.nasa.gov/" xmlns:atom="http://www.w3.org/
2005/Atom" xmlns:dc="http://pu***.org/dc/elements/1.1/" xmlns:itunes="http://
www.itunes.com/dtds/podcast-1.0.dtd" xmlns:media="http://search.yah***.com/mrss/">
  <channel>
    <item>
      <title>Mocha Swirls in Jupiter's Turbulent Atmosphere</title>
      <link>http://www.nasa.gov/image-feature/mocha-swirls-in-jupiter-s-
turbulent-atmosphere</link>
    //省略
    </item>
    //省略
    <item>
    //省略
    </item>
  </channel>
</rss>
```

7.6 json 响应断言

1. json 响应断言简介

前面的内容已经简单介绍了如何断言验证接口的响应值。在实际工作中，获取的 json 响应内容往往十分复杂，面对复杂的 json 响应体，可以用 JSONPath 对其进行解析。JSONPath 提供了强大的解析 json 的功能，可以更便捷、灵活地解析 json 内容。

2. json 响应断言环境准备

- Python 版本

```
pip install jsonpath
```

- Java 版本

```
<dependency>
    <groupId>com.jayway.jsonpath</groupId>
    <artifactId>json-path</artifactId>
    <version>2.6.0</version>
</dependency>
```

3. XPath 和 JSONPath 语法

XPath 和 JSONPath语法有很多似之处，但还是有所不同。表 7-1 是 XPath 和 JSONPath 语法的对比。

表 7-1

XPath	JSONPath	描述
/	$	根节点对象/元素
.	@	当前的对象/元素
/	. or []	匹配下级元素
..	n/a	匹配上级元素，JSONPath 不支持
//	..	递归方式匹配所有子元素
*	*	通配符，匹配所有对象/元素，无论其名称如何
@	n/a	访问属性
[]	[]	下标运算符，JSONPath 从 0 开始
|	[,]	连接的操作符，多个结果拼接成列表返回
[]	?()	过滤器（脚本）表达式
n/a	()	脚本表达式，使用基础脚本引擎

注：表中的一些语法符号相同，但作用是不一样的具体见表中的描述。

下面是一组 json 结构数据，分别通过 JSONPath 和 XPath 的方式提取出来。

```
{
  "store": {
    "book": [
      {
        "category": "reference",
        "author": "Nigel Rees",
        "title": "Sayings of the Century",
        "price": 8.95
      },
      {
        "category": "fiction",
        "author": "Evelyn Waugh",
        "title": "Sword of Honour",
        "price": 12.99
      },
      {
        "category": "fiction",
```

```
      "author": "Herman Melville",
      "title": "Moby Dick",
      "isbn": "0-553-21311-3",
      "price": 8.99
    },
    {
      "category": "fiction",
      "author": "J. R. R. Tolkien",
      "title": "The Lord of the Rings",
      "isbn": "0-395-19395-8",
      "price": 22.99
    }
  ],
  "bicycle": {
    "color": "red",
    "price": 19 95
  }
 }
}
```

表 7-2 列出了 XPath 与 JSONPath 表达式的对比。

表 7-2

XPath	JSONPath	结果
/store/book/author	$.store.book[*].author	store 中所有 book 的 author
//author	$..author	所有的 author
/store/	$.store.*	store 中所有元素
/store//price	$.store..price	store 中所有的 price
//book[3]	$..book[2]	book 列表中的第三个
//book[last()]	$..book[-1:]	book 列表中的倒数第一个
//book[position()<4]	$..book[:3]	book 列表中的前两个
//book[isbn]	$..book[?(@.isbn)]	所有有 isbn 的 book
//book[price<10]	$..book[?(@.price<10)]	所有价格低于 10 元的书
//*	$..*	所有 json 结构体中的元素

实例：想要获取 store 目录下的第一本书的 title

（1）XPath 中的语法是：

```
/store/book[0]/title
```

（2）JSONPath 的语法是：

```
$.s ore.book[0].itle
$['store']['book'][0]['title']
```

4. 实战练习

以下是 https://ceshiren.com/t/topic/6950.json 这个接口的正常响应数据（因响应数据过大，删除了部分内容）：

```
{
  'pos _stream': {
    'posts': [
      {
        'id': 17126,
        'name': '思寒',
        'username': 'seveniruby',
        'avatar_template': '/user_avatar/ceshiren.com/seveniruby/{size}/2_2.png',
        'created_at': '2020-10-02T04:23:30.586Z',
        'cooked': '<p>一直以来的平均涨薪率在 30%以上，这次刷新的记录估计要保持好几年了</
p>',
        'post_number': 6,
        'post_type': 1,
        'updated_at': '2020-10-02T04:23:48.775Z',
        'reply_to_post_number': None,
        'reads': 651,
        'readers_count': 650,
        'score': 166.6,
        'yours': False,
        'topic_id': 6950,
        'topic_slug': 'topic',
        'display_username': '思寒',
        'primary_group_name': 'python_12',
        //省略
      },
    ],
  },
  'timeline_lookup':,
  'suggested_topics':,
  'tags': [
    '精华帖',
    '测试开发',
    '测试求职',
```

```
    '外包测试'
  ],
  'id': 6950,
  'title': '测试人生 | 从外包菜鸟到测试开发，薪资一年翻三倍，连自己都不敢信！(附面试真题与答案)',
  'fancy_title': '测试人生 | 从外包菜鸟到测试开发，薪资一年翻三倍，连自己都不敢信！(附面试真题与答案)',

}
```

通过使用 JSONPath 表达式获取以上响应内容中 name 字段为"思寒"所对应的 cooked，且其中也包含"涨薪"的数据，并且做断言。

（1）Python 演示代码

● 使用 JSONPath 表达式实现断言

```python
import requests
from jsonpath import jsonpath
r = requests.get("https://ceshiren.com/t/topic/6950.json").json()
result = jsonpath(r, "$..posts[?(@.name == '思寒')].cooked")[1]
assert "涨薪" in result
```

（2）Java 演示代码

● 使用 JSONPath 表达式实现断言

```java
import com.jayway.jsonpath.jsonpath;
import org.junit.jupiter.api.Test;
import java.util.List;
import static io.restassured.RestAssured.given;
public class jsonTest {

    @Test
    void jsonTest() {
        //获取响应信息，并转成字符串类型
        String res = given().when().
                get("https://ceshiren.com/t/topic/6950.json")
                .then().extract().response().asString();
        //通过 JSONPath 表达式提取需要的字段
        List<String> result = JsonPath.read(res. "$..posts[?(@.name == '思寒')]
.cooked");
        // 断言验证
        assert result.get(1).contains("涨薪");
    }
}
```

7.7　JSON Schema 断言

1.　JSON Schema 简介

JSON Schema 是一个词汇表，可用于注释和验证 json 文档。在实际测试工作中，对接口测试的返回值进行断言校验，除了对常用字段的断言检测以外，还要对其他字段的类型进行检测。对返回值中的字段一个个进行断言显然是非常耗时的，这个时候就需要一个模板，通过模板可以定义好数据类型和匹配条件，除了关键参数外，其余的返回值可直接通过此模板来断言，JSON Schema 可以完美实现这样的需求。

2.　环境准备

安装 JSON Schema 包。

- Python 版本

```
pip install jsonschema
```

- Java 版本

```
<dependency>
    <groupId>io.rest-assured</groupId>
    <artifactId>json-schema-validator</artifactId>
    <version>3.0.1</version>
</dependency>
```

3.　JSON Schema 的使用

```
JSON Schema 模板生成
```

（1）我们借助于 JSON Schema 生成网站使用 JSON Schema。打开 JSON Schema 生成网站，将要返回的 json 字符串复制到页面的左边，并把页面上的"Source type"项选择为 json。然后点击右边的"JSON Schema"项，此时会生成该 json 对应的 JOSN Schema 结构，如图 7-1 所示。此结构中的每个字段的返回值类型都会被解析出来，同时还会将必须返回的字段标注在 required 列表中展示。

图 7-1

（2）在新的界面中点击"Copy"按钮，可以将生成的 JSON Schema 模板保存下来。

4. 实战演示

向服务端发起一个 POST 请求，验证响应值中的 url 字段与 origin 字段是否都为 string 类型，演示代码如下（Python 版和 Java 版）。

（1）Python 演示代码

```python
import requests
from jsonschema import validate
def test_schema():
    schema = {
        "type": "object",
        "properties": {
          "url": {
            "type": "string"
          },
          "origin": {
            "type":"string"
          }
        }
    }
```

```
r = requests.post("https://httpbin.ceshiren.com/post")
validate(instance.json(), schema=schema)
```

如果将 origin 的 type 写成 number，则会有报错提示：

```
import requests
from jsonschema import validate
def test_schema():
    schema = {
        "type": "object",
        "properties": {
            "url": {
                "type": "string"
            },
            "origin": {
                "type":"number"
            }
        }
    }
    r = requests.post("https://httpbin.ceshiren.com/post")
    validate(instance.json(), schema=schema)
```

返回报错信息：

```
> raise error
E jsonschema.exceptions.ValidationError: 'xxx.xxx.xxx.xxx' is not of type
'number'
E Failed validating 'type' in schema['properties']['origin']:
E {'type': 'number'}
```

同理，若将 url 的 type 改为 number，也会有报错提示：

```
> raise error
E jsonschema.exceptions.ValidationError: 'https://httpbin.ceshiren.com/post' is
not of type 'number'
E Failed validating 'type' in schema['properties']['url']:
E {'type': 'number'}
```

（2）Java 演示代码

选中上面操作中解析出来的 JSON Schema 格式数据，然后打开一个文本编辑器，新建一个 JsonValidator.json 文件，将刚刚复制出来的数据保存到这个文本文件中。文件内容如下：

```
{
  "type": "object",
  "properties": {
    "url": {
      "type": "string"
    },
    "origin": {
      "type":"string"
    }
  }
}
```

以下代码校验响应值是否符合 JsonValidator.json 文件中规定的格式要求。

```
import static
io.restassured.module.jsv.JsonSchemaValidator.matchesJsonSchemaInClasspath;
import static io.restassured.RestAssured.*;

public class Requests {
    public static void main(String[] args) {
        //定义请求头信息的 contentType 为 application/json
        given().when().
                post("https://httpbin.ceshiren.com/post").
                then().assertThat().
                body(matchesJsonSchemaInClasspath("JsonValidator.json"));
    }
}
```

7.8 Header cookie 处理

1. Header cookie 简介

Header cookie 是某些网站为了辨别用户身份而储存在用户本地终端上的数据。在接口测试过程中，如果网站采取了 cookie 认证的方式，那么发送的请求需要附带 cookie，才能够得到正常的响应结果。同理，接口自动化测试也需要在构造接口测试用例时附带 cookie 的相关信息。

2. 实战演示

实战演示代码如下（Python 版和 Java 版）。

（1）Python 演示代码

用 Python 编程实现的测试用例对雪球 App 发起请求，通过关键字参数 cookies 传递正确的 cookie 数据，即可得到正常的响应信息。

```
>>> import requests
>>>
>>> url="https://xueqiu.com/stock/search.json"
>>> params={"code": "sogo", "size": "3", "page": "1"}
>>> header={ "Accept": "application/json",
...           "User-Agent": "Mozilla/5.0 \
    (Macintosh; Intel Mac OS X 10_14_6)\
    AppleWebKit/537.36 (KHTML, like Gecko) \
    Chrome/77.0.3865.90 Safari/537.36",
...           }
>>> cookies={
    "xq_a_token":"省略..."
    }
>>> requests.get(url,
params=params, headers=header, cookies=cookies).text
'{"q":"sogo","page":1,"size":3,"stocks":
[{"code":"SOGO","name":"搜狗",
"enName":"","hasexist":"false","flag":null,
"type":0,"stock_id":1029472,"ind_id":0,
"nd_name":"通信业务","ind_color":null,
"_source":"sc_1:1:sogo"}]}'
```

（2）Java 演示代码

用 Java 编程实现的测试用例对雪球 App 发起请求，程序中可以使用 cookie() 方法传入所需要的 cookie 数据信息。

```
import static io.restassured.RestAssured.*;

public class Requests {
    public static void main(String[] args) {
        given().
                Params("code", "sogo", "size", 3, "page", 1).
                Cookie("xq_a_token", "省略...").
                when().
                get("https://xueqiu.com/stock/search.json").
                then().statusCode(200).log().all();
    }
}
```

7.9 **Form** 请求

1. Form 请求简介

Form 请求在请求过程中请求体为表单类型。其特点为：对于数据量不大且数据层级不深的表单，可以使用键值对传递参数。Form 请求头中的 content-type 通常对应 application/x- www-form-urlencoded。

2. 实战演示

实战演示代码如下（Python 版和 Java 版）。

（1）Python 演示代码

在 Python 编程实现中，我们可以使用 data 参数传输表单数据，data 参数以字典的形式表示，字典是以键值对的形式出现。

```
class TestFormData:
    def test_data(self):
        data = {
            "school":"hogwarts"
        }
        r = requests.post("https://httpbin.ceshiren.com/post",
                          data=data)
        print(r.json())
```

运行结果：

```
{
  "args": {},
  "data": ""
  "files": {},
  "form": {
    "school": "hogwarts"
  },
  //省略
  "json": null,
  "origin": "113.89.10.187",
  "url": "https://httpbin.ceshiren.com/post"
}
```

（2）Java 演示代码

```
import static io.restassured.RestAssured.*;
public class Requests {
    public static void main(String[] args) {
        given().formParams("school", "hogwarts").when().post("https://
httpbin.ceshiren.com/post").
                then().log().all();
    }
}
```

使用抓包工具 Charles 查看接口参数传递的数据，如图 7-2 所示，Form 请求显示的结果中多了 Form 格式的信息。Form 格式的信息以 Name 和 Value 的字段显示。

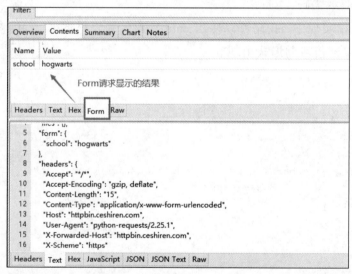

图 7-2

7.10　超时处理

1. 请求超时简介

在接口自动化测试过程中，我们也常会遇到请求超时的场景，例如，A 发送请求，然后等待 B 的响应，同时开始计时，如果 A 在规定的时间内成功接收到 B 的响应，则 A 结束等待和计时，并宣告这次通信成功；如果 A 请求花费的时间在规定的时间内还没有接收到 B 的响应，则 A 结束等待和计时，并宣告这次通信失败，这个过程叫作请求超时。

如图 7-3 所示，测试用例 2 没有设置超时处理，遇到服务端阻塞，测试用例 2 一直处于等待的状态，后面的测试用例都不执行。

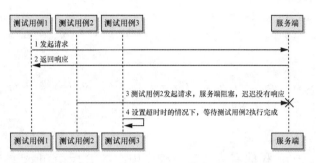

图 7-3

如图 7-4 所示，如果测试用例 2 设置了 3s 的超时时间，遇到服务端阻塞时，测试用例 2 在 3s 之后则抛出异常，测试用例 3 正常执行。

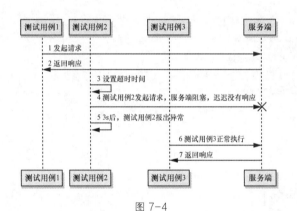

图 7-4

2. 实战演示

编写 3 个测试用例（test_one、test_two 和 test_three），在测试用例 test_two 中设置超时时间为 3s，测试用例 test_two 向服务端发起请求，若超过 3s 还没有得到响应的话则抛出异常，后面的测试用例正常执行，演示代码如下（Python 版和 Java 版）。

（1）Python 演示代码

在 Python 编程实现中，我们可以通过调用请求方法时传入 timeout 参数控制超时时间。

```python
import requests
class TestReq:
    def test_one(self):
        r = requests.post("https://httpbin.ceshiren.com/post")
```

```
        assert r.status_code == 200
    def test_two(self):
        # 通过 timeout 参数设置超时时间，设置超时时间为 0.1s，模拟超时场景
        r = requests.post("https://GitHub 网站/post", timeout=0.1)
        assert r.status_code == 200
    def test_three(self):
        r = requests.post("https://httpbin.ceshiren.com/post")
        assert r.status_code == 200
```

（2）Java 演示代码

在 Java 编程实现中，我们需要通过在程序中添加 RestAssured 的配置信息来处理超时的请求。通过 SetParam()设置超时时间，SetParam()中第一个参数为连接的类型，第二个参数为超时的最大时长（3000s）。

```
import io.restassured.RestAssured;
import io.restassured.config.HttpClientConfig;
import io.restassured.config.RestAssuredConfig;
import org.junit.jupiter.api.Test;
import static io.restassured.RestAssured.given;
public class ReqTimeoutTest
{
    @Test
    void timeout1(){
        given().
        when().get("https://httpbin.ceshiren.com/
get").then().statusCode(200).log().all();
    }
    @Test
    void timeout2(){

RestAssured.config RestAssuredConfig.config().httpClient(HttpClientConfig.httpClien
            SetParam("http.connection.timeout",3000).
            SetParam("http.socket.timeout",3000).
            SetParam("http.connection-manager.timeout",3000));

        given().when().get("https://GitHub 网站/").then().log().all();

    }
    @Test
    void timeout3(){

        given().when().get("https://httpbin.ceshiren.com/
```

```
get").then().statusCode(200).log().all();
    }
}
```

3. 总结

当二个测试用例超过超时时间还没有请求成功时，第二个测试用例会抛出异常，第二个测试用例抛出异常后，第三个测试用例正常执行。由此可见，遇到服务器阻塞的情况下，设置超时减少了程序的等待时间，并且不会影响后面测试用例的执行。

7.11 文件上传测试

在服务端自动化测试过程中，文件上传类型的接口对应的请求头中的 content-type 为 multipart/form-data; boundary=...，对于这种类型的接口，使用 Python 的 requests 或者 Java 的 RestAssured 可实现接口测试。

实战演示

实战演示代码如下（Python 版和 Java 版）。

（1）Python 演示代码

在 Python 编程实现中，我们可以使用 files 参数上传文件，files 参数传递的内容为字典格式，字典中的 key 值为上传的文件名，字典中的 value 通常是传递一个二进制模式的文件流。

```
>>> url = 'https://httpbin.ceshiren.com/post'
>>> files = {"hogwarts_file": open("hogwarts.txt", "rb")}
>>> r = requests.post(url, files=files)
>>> r.text
{
    "args": {},
    "data": "",
    "files": {
        "hogwarts_file": "123"
    },
    "form": {},
    //省略
    "url": "https://httpbin.ceshiren.com/post"
}
```

（2）Java 演示代码

Java 程序中需要使用 given()方法提供的 multipart()方法实现接口测试，multipart()方法中第一个参数为 name，第二个参数是一个 File 实例对象。File 实例化过程中，需要传入上传文件的"绝对路径+文件名"。

```java
import java.io.File;

import static io.restassured.RestAssured.*;

public class Requests {
    public static void main(String[] args) {
            given().multipart("hogwartsFile", new File("绝对路径+文件名")).
                    when().post("https://httpbin.ceshiren.com/
post").then().log().all();
    }
}
```

响应内容如下：

```json
{
    "args": {
    },
    "data": "",
    "files": {
        "hogwarts_file": "123"
    },
    "form": {
    },
    "headers": {
    //省略
    },
    "json": null,
    "origin": "119.123.207.174",
    "url": "https://httpbin.ceshiren.com/post"
}
```

使用抓包工具 Charles 抓取接口参数传递的数据，如图 7-5 所示。如果是 Java 程序，name 传递的内容为 multipart()方法的第一个参数；Python 程序中，files 参数传递的内容为字典的 key 值。

```
--dd0e78628d720059710c74e8ae81738a
Content-Disposition: form-data; name="hogwarts_file"; filename="hogwarts.txt"

123
--dd0e78628d720059710c74e8ae81738a--
```

图 7-5

7.12 代理配置

我们在调试接口测试用例过程中，如果得到的响应结果和预期结果不一致，则需要检查请求信息。可通过代理获取与请求对应的响应信息，将响应信息与正常请求获取的响应信息进行对比，能够更直观地排查请求错误，这相当于编写代码时的测试。

1. 实战演示

在自动化测试中，我们无论是使用 Python 编程还是用 Java 编程，均可以通过设置代理来监听自动化测试脚本发起请求后获取的响应信息，实现的代码如下（Python 版和 Java 版）。

（1）Python 演示代码

Python 程序通过 proxies 参数监听响应信息。

```python
import requests

# 1. 定义代理的配置信息，分别设定 HTTP 与 HTTPS 的代理地址
proxy = {
    "http": "http://127.0.0.1:8000",
    "https": "http://127.0.0.1:8080"
}

# 2. 通过 proxies 传递代理配置
requests.post(url="https://httpbin.ceshiren.com", proxies=proxy, verify=False)
```

通过 proxies 配置代理信息，代理信息格式为字典类型。verify 用于对证书的验证，默认情况下，verify 被设置为 True。客户端向服务端发送 HTTPS 请求的时候，将 verify 设置为 True，requests 会对 SSL 证书进行验证；将 verify 设置为 False，requests 会忽略对 SSL 证书的验证。

（2）Java 演示代码

```java
import io.restassured.RestAssured;
import static io.restassured.RestAssured.*;
import static io.restassured.specification.ProxySpecification.host;
import static org.hamcrest.core.IsEqual.equalTo;

public class Requests {
    public static void main(String[] args) {
        //设置代理
        RestAssured.proxy = host("127.0.0.1").withPort(8080);
        given()
                .relaxedHTTPSValidation()
        .when().get("https://httpbin.ceshiren.com/get")
        .then()
                .log().all();
    }
}
```

2. 使用代理工具验证结果

在实际测试工作中，我们可以使用代理工具，结合代理配置查看测试脚本每一次发起请求后获取到响应信息，实际操作步骤如下。

（1）用抓包工具设置的端口，与代码中的代理地址端口保持一致，如图 7-6 所示。

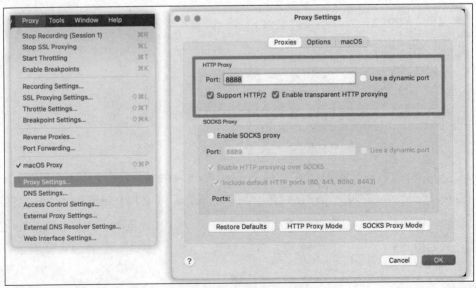

图 7-6

（2）页面发起一个 POST 请求，请求中的 Name 值为"school"，value 值为"霍格沃兹测试学社"，如图 7-7 所示。

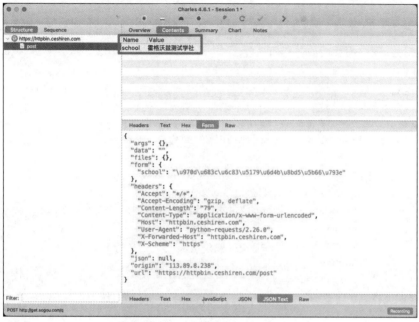

图 7-7

（3）使用自动化测试脚本向服务端发起请求，与第（2）步一样，只是修改 value 值为"第二次请求"。

演示代码如下（Python 版和 Java 版）。

● Python 演示代码

```python
import requests

def test_proxy():

    # 1. 定义代理配置信息
    proxy = {
        "http": "http://127.0.0.1:8888",
        "https": "http://127.0.0.1:8000"
    }

    # 2. 通过 proxies 传递代理配置
    requests.post(
```

```
                url="https://httpbin.ceshiren.com/post",
                proxies=proxy,
                data={'school': "第二次请求"},
                verify=False)
```

● Java 演示代码

```java
import io.restassured.RestAssured;
import static io.restassured.RestAssured.*;
import static io.restassured.specification.ProxySpecification.host;
public class Requests {
    public static void main(String[] args) {
        RestAssured.proxy = host("127.0.0.1").withPort(8080);
        given().
                ContentType("application/x-www-form-urlencoded;charset=utf-8").
                //将 Value 的值设置为"第二次请求"
                formParam("school","第二次请求").relaxedHTTPSValidation().
                when().
                post("https://httpbin.ceshiren.com/post").
                then()
                .log().all();
    }
}
```

通过抓包工具获取的响应信息如图 7-8 所示。

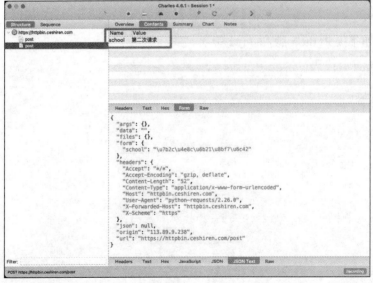

图 7-8

通过以上案例可以看出，接口测试中我们将代理配置和代理工具结合使用，可以非常直观地看出发起两次请求后获取的响应信息的差别。

7.13 认证体系

在使用 HTTP 网络协议时，网络的基本认证方式是：使用 HTTP 的用户发起请求，用户提供用户名和密码进行认证。在进行这种基本认证的过程中，用户发起请求的 HTTP 头字段会包含 Authorization 字段（Authorization: Basic<凭证>），该凭证是用户名和密码组合的 base64 编码。对于这种类型的接口进行测试，我们可以使用 Python 的 requests 或 Java 的 RestAssured 进行接口测试。

实战演示

实战演示代码如下（Python 版和 Java 版）。

（1）Python 演示代码

1）使用 Python 中的 HTTPBasicAuth 类将 HTTP 基本身份验证附加到 requests 对象中。

2）通过 auth 参数传递数据信息。

```python
import requests
from requests.auth import HTTPBasicAuth


def test_auth():
    url = "https://httpbin.ceshiren.com/basic-auth/ad/123"
    r = requests.get(url = url,
    auth = HTTPBasicAuth("ad", "123"))
    assert r.json()["user"]=='ad'
```

（2）Java 演示代码

通过 Java 中的 given()方法提供的 auth().basic()方法对用户名和密码进行验证，auth().basic()方法中的第一个参数为用户名，第二个参数为密码。

```java
import static io.restassured.RestAssured.*;

public class Requests {
    public static void main(String[] args) {
        given().
                auth().basic("ad", "123").
```

```
when().
        get("https://httpbin.ceshiren.com/basic-auth/ad/123").
then().statusCode(200).log().all();
    }
}
```

7.14　接口加密与解密

加密是一种限制用户对网络上传输的数据拥有访问权的技术。将密文还原为原始明文的过程称为解密，它是加密的反向处理。在接口测试中我们使用加密、解密技术，可以防止机密数据被别人泄露或篡改。在接口自动化测试过程中，我们如果要验证加密接口响应值的正确性，就必须先对响应值进行解密，再进一步完成验证。

1．解决方案

- 通用加密算法
  - 场景：了解数据使用的通用加密算法，如 base64。
  - 解决方案：使用通用的加密/解密算法对获取的响应信息加密后，然后对响应信息进行解密操作。
- 开发人员提供加密/解密 lib 包
  - 场景：不了解对应的加密算法。
  - 解决方案：需要开发人员提供加密/解密对应的 lib 包。
- 提供远程解析服务
  - 场景：既不是通用加密算法，开发人员也无法提供加密/解密 lib 包。
  - 解决方案：需要加密方提供远程解析服务，这样既解决了加密/解密问题，开发人员也不用担心加密/解密算法暴露的问题。

2．实战演示

接下我们演示对 httpbin 服务发起一个请求，httpbin 服务将返回加密后的响应信息。我们获取到加密后的响应信息，对加密后的响应信息进行解密，然后对解密后的响应信息进行断言，实现的演示代码如下（Python 版和 Java 版）。

（1）Python 演示代码

```
import requests
import base64
```

```python
# 加密
secret_msg = base64.b64encode("霍格沃兹".encode('utf-8'))

def test_send():
    url = "https://httpbin.ceshiren.com/post"
    data = {"msg": secret_msg}
    # 发送接口请求
    res = requests.post(url, data=data)
    # 获取加密的响应信息
    msg = res.json()["form"]["msg"]
    # 对获取的加密的响应信息进行解密
    encoded_str = base64.b64decode(msg).decode('utf-8')
    assert encoded_str == "霍格沃兹"
```

（2）Java 演示代码

```java
import org.apache.commons.codec.binary.Base64;
import org.junit.jupiter.api.Test;
import java.io.IOException;
import java.util.LinkedHashMap;
import static io.restassured.RestAssured.given;

public class SendTest {
    // 进行加密
    String secretMsg = Base64.encodeBase64String("hogwarts".getBytes());
    @Test
    void send() throws IOException {
        // 发起请求，并获取响应信息
        LinkedHashMap<String, String> responseForm = given().
                FormParam("msg", secretMsg).
                when().
                post("https://httpbin.ceshiren.com/post").
                then().extract().path("form");
        // 获取加密后的响应信息（为二进制数组格式）
        byte[] base64Msg = Base64.decodeBase64(secretMsg);
        // 将数组格式转码为 String 类型，即可得到正常的返回值
        String msg = new String(base64Msg, "utf-8");
        assert msg.equals("hogwarts");
    }
}
```

7.15 多套测试环境下的接口测试

在敏捷迭代的开发项目中，为了提高测试效果和效率，我们通常会将项目的后台服务部署到多套测试环境中。那么在对这种场景的项目进行接口自动化测试时，也需要部署一套接口自动化测试环境。为了能够在不同的环境下共用一套接口测试脚本，通常会在测试脚本中配置不同环境的域名地址，来实现在不同环境下对项目执行自动化测试的工作。

实战演练

分别准备两套测试环境，都对其发起 GET 请求，传入参数 name，对应值为 hogwarts，并对响应值进行断言。

- 测试环境 1：http://httpbin.org/get。
- 测试环境 2：https://httpbin.ceshiren.com/get。

以下分别针对测试环境 1 和测试环境 2 编写接口测试用例。

（1）优化前的测试用例

实战程序如下（Python 版和 Java 版）。

- Python 演示代码

```python
import requests

# 测试环境 1——测试用例
def test_org():

    res = requests.get(url="http://httpbin.org/get", params={"name": "hogwarts"})
    assert res.json()["args"]["name"] == "hogwarts"

# 测试环境 2——测试用例
def test_ceshiren():
    res = requests.get("https://httpbin.ceshiren.com/get", \
    params={"name": "hogwarts"})
    assert res.json()["args"]["name"] == "hogwarts"
```

- Java 演示代码

```java
import org.junit.jupiter.api.Test;
import static io.restassured.RestAssured.given;
```

```
import static org.hamcrest.core.IsEqual.equalTo;
public class envTest {
    // 测试环境 1——测试用例
    @Test
    void envOrg() {
        given().
                params("name", "hogwarts").
                when().
                get("http://httpbin.org/get").
                then().
                body("args.name", equalTo("hogwarts"));
    }
    // 测试环境 2——测试用例
    @Test
    void envCeshiren() {
        given().
                params("name", "hogwarts").
                when().
                get("https://httpbin.ceshiren.com/get").
                then().
                body("args.name", equalTo("hogwarts"));
    }
}
```

以上代码虽然实现了多套测试环境下的接口测试，但是每个接口测试用例都需要设置对应的一个测试环境，一旦接口测试用例发生变化，那么每个接口测试用例都需要修改。

针对以上的问题，解决办法是，可以把域名统一放在环境配置（env）文件中进行管理，然后将请求中的 url 地址替换成环境配置文件中对应测试环境的 url 地址。

还可以在测试环境中添加默认配置信息，如 default 字段，default 用来配置默认使用的测试环境。例如，当前有多个测试环境，其中包括 org 环境和 ceshiren 环境，若 default 的值改成 org，执行测试用例时就会对 org 环境发起请求；若 default 的值改成 ceshiren，执行测试用例时就会对 ceshiren 环境发起请求。

（2）优化后的测试用例代码如下（Python 版和 Java 版）。

● Python 演示代码

```
import requests
envs = {
    "default": "ceshiren",
    "org": "http://httpbin.org/get",
    "ceshiren": "http://httpbin.ceshiren.com/get"
```

```
}
# 测试用例
def test_envs():
# envs['default'] 代表 ceshiren, envs['ceshiren'] 代表对应的 url
    res = requests.get(url = envs[envs['default']])
    assert res.status_code == 200
```

● Java 演示代码

```java
import org.junit.jupiter.api.Test;
import java.util.HashMap;
import java.util.Map;
import static io.restassured.RestAssured.given;
import static org.hamcrest.core.IsEqual.equalTo;

public class envTest {
    public final static Map<String, String> envs = new HashMap();
    static {
        envs.put("default", "ceshiren");
        envs.put("org", "http://httpbin.org/get");
        envs.put("ceshiren", "http://httpbin.ceshiren.com/get");
    }

    @Test
    void envs() {
        given().
                params("name", "hogwarts").
                when().
                get(envs.get(envs.get("default"))).
                then().
                body("args.name", equalTo("hogwarts"));
    }
}
```

　　上面的方案虽然将 url 参数与测试用例实现了解耦，但是随着项目版本的快速迭代，项目中出现的接口会越来越多，多个测试脚本文件都要设置这个 envs 配置信息。每次切换测试环境时，都要逐个修改 envs 配置信息，维护成本非常高。

　　（3）优化后的测试用例

　　将 envs 配置信息存储到 envs.yaml 文件中，然后在测试脚本中定义读取 yaml 文件内容的函数，用以改变测试环境。

　　配置文件 envs.yaml 内容：

```
default: org
org: http://httpbin.org
ceshiren: http://httpbin.ceshiren.com
```

- Python 演示代码

```python
import requests
import yaml

# 读取本地的配置文件 yaml
def get_envs():
    with open('envs.yaml', 'r') as file:
        return yaml.safe_load(file)

# 测试用例
def test_envs():
    # 获取环境配置信息
    envs = get_envs()
    # 发送请求
    res = requests.get(url = envs[envs['default']] + "/get")
    print(res.json()['headers']['Host'])
```

- Java 演示代码

```java
import com.fasterxml.jackson.core.type.TypeReference;
import com.fasterxml.jackson.databind.ObjectMapper;
import com.fasterxml.jackson.dataformat.yaml.YAMLFactory;
import org.junit.jupiter.api.Test;
import java.io.File;
import java.io.IOException;
import java.util.HashMap;
import static io.restassured.RestAssured.given;
import static org.hamcrest.core.IsEqual.equalTo;
public class envTest {
    //读取本地的配置文件 yaml
    public HashMap<String, String> getEnvs() throws IOException {
        ObjectMapper objectMapper = new ObjectMapper(new YAMLFactory());
        TypeReference<HashMap<String, String>> typeReference = new
TypeReference<HashMap<String, String>>() {
        };
        HashMap<String, String> envs = null;
        String filePath = this.getClass().getResource("env.yaml").getPath();
        envs = objectMapper.readValue(new File(filePath), typeReference);
```

```
        return envs;
        }
    @Test
    void envs() throws IOException {
        // 获取环境配置
        HashMap<String, String> envs = this.getEnvs();
        given().
                params("name", "hogwarts").
                when().
                //发送请求
                get(envs.get(envs.get("default"))).
                then().
                body("args.name", equalTo("hogwarts"));
    }
}
```

当需要切换测试环境时，只需要改动配置文件 envs.yaml 中的 default 字段的值即可。

7.16　实战演练

下面的实战演练内容需要结合上面所讲的知识点，完成对每种不同类型 App 的接口自动化测试练习。

1.　某股票 App

（1）被测 App 说明

某股票 App 主要有以下几个大的板块，问答板块、精华板块、交易板块、股票展示板块、首页板块、话题板块等。用户可以通过切换不同的板块实现不同的操作，除了在 App 上查看各类消息之外，也可以在 App 进行讨论、发帖等操作。

搜索是这个 App 的重要功能，搜索这个功能会调用程序中的多个接口。向 App 中传入不同的搜索（参数）内容时，会有不同的响应信息。

（2）被测 App 体验地址

https://xueqiu.com/

（3）测试点考查

1）理解需求文档后，需要完成对此 App 搜索功能的接口自动化测试。

2）通过接口自动化测试的方式完成对 App 的测试。

3）通过数据参数化等方式提高脚本的可维护性。

4）考虑测试用例执行过程中，接口超时等异常场景。

2. 后台管理系统

（1）被测产品说明

某后台管理系统主要的功能有，商品管理、订单管理和用户管理。这是商店管理人员使用的系统，管理人员可以通过系统对商品进行添加、修改和删除，管理员在系统上可帮助用户下单、查看订单，也可以对用户数据进行查看、管理，帮助用户修改个人信息。

此系统的下单功能需求如下。

1）进入商品列表页面，选定商品，点击"下单"按钮，选择"确定"按钮。如果商品存货充足，则下单成功。

2）下单成功之后，产生一条订单记录，进入订单记录页面，可以看到详细的订单信息。

3）返回商品列表页面，对应商品的状态发生变化。

（2）被测产品体验地址

https://management.hogwarts.ceshiren.com。

（3）测试点考查

1）了解需求文档后，需要完成此系统下单功能的接口自动化测试。

2）通过接口自动化测试的方式完成产品的测试。

3）通过数据参数化等方式提高脚本的可维护性。

4）考虑测试用例执行过程中，接口超时等异常场景。

第8章 持续集成

8.1 Jenkins 持续集成介绍

1. Jenkins 简介

Jenkins 是一个被广泛用于项目持续构建的可视化 Web 工具，持续构建包括项目的自动化编译、打包、分发部署。Jenkins 可以很好地支持用各种语言（如 Java、C#、PHP 等）编写的项目的构建，也完全兼容 Ant、Maven、Gradle 等第三方构建工具，同时可与 SVN、Git 能无缝集成，也支持直接与知名源代码托管网站，如 Github，直接集成。Jenkins 可被自由地部署在各平台，如 Windows 和 Linux。

2. 安装 Jenkins

Jenkins 的安装有如下几种方式。

- 在官网下载 Jenkins 的 war 包，直接通过 Java 运行或通过 Tomcat 等容器运行这个包进行安装。
- 使用 Docker 镜像进行部署和运行 Jenkins。

（1）通过 war 包安装 Jenkins

1）通过 Java 运行 war 包

通过命令直接运行 war 包，访问 http://ip:8081。

```
java -jar jenkins.war --httpPort = 8081
```

2）通过 Tomcat 容器运行 war 包

将 jenkins.war 复制到 Tomcat 的/webapps 目录下，启动 Tomcat，访问 http://ip:8080/jenkins。

（2）通过 Docker 运行 Jenkins

```
docker pull jenkins/jenkins
# myjenkins 是容器名
docker run -d --name myjenkins -p 8080:8080 -p 50000:50000 -v <your path>:/var/
jenkins_home jenkins/jenkins
```

注：如果忘记了 Jenkins 的初始化密码，容器启动成功后，使用 docker exec -it myjenkins bash 进入刚启动的 Jenkins 容器，执行以下命令即可获取初始密码。

```
cat /var/jenkins_home/secrets/initialAdminPassword
```

输入初始化密码，进行初始化配置，并安装常用插件后，才能创建管理员用户。

安装插件的时候需要注意，因为插件安装会非常缓慢，建议先跳过插件安装。进入 Jenkins 之后，可以在系统配置中设置插件更新代理地址，来重新安装所需插件。

8.2 Jenkins job 机制

1. job 简介

Jenkins 可以被理解为像老板一样管理着各种 job（任务）。job 是 Jenkins 的一个执行任务，是一系列操作的集合，Jenkins 里最常用的功能就是 job 的构建，即任务的构建。通过构建 job 即可让 job 为用户工作。Jenkins 的核心功能就是调度这些配置好的 job，如图 8-1 所示。

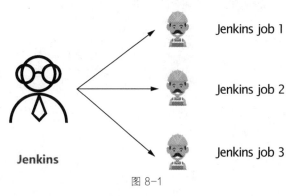

图 8-1

2. 构建 job 及配置步骤

可以通过如下步骤初步构建一个 Jenkins 任务。

（1）新建 Jenkins job。

（2）类型选择自由风格：可以自由配置参数。

（3）设置构建记录的最大保留数：可以设置保留天数和构建次数。

（4）源代码管理（可选择 SVN、Git）：如选择 Git，Jenkins 需要从 Git 上"拉取"代码。

（5）通过构建：可以执行 Windows 或 Shell 命令触发脚本执行。

（6）添加构建参数：用于参数化构建，如从外部给 job 传递测试用例名。

（7）设置定时构建：格式为分钟、小时、日期、月份。

3.　配置详解

Jenkins 任务具体的执行内容一般都由配置构建的步骤来完成，可以通过 Shell 脚本或者其他类型的脚本，定制化完成。

以下面的测试脚本为例，下面的测试脚本执行的内容为切换到测试用例所在路径，并执行测试用例：

```
# 切换到测试脚本所在路径
cd test_pytest/tests/
# 执行测试用例 pytest
python3 -m pytest test_ui.py
```

定时构建的配置可以设置任务构建（执行）的频率，一旦添加定时构建的配置，测试用例脚本就会按照设定的时间自动地构建 job：

```
#1.每 30 分钟构建一次

H/30 * * * *

#2.每 2 小时构建一次

H H/2 * * *

#3.每天早上 8 点构建一次

0 8 * * *

#4.每天的 8 点、12 点、22 点，1 天构建 3 次

0 8,12,22 * * *
```

```
#5.每 3 分钟构建一次，每天 0 点至 23:59，周一至周五执行该任务

H/3 -23 * * 1-5
```

8.3 参数化 job

同一个项目需要在不同的部署环境下进行测试（如测试环境、预上线环境、线上环境等），针对这种情况，我们可以通过配置对应环境的分支名称，来完成项目在不同环境下的测试。

案例演示。

构建 job 时选择不同的 env 环境参数，使用该 env 环境参数，对相应环境代码进行构建。步骤如下。

① 名称：输入 env。

② 选项：设置项包括 3 项，分别为 dev、test、online。

③ 描述：输入"运行环境"。

（1）参数配置（见图 8-2）

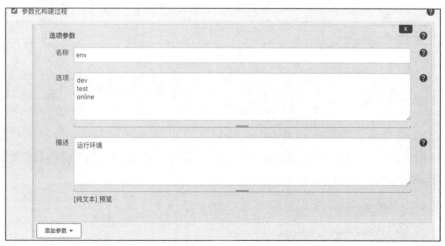

图 8-2

（2）添加构建步骤，执行 Shell

```
# 判断 env 参数的值，如果是 dev，则输出 dev runtime
if [ "$env" = "dev" ]
```

```
then echo "dev runtime"

# 判断 env 参数的值，如果是 test，则输出 test runtime
elif [ "$env" = "test" ]

then echo "test runtime"

# 判断 env 参数的值，如果是 online，则输出 online runtime
elif [ "$env" = "online" ]

then echo "online runtime"

# 如果 env 参数的值非以上选项，则输出 other runtime
else echo "other runtime"

fi
```

通过控制台查看输出的信息是否符合预期，如图 8-3 所示。

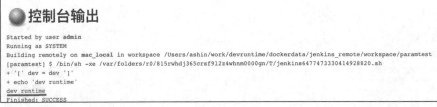

图 8-3

8.4 节点管理

Jenkins 拥有分布式构建（在 Jenkins 的配置中叫作节点）功能，分布式构建能够让同一套代码在不同的环境（如 Windows 和 Linux 系统）中编译，并执行测试脚本等。

（1）Jenkins 的任务可以分布在不同的节点上运行。

（2）节点上需要配置 Java 运行时环境，JDK 版本大于 1.5。

（3）节点支持 Windows、Linux 系统。

（4）Jenkins 运行的主机在逻辑上是 master 节点。

1. 节点的创建及配置

在 Jenkins 界面上，依次选择"系统管理"→"节点管理"项，即可创建节点，如图 8-4 所示。

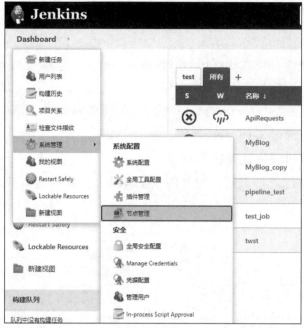

图 8-4

下面对节点的各个配置项（见图 8-5）进行说明。

图 8-5

（1）执行器数量（Number of executor）：节点并发执行数量，依据计算机的性能来配置。

（2）远程工作目录：节点存放任务的目录路径。

（3）标签：节点的标签名，job 中会用到。

（4）用法：尽可能使用此节点/只允许绑定节点的 job 两种选项，依据实际情况选择。

（5）启动方式：通过 Java Web 启动代理（常用）。

（6）可用性：尽量保持代理在线即可。

如图 8-6 所示，配置节点后，配置的 job 可以根据需要调用不同的节点，以满足不同的构建需求。

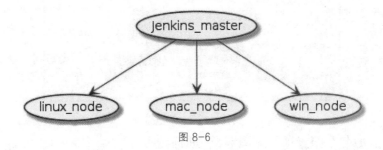

图 8-6

2. 启动节点

启动节点方式有两种，分别如下。

（1）第一种：在图 8-7 所示的界面上，点击"Launch"按钮下载 slave-agent.jnlp 文件，双击运行下载的文件。

（2）第二种：在图 8-7 所示的界面上，点击"agent.jar"链接，下载这个文件，然后执行启动这个文件的命令。

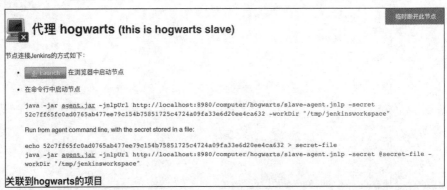

图 8-7

任意一种方式启动节点成功后，刷新节点页面，可在页面上看到节点已经上线。

3. job 中配置节点信息

在图 8-8 所示的界面上勾选"限制项目的运行节点"复选框，将之前节点的标签写入"标签表达式"的文本框中，这个配置会使之后的构建都在限制的节点上运行。

图 8-8

8.5 权限控制

1. 权限控制简介

随着公司开发项目越来越多，需要 Jenkins 构建的项目越来越多，我们需要对不同项目组用户实行项目的权限配置，如 A 用户只能查看自己的项目，只有构建权限和查看权限且不能编辑项目；同理，B 用户也不能看到 A 用户的构建项目。

2. 权限配置

通过权限配置，可以实现用户自由注册、角色管理等功能。为了实现 Jenkins 用户账号的权限管控，我们需要先启用用户权限配置。

（1）进入 Jenkins 的权限管控页面，首先点击页面左上角的"Dashboard"项，然后选择"Manage Jenkins"项，再选择"Configure Global Security"项，进入"Configure Global Security"页面，在这个页面上选中右侧展示页里"Security Realm"项下的"Jenkins'own user database"项。

（2）启动用户权限配置之后，在 Jenkins 首页我们可以看到 Sign-up（注册）入口，用户通过入口可以注册。管理员进入用户管理页面后，可进行添加、修改、删除用户等操作。

（3）不同权限的用户在 Jenkins 中可操作的内容不同，这可避免误操作带来的麻烦。例如，误删任务、误改代码等。常见的用户权限配置如下。

- 管理员：配置 Jenkins，创建和更新 job，运行 job，查看日志。
- 任务开发人员：创建和更新 job，运行 job，查看日志。
- 用户的权限必须由管理员来分配。

3. 案例说明

使用管理员账号分别创建用户 a 和用户 b。二者都有 Read 权限，如图 8-9 所示。

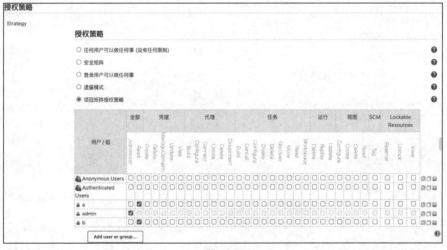

图 8-9

管理员创建用户 a 的 job，并在用户 a 的 job 中的 General 里使用"启用项目安全"，赋予用户 a 构建和查看 job 的权限。管理员创建用户 b 的 job，并在用户 b 的 job 中的 General 里使用"启用项目安全"，赋予用户 b 构建和查看 job 的权限，如图 8-10 所示。

用户 a 登录之后，可以在页面上看到用户 a 的所有 job，点击进某个 job（如 ajob）详细页面，可以查看 ajob 的详细信息。因为没有配置 ajob 的配置权限和删除权限，所以用户 a 无法对 ajob 进行配置和删除操作，如图 8-11 所示。

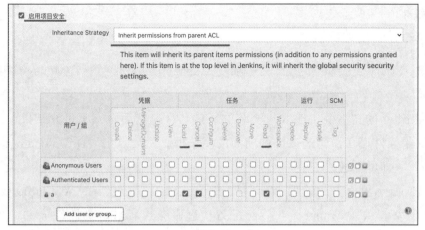

图 8-10

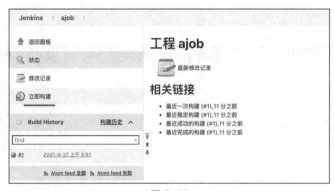

图 8-11

8.6 Jenkins 的常用插件

Jenkins 功能强大的原因之一就是拥有的插件众多，插件使 Jenkins 具有丰富的功能，如图 8-12 所示。

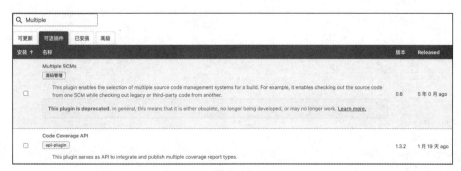

图 8-12

安装插件

安装插件的步骤如下。

（1）进入插件安装页面：依次选项"Manage Jenkins"→"Manage Plugins"→"Available"项。

（2）在 filter 的文本框中输入想安装的插件名称，然后看一下过滤结果。

（3）如果插件存在，勾选该插件前面的复选框，然后点击"Download now and install after restart"项即可下载并安装。

图 8-13 所示界面上的选项卡分别代表 Updates（可更新），Available（可选的），Installed（已安装），Advanced（高级-配置代理服务或者自定义插件）。

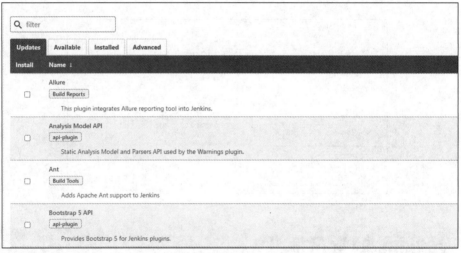

图 8-13

建议安装的插件如下：

```
#这个插件允许为一个构件选择多个源代码管理系统
Multiple SCMs plugin

#该插件用于使用相同的参数重新构建 job
Rebuilder

#这个插件允许用户安全地重启 Jenkins
Safe Restart Plugin

#支持实现和集成 continuous delivery pipelines 到 Jenkins
Pipeline
```

8.7 报警机制

我们在工作中使用 Jenkins 时，一般不会一直盯着 Jenkins，直到它的运行结果出现。要想及时知道 Jenkins 的运行结果可用的手段是，在 Jenkins 中配置 E-mail 以获取 Jenkins 的运行结果，这个方式叫作"邮件报警"。

1. 需要用到的 Jenkins 插件

以下是需要下载的 E-mail 插件名称，这两个插件的作用是方便用户设置或格式化邮件。

（1）Email Extension。

（2）Email Extension Template。

2. 在 Web 端邮箱设置中配置相关信息（此处以腾讯企业邮箱为例）

（1）在邮箱 Web 界面开启 SMTP 服务，SMTP 服务开启后，Jenkins 才可以进行邮件推送。

（2）在邮箱 Web 界面依次选择"设置"→"账户"→"开启 IMAP/SMTP 服务"项，开启 SMTP 服务时邮箱服务器需要向绑定邮箱的手机发送一条短信，用以获取授权码，此授权码在 Jenkins 配置中会使用到。

3. 在 Jenkins 中配置邮箱服务和账号

（1）进入 Dashboard 界面后，依次在界面上选择"系统管理"→"系统配置"项（见图 8-14），在打开的配置页面中首先找到"Jenkins Location"项，如图 8-14 所示。

图 8-14

图 8-14（续）

（2）在"Extended E-mail Notification"邮箱配置项对应的"SMTP Password"中填写的内容是在"Web 端邮箱设置"的步骤中获取的授权码，相关的配置如图 8-15 所示。

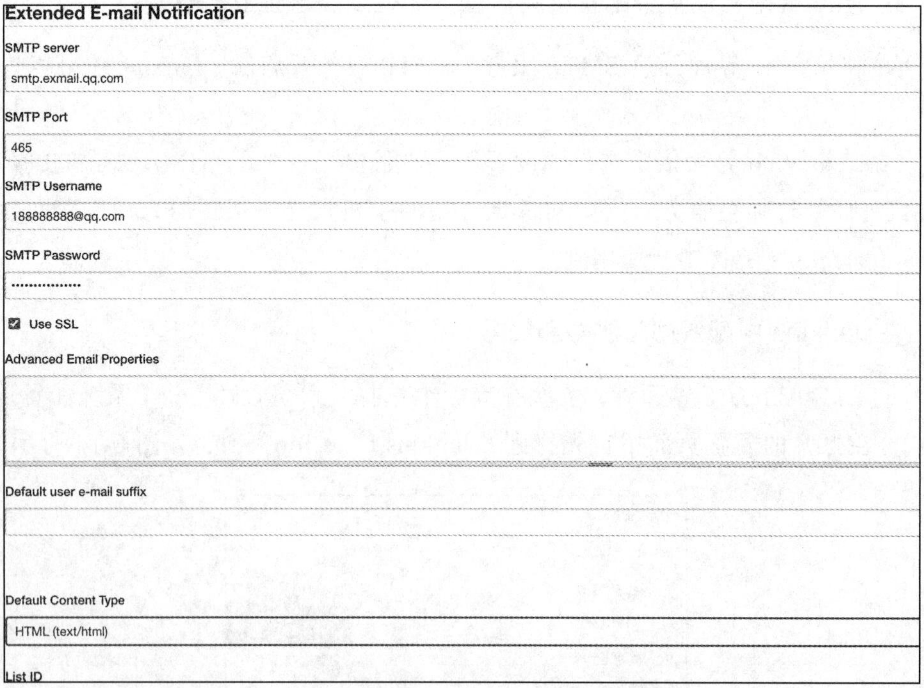

Extended E-mail Notification

SMTP server

smtp.exmail.qq.com

SMTP Port

465

SMTP Username

188888888@qq.com

SMTP Password

●●●●●●●●●●●●●●●●

☑ Use SSL

Advanced Email Properties

Default user e-mail suffix

Default Content Type

HTML (text/html)

List ID

图 8-15

4. 使用邮件模板进行邮件推送

默认情况下发送过来的邮件内容比较单一枯燥，我们可以用邮件的模板来丰富邮件内容，以便更好地理解。

在 Jenkins 界面中依次点击"系统管理"→"系统配置"→"Extended E-mail Notification"项，出现图 8-16 所示的界面，下面对界面中的一些项进行说明。

（1）SMTP server smtp：服务器地址。

（2）Default user E-mail suffix：邮箱的后缀。

（3）Default Recipients：默认要发送的邮箱地址。

（4）Default Subject：标题内容。

（5）Default Content：邮件内容。

图 8-16

5. Jenkins job 中的邮件相关配置

在构建完成后，我们可以配置 job，将邮件发送给相关人员。

在 job 配置页面点击构建后（Post-build Actions）的操作如下。

（1）依次点击"Advanced Settings"→"Triggers"→"Add Trigger"项，然后配置邮件触发的机制，如配置好接收人、触发条件等。

（2）设置邮件发送列表，在"Triggers"项中设置发送的条件，例如，设置"当 job 执行失败时"触发邮件发送，就可以选择配置"Failure-Any"项，在该项配置下，找到"Send To"项，在"Send To"项下可以对收件人列表进行增加或删除操作。

（3）构建项目后，所选邮箱收到 Jenkins 构建结果通知（见图 8-17）。

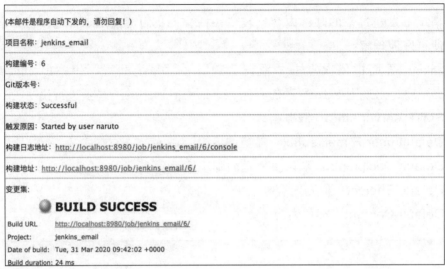

图 8-17

8.8 矩阵 job 与父子 job

当有多个 Jenkins job 时，job 的执行需要按照先后顺序去执行，这个过程就是 Jenkins 的多任务关联。通常用于项目的编译、打包、冒烟测试，执行测试脚本也需要多任务协助的场景。

1. 触发条件

当多个任务有关联关系，并且需要指定先后顺序时，这时的场景就需要配置"触发条件"来构建，如部署环境任务与验收测试任务时，可能有下面 3 种场景：

（1）前驱 job 成功的条件下触发下一个 job；

（2）前驱 job 失败的条件下触发下一个 job；

（3）前驱 job 不稳定的条件下触发下一个 job。

2. 案例

（1）A job 成功构建后，触发 B job 进行构建。

1）前提条件：jenkins_job_compile（A job），当它构建稳定的情况下，触发构建 jenkins_job_test（B job）。

2）退出状态值为 0，表示 job 的执行结果是成功。因此，在 jenkins_job_compile job 的构建中输入命令 exit 0（见图 8-18）。

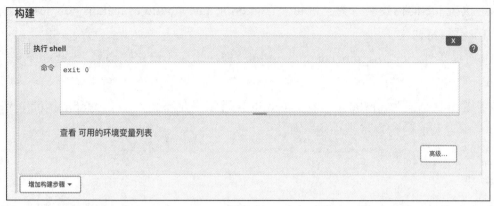

图 8-18

3）在 jenkins_job_test（B job）构建触发器中勾选"其他工程构建后触发"项，并选择"只有构建稳定时触发"项（见图 8-19）。

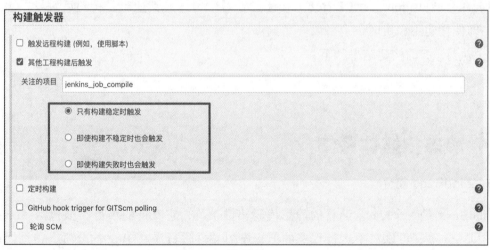

图 8-19

4）执行 job 的构建结果为：Triggering a new build of jenkins_job_test。

（2）失败构建

1）前提条件：jenkins_job_compile（A job）构建即使失败也会触发 jenkins_job_test（B job）。

2）退出状态值为非 0，表示 job 的执行结果是失败。因此，在 jenkins_job_compile job 的构建中输入 exit -1。

3）在 jenkins_job_test（B job）构建触发器中勾选"其他工程构建后触发"项，并选择"即使构建失败时也会触发"单选项。

4）执行 job 的构建结果为：failure Triggering a new build of jenkins_job_test。

（3）不稳定构建

1）前提条件：jenkins_job_compile（A job）即使构建不稳定也会触发 jenkins_job_test（B job）。

2）退出状态值为 unstable，表示 job 的执行结果是不稳定。在 jenkins_job_compile（A job）配置页面的构建步骤中输入如下：

```
echo "unstable"
exit 0
```

安装 Text Finder 插件，在 job 中找到构建后，选择"Text Finder"项，设置规则：如果在 console 中检测到 unstable，则标记任务状态为 unstable。任务最终结果为成功，输出字样中含 unstable。

3）在 jenkins_job_test（B job）构建触发器中勾选"其他工程构建后触发"项，并选择"即使构建不稳定时也会触发"单选项。

4）执行 job 的构建结果如下：

```
Finished looking for pattern 'unstable' in the console output
Triggering a new build of jenkins_job_test
```

8.9 静态扫描体系集成

1. FindBugs 简介

FindBugs 是一个 Java 项目的静态代码扫描工具，它支持的项目类型包括 Maven、Grade 和 Ant 等，可以在不运行程序的前提下对软件进行潜在 Bug 的分析，帮助团队在程序运行之前就最大限度地发现隐藏较深的问题（Bug），用 FindBugs 发现的问题（Bug）包含真正的缺陷和潜在可能发生的错误。可以把 FindBugs 与持续集成工具 Jenkins 进行集成，在代码提交后自动对提交的代码进行静态扫描，找出潜在的代码问题（Bug）。

2. 运行 FindBugs 环境准备

（1）启动 Jenkins 服务。

（2）运行 FindBugs 单元测试的节点机器。

（3）部署 Java + Maven 软件。

（4）在 Jenkins 上安装 Warnings Next Generation 插件。

3. 项目的配置

（1）在 Maven 项目的配置文件 pom.xml 中配置 findbugs-maven-plugin 工具（见图 8-20）。

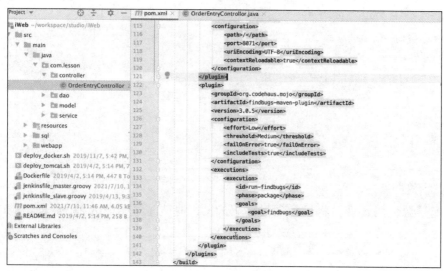

图 8-20

（2）在 Jenkins 中创建一个自由风格的 job（见图 8-21）。

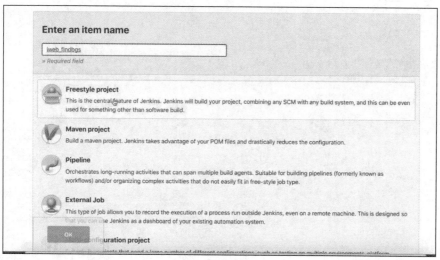

图 8-21

（3）配置好运行的节点计算机，此计算机是此前已经配置好的节点计算机（见图 8-22）。

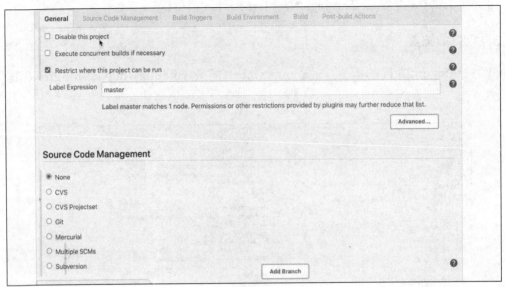

图 8-22

（4）配置源代码管理，将被测项目代码的 Git 地址配置到图 8-23 所示的 URL 中。

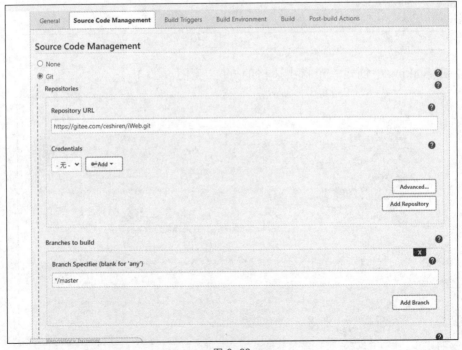

图 8-23

（5）在构建（Build）中点击"增加构建步骤"（Add build step）项，构建步骤中选择执行 Shell（Execute shell）（见图 8-24）。

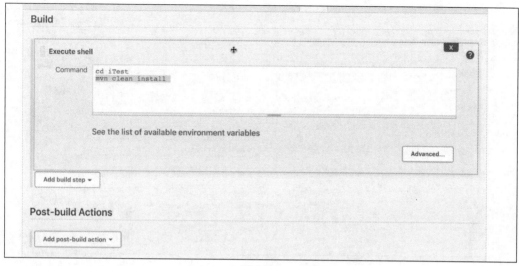

图 8-24

（6）在"构建后步骤"（Add post-build action）下拉菜单项中，选择"Record compiler warnings and static analysis results"项（见图 8-25）。

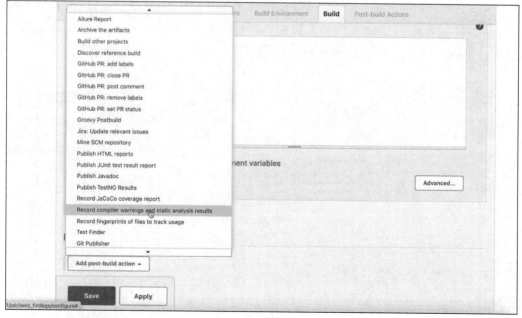

图 8-25

如图 8-26 所示，在"Static Analysis Tools"里的 Tool 文本框中选择"FindBugs"，然后在"Report File Pattern"文本框中配置"**/findbugsXml.xml"，构建后会读取对应的 XML 结果文件并进行分析，生成最终的测试报告。

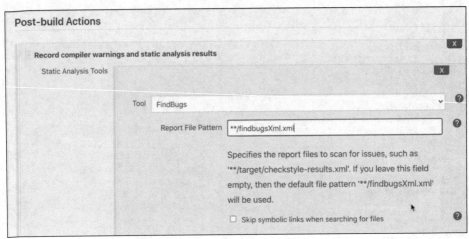

图 8-26

4. 执行 job

（1）job 配置完成之后，保存信息。在 job 首页左边的功能列表中，有对该工程操作的所有项。点击"立即构建"（Build Wow）项，job 将会从 Git 中下载提前配置好的项目代码，然后执行静态扫描操作，静态扫描执行完成后，在 job 的首页左下部分有一个"FindBugs Warnings"按钮（见图 8-27）。

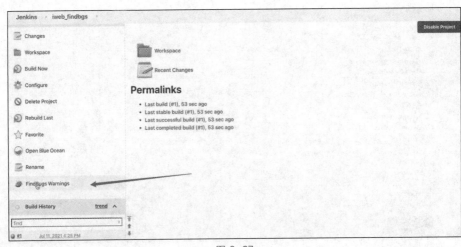

图 8-27

（2）点击"FindBugs Warnings"按钮后能展示出找到的问题（Bug）信息（见图 8-28）。

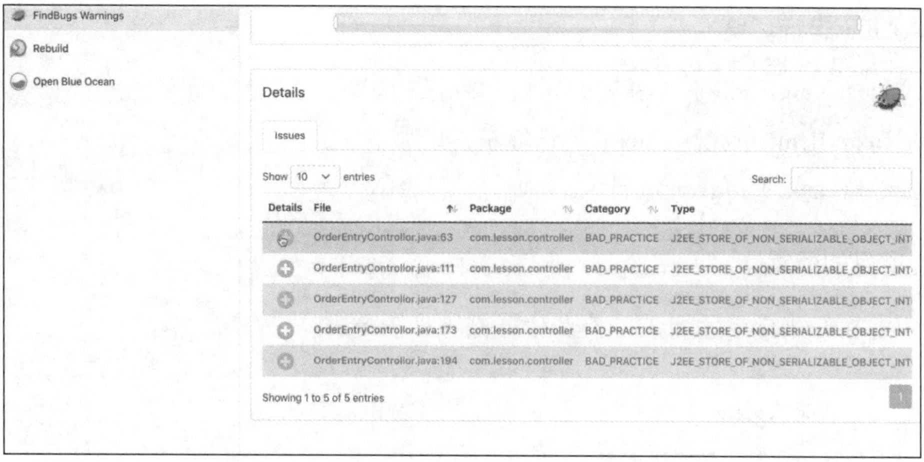

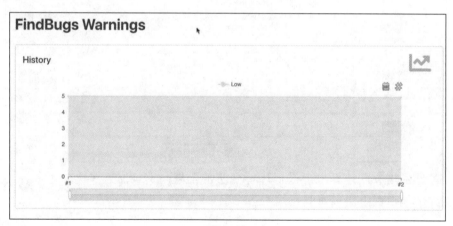

图 8-28

（3）在图 8-28 中点击每一条问题（Bug）信息左边的加号，能看到是哪一行代码报出问题的具体信息，然后我们就能根据这个具体信息去分析代码的问题，与开发人员进行沟通，解决问题。多次构建操作后才能展示趋势图（见图 8-29）。

图 8-29

8.10 单元测试体系集成

1. JUnit 简介

JUnit 是一个单元测试框架，我们可以用它来编写单元测试用例。每个用 JUnit 编写的单元测试用例相对独立，运行方便；也可以把它与持续集成工具 Jenkins 进行集成，我们提交代码后可用 JUnit 自动进行代码的单元测试，用以保证代码的质量。

2.　JUnit 运行环境准备

（1）启动 Jenkins 服务，并安装 JUnit Report 插件。

（2）运行 JUnit 单元测试的节点计算机。

（3）部署 Java + Maven 软件。

3.　项目的配置

（1）添加好执行单元测试的节点计算机（见图 8-30）。

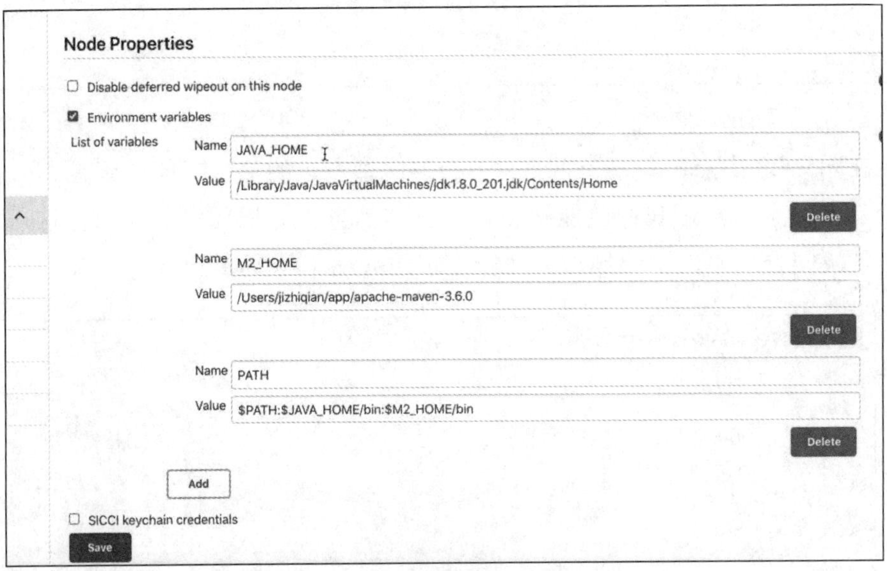

图 8-30

（2）需要在此节点计算机上进行环境变量的配置。

（3）新建一个自由风格项目。

img.png

（4）配置好节点计算机，在 General 选项卡界面上勾选"限定节点运行"（Restrict where this project can be run）项后，在"标签表达式"（Label Expression）文本框中填入节点的匹配表达式（见图 8-31）。

（5）配置代码源，在"源代码管理"（Source Code Management）选项卡界面上选择 Git，将被测项目的源代码的 Git 地址配置到"Repository URL"文本框中（见图 8-32）。

图 8-31

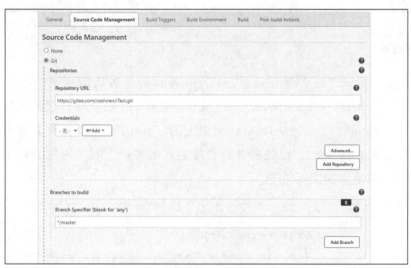

图 8-32

（6）配置执行的命令，在"构建步骤中"选择执行 shell。

（7）在"构建后步骤中"（Post-build Actions）添加输出信息的配置，选择"Publish JUnit test result report"项，在"Test report XMLs"文本框中添加**/*.xml 去匹配任意路径下的任意名的 xml 文件，如图 8-33 所示。

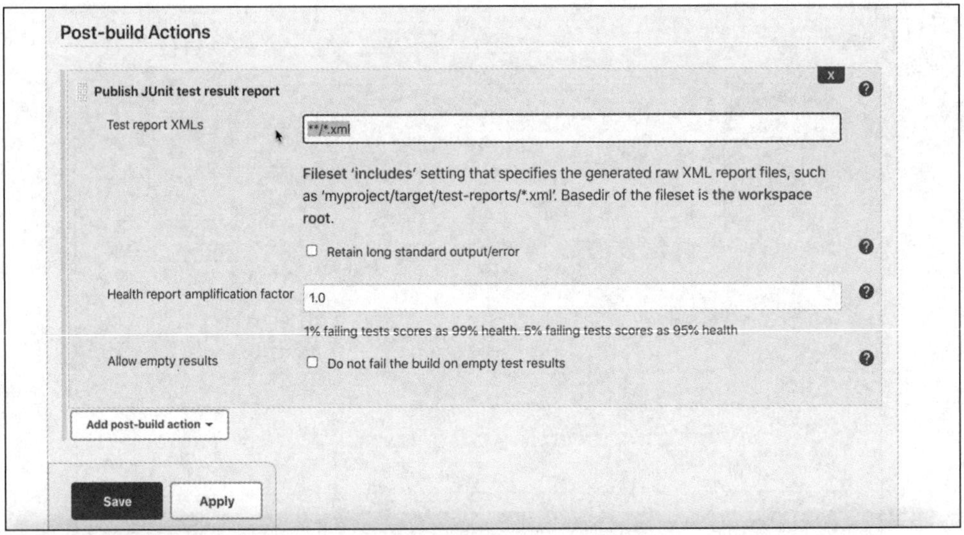

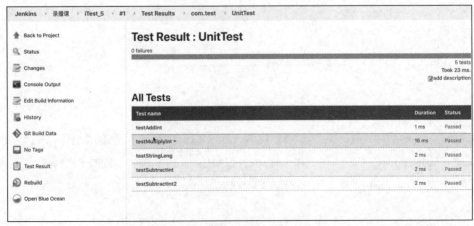

图 8-33

```
img.png
img.png
```

4. 执行 job

（1）job 配置完成之后，保存信息。在 job 首页的左边功能列表中有该工程的操作选项，点击"立即构建"（Build Wow）项，job 将会从 Git 上获取指定的项目代码，并对下载的代码执行单元测试。点击 Jenkins 页面上的"Test Result"选项卡进入到报告查看页面（Test Result:UnitTest），在报告查看页面上点击每一个测试用例的名字，可查看每个测试用例运行结果，如图 8-34 所示。

图 8-34

（2）多次运行测试用例后（多于 1 次），在 job 的首页上就会出现测试用例执行的趋势图，注意，要展示趋势图的话至少要有一次单元测试用例运行通过才行（见图 8-35）。

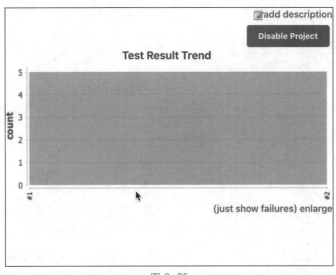

图 8-35

8.11 代码覆盖率集成

1. JaCoCo 简介

JaCoCo 是一个开源的代码覆盖率统计工具，支持 Java 和 Kotlin；支持计算测试代码对项目的覆盖情况，能定位到测试未覆盖的代码部分；同时它也能检查程序中的"废"代码和不合理的逻辑，用以提高代码质量；JaCoCo 不仅能对本地的代码进行检查，我们还可以把它与持续集成工具 Jenkins 进行集成，这样就能在代码提交后自动对提交的代码进行覆盖率的验证，保证提交代码的质量。

2. JaCoCo 运行环境准备

（1）Jenkins 服务：执行代码覆盖率的节点计算机，由于 Jenkins 执行代码覆盖是向本地工具发起调用，所以，此节点计算机上需要安装好代码覆盖的相关工具，如 Java 和 Maven。

（2）Jenkins 上需要安装 JaCoCo 插件。

（3）安装 JUnit 单元测试框架。

3. Maven 项目与 Jenkins 工程（job）配置

（1）在 Maven 项目的配置文件（pom.xml）中配置 jacoco-maven-plugin 工具（见图 8-36）。

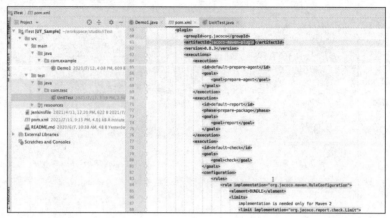

图 8-36

（2）在 Jenkins 中建立一个自由风格的项目（见图 8-37）。

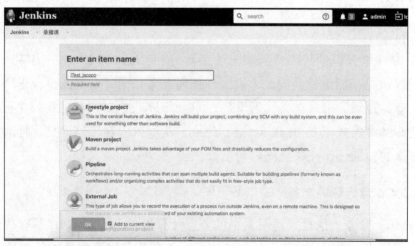

图 8-37

（3）配置好节点计算机，此计算机是 JaCoCo 运行环境中的节点计算机，勾选"限定节点运行"（Restrict where this project can be run）项后，在"标签表达式"（Label Expression）文本框中填入节点的匹配表达式（见图 8-38）。

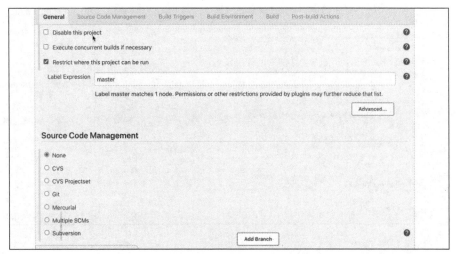

图 8-38

（4）配置代码源，将被测项目的代码的 Git 地址配置到图 8-39 所示的 URL 中。

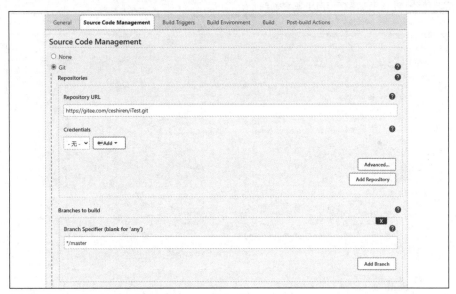

图 8-39

（5）在"构建"（Build）选项卡界面中选择"增加构建步骤"（Add build step）项，在"构建步骤"中选择执行 shell（Execute shell）（见图 8-40）。

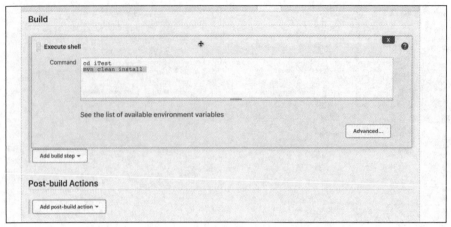

图 8-40

（6）在"构建后操作"（Post-build Actions）中，选择"增加构建后操作步骤"（Add post-build action）项，在展开的页面中选中"Record JaCoCo coverage report"项（见图 8-41），展开的页面中的其他配置项可以保持默认值。

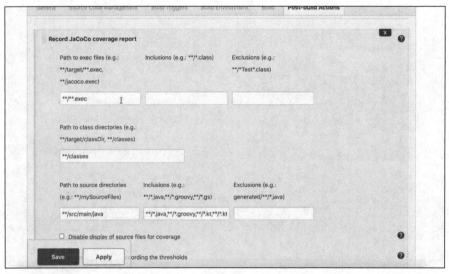

图 8-41

4. 执行 job

（1）job 配置完成之后，保存信息。在 job 首页的左边功能列表中有对该工程的操作，点击"立即构建"（Build Now）项，构建完成后会在 job 首页上展示一个代码覆盖率的趋势图。其中"line covered"表示代码的覆盖，"line missed"表示代码的丢失（见图 8-42）。

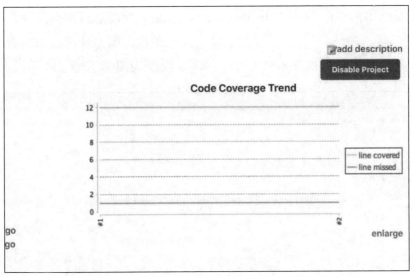

图 8-42

（2）点击趋势图能进入详细信息页面（M 表示丢失，C 表示已覆盖）（见图 8-43）。其中部分字段的含义如下。

1）instruction：字节码指令覆盖率。

2）branch：分支代码覆盖率。

3）complexity：圈复杂度覆盖率。

4）line：行覆盖率。

5）method：方法覆盖率。

6）class：类覆盖率。

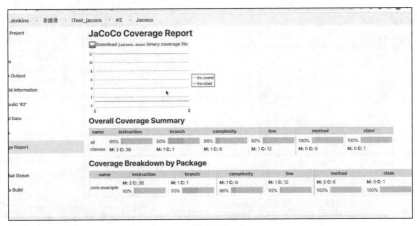

图 8-43

（3）图 8-43 中的"Coverage Breakdown by Package"项展示出包的覆盖信息，通过点击包名还能继续查看包下面的类、方法等更详细的代码覆盖情况，未覆盖的代码会被标识成为红色（见图 8-44 和图 8-45）。注：实际运行环境中有颜色。

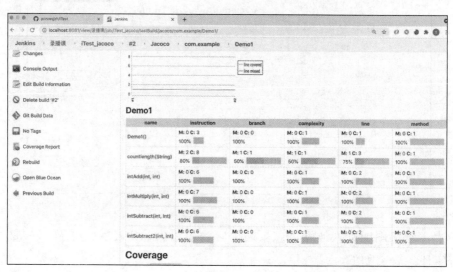

图 8-44

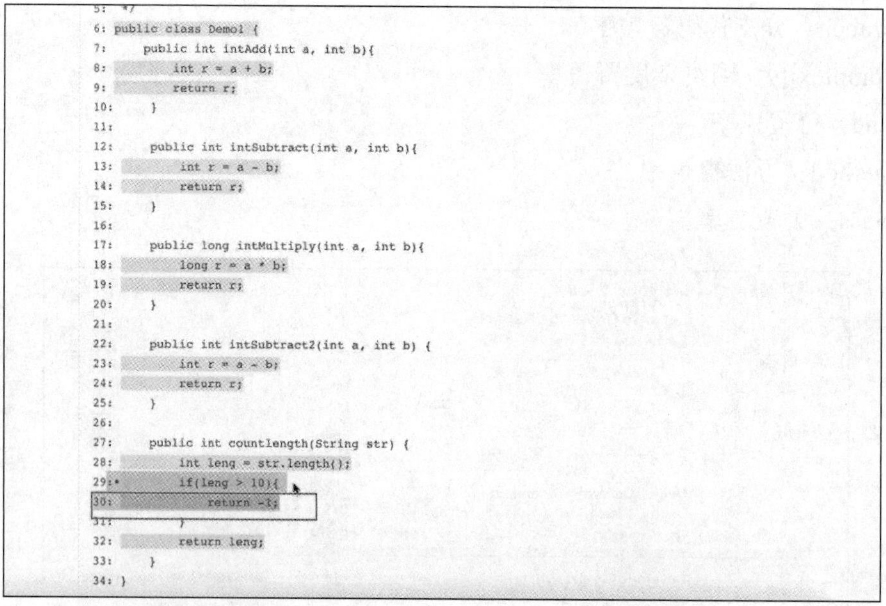

图 8-45

（4）从第 3 个步骤中可以看到，Demo1 类中的 countlength()方法有一个 if 语句的分支长度大于 10（leng >10）的条件没有覆盖到。此时可以在项目的测试代码中新增一个测试用例（见图 8-46）。

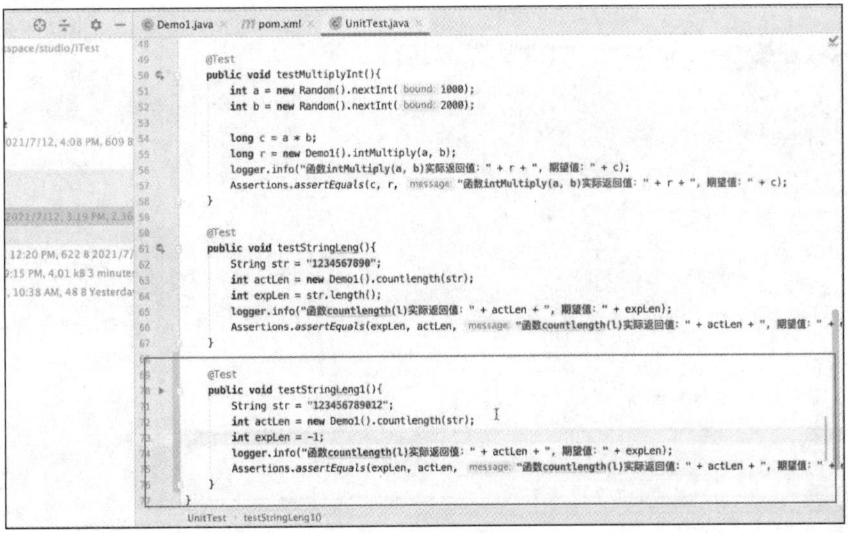

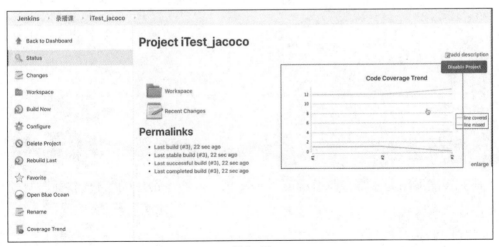

图 8-46

（5）我们用 Jenkins 重新构建任务后，将会发现前面未被覆盖的代码行已经被覆盖了（见图 8-47）。

图 8-47

（6）我们在项目的 main 函数中增加一些无用代码，用 Jenkins 重新构建后发现新增的两行无用代码未被覆盖。根据对代码分析可知，代码中两个整数相乘是不会出现问题的，所以代码中的 try 语句是无用代码，测试程序就不会进入到 catch 的分支（见图 8-48和图 8-49）。

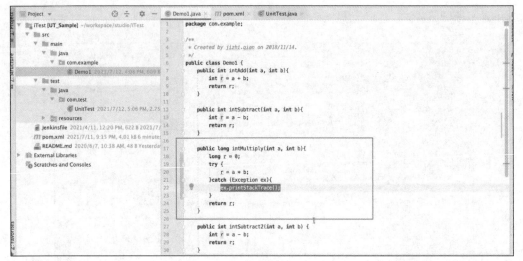

图 8-48

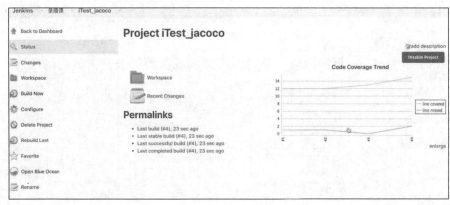

图 8-49

8.12　实战演练

下面的实战演练需要结合前面所讲的知识点，完成 Jenkins 的环境搭建与自动化测试脚本的持续集成。

（1）Jenkins 的环境搭建

在本地搭建好 Jenkins 环境，要求可以正常访问 Jenkins 服务，能实现 Jenkins 的基本操作，如创建、构建 job 等。

（2）用 Jenkins 执行自动化测试脚本

使用 Jenkins 对已经编写好的测试脚本进行定时构建，要求每周构建一次自动化测试脚本。